Probiotics
Cultivation & Application

益生菌
培养与应用

闫海　尹春华　刘晓璐　编著

清华大学出版社
北京

内 容 简 介

  益生菌是能够提高人、动物和植物健康水平的活菌、代谢产物与酶的总称,关于人类微生物组特别是人体微生物群落结构与身心健康之间的关系是国内外研究的热点和前沿。本书从微生物的特性及益生菌的发展趋势入手,详细介绍乳酸菌、芽孢杆菌、光合微生物和真菌四大类益生菌的生理生态特性、培养及应用,最后阐述益生菌对人类、动植物以及环境的作用和作用机理。

  本书可以作为微生物学、生物技术、生物医药、食品科学、动物营养和动物养殖等相关专业的高年级大学生或研究生的课程教材,也可以作为企事业单位相关研发人员的参考书。

图书在版编目 (CIP) 数据

益生菌培养与应用 / 闫海,尹春华,刘晓璐编著. — 北京:清华大学出版社,2018(2024.8重印)
ISBN 978-7-302-50495-5

Ⅰ.①益… Ⅱ.①闫… ②尹… ③刘… Ⅲ.①乳酸细菌—教材 Ⅳ.①Q939.11

中国版本图书馆CIP数据核字(2018)第136950号

责任编辑: 柳 萍 赵从棉
封面设计: 常雪影
责任校对: 王淑云
责任印制: 丛怀宇

出版发行: 清华大学出版社
   网 址: https://www.tup.com.cn, https://www.wqxuetang.com
   地 址: 北京清华大学学研大厦A座 邮 编: 100084
   社 总 机: 010-83470000   邮 购: 010-62786544
   投稿与读者服务: 010-62776969, c-service@tup.tsinghua.edu.cn
   质量反馈: 010-62772015, zhiliang@tup.tsinghua.edu.cn
印 装 者: 三河市君旺印务有限公司
经 销: 全国新华书店
开 本: 165mm×235mm **印 张:** 18.5 **彩 插:** 1 **字 数:** 299千字
版 次: 2018年11月第1版 **印 次:** 2024年8月第8次印刷
定 价: 58.00元

产品编号: 068065-01

前　言

　　益生菌是一类对宿主有益的活性微生物，是定殖于人体肠道、生殖系统内，能产生确切健康功效从而改善宿主微生态平衡、发挥有益作用的活性的微生物、代谢产物和酶的总称。益生菌的研究属于微生物生态学的范畴，涉及的内容主要包括微生物与其周围生物与非生物环境之间的相互关系和作用机理研究。在正常情况下，人体内微生物的种类可以达到1万多种，总细胞数比人体细胞数还多10倍以上，其中细菌、真菌和寄生虫至少有100万亿，病毒数量更可以达到惊人的1000万亿以上。微生物几乎无孔不入，它们遍布在人体的所有环境暴露表面，但主要定居于消化道内，其次是呼吸道、生殖泌尿道和体表等部位。人类肠道微生物以细菌为主，正常的肠道菌群能合成维生素，促进生长发育和物质代谢，提高免疫功能，因而是维持人体身心健康的必要因素，同时也是反映人体内环境是否稳定的一面镜子。随着科学技术的发展，以及人类生活水平的不断提高，益生菌的医疗和保健功效也越来越受到科研和技术工作者的关注，对于益生菌的作用机理和重要性的研究也逐渐深入。同时，益生菌潜在的巨大经济、社会和生态效益也使得其成为目前国内外研究的前沿和热点。当今世界上功能最强大的益生菌产品是各类微生物组成的复合活性益生菌，已经广泛应用于生物医药、工农业、食品和生物健康等领域。

　　人才培养和技术人员培训是益生菌研发领域的一项重要任务。目前，国内缺乏益生菌的培养和应用的教材，也鲜有专业开设益生菌的课程。于是，编者根据自己多年的微生物筛选、鉴定、培养和应用研究工作，结合国内外益生菌的研发趋势，编著了本书，其目的是为对益生菌感兴趣的高年级大学生、研究生提供一本比较系统的教科书。企事业单位研发人员也可以将其作为参考书。本书主要面向具有一定微生物学基本知识的人员，首先简单概述微生物的特性、细胞形态和结构，接着介绍益生菌的研发历程、益生菌与益生元的关系以及益生菌存在的问题和发展趋势，然后重点阐述乳酸菌、芽孢杆菌、酵母菌和光合细菌等四类益生菌种的生理特性、作用机理、培养条件、生产工艺及应用领域，最后介绍益生菌对人类、动植物和环境的作用及作用机理。

笔者主要负责第 1、2、7、8 章的撰写，尹春华副教授编写了第 4 章，刘晓璐副教授编写了第 6 章，吕乐和许倩倩两位工程师分别编写了第 3 章和第 5 章。张海洋博士负责书稿的整理、编辑和校对工作。课题组内的研究生对书稿的图片修改给予了无私的帮助，北京科技大学教务处对本书的编写也给予了巨大支持，在此向他们表达诚挚的谢意！

益生菌的培养与应用是一个发展迅速的研究领域，知识领域在不断拓宽，新的益生菌菌种也不断涌现，很多概念和内容也在不断更新，写好这样一部教材确实困难。由于编者知识水平和能力有限，书中错误之处在所难免，恳切希望得到广大师生、同行和读者的批评指正。

闫海

2018 年 7 月

目　录

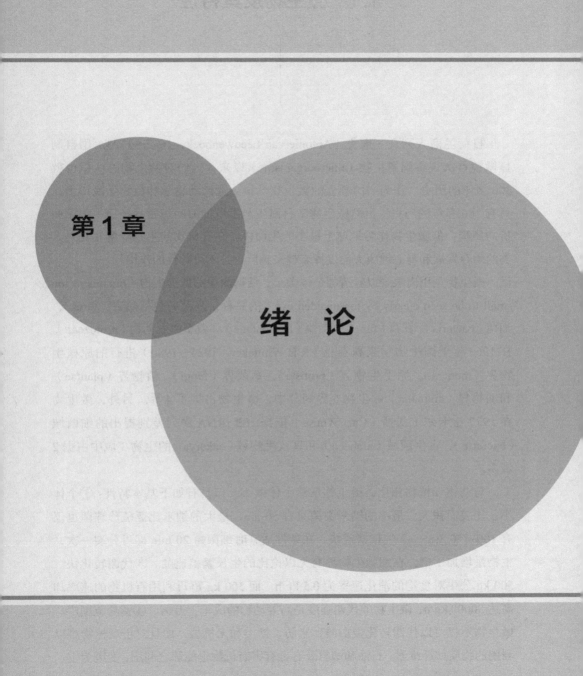

第 1 章

绪　论

1.1 微生物及其特性

自荷兰商人列文·虎克（Antonie van Leeuwenhoek，1632—1723）用自制显微镜首次观察到微生物（microorganisms）以来，人们对微生物的认识也就300多年的历史。作为一门独立的微生物学科，远比动物学和植物学晚得多，只有100多年的历史。虽然微生物学科诞生与发展的时间短暂且经历了艰难曲折的历程，但微生物作为地球上最小的生命体，在有机物的生物降解尤其是人类的生存发展和身心健康方面发挥着越来越巨大且不可替代的作用。

微生物是用肉眼难以看清的个体微小、结构简单的低等生物（organisms too small to be seen clearly by the unaided eye）的总称，其范畴包括病毒（virus）、细菌（bacteria）、真菌（fungi）、微藻（microalgae）和微型原生动物（protozoan）。在1969年美国生物学家魏泰克（R.H.Whittaker，1924—1980）进行的原核生物界（monera）、原生生物界（protista）、真菌界（fungi）、植物界（plantae）和动物界（animalia）的生物5界划分中，微生物占据了4界。另外，微生物在1977年卡尔·沃斯（Carl Woese）依据16S rRNA序列差别提出的细菌域（bacteria）、古生菌域（archaea）和真核生物域（eukarya）的生物3域中占据2域多。

与动物和植物相比，微生物虽然个体微小，但具有如下基本特性：①个体小、比表面积大。最小的纳米细菌只有50 nm，最大的纳米比亚硫珍珠菌也仅有100~750 μm。②生长繁殖快。在条件适宜时细菌每20 min即可分裂一次，生物量增加1倍，在细胞生物界有无以伦比的生长繁殖速度。③代谢转化快。500 kg公牛对食物的消化速率为0.5 kg/h，而500 kg酵母利用有机物的速率却高达50000 kg/h，微生物的代谢强度是高等动物的成千上万倍。④营养范围广。微生物不仅可以代谢转化蛋白质、脂肪、糖类和无机盐，而且对于动植物难以利用的物质如纤维素、石油和塑料及有毒有害有机物也能综合利用，变废为宝。

⑤种类多，分布广。微生物在自然界中的分布极广泛，几乎无处不在，无处不有，上至几万米高空，下至几千米深的海底，热达 100℃ 以上的温泉，冷至 –80℃ 的极地，都可以找到它们的踪迹。⑥容易培养。微生物对营养要求不高，农副产品、有机废弃物和有机废水等都可以用来培养微生物。⑦容易变异。微生物突变频率虽不高，但因繁殖快、数量多，因而在短时间内可产生大量变异的后代，扩大了其代谢范围与能力。

1.2　微生物的细胞形态和结构

病毒（virus）是超显微、没有细胞结构、独立于其宿主进化史的专性绝对活细胞内寄生的生物，其 DNA 或 RNA 基因组被其所编码的蛋白质壳体化。病毒在活细胞外具有一般化学大分子特征，而一旦进入宿主细胞又具有生命特征。病毒的主要特点有：①无细胞结构，专性活细胞内寄生；②没有酶或酶系统极不完全，不能进行独立的代谢活动；③个体极微小，能通过 0.22 μm 细菌滤器；④对抗生素不敏感，而对干扰素敏感。存在于细胞外的病毒毒粒主要表现为球形（20 面体）、杆状和复杂形状 3 种主要形态（图 1-1）。能够侵染原核微生物的病毒叫噬菌体，主要表现为复杂形态，其繁殖过程可分为吸附、侵入、脱壳、核酸复制与生物大分子合成和装配与裂解释放 5 个阶段。

病毒是一种非细胞生命形态，是由核酸分子（DNA 或 RNA）与蛋白质构成的靠寄生生活的生命体。病毒的基本结构为核酸核心和蛋白衣壳，有些复杂的病毒在衣壳的外面包裹着一层由脂类和多糖组成的包膜，有的包膜上还长有刺突（图 1-2）。

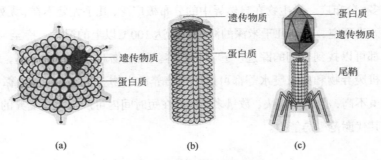

图1-1 病毒毒粒的形态
（a）球形（20面体）；（b）杆状；（c）复杂形状

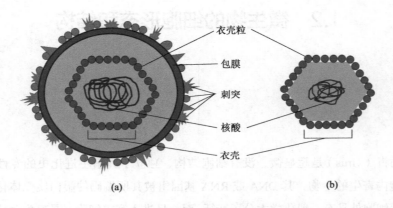

图1-2 病毒的基本结构
（a）包膜病毒；（b）裸露病毒

病毒缺乏自己的独立代谢机构和酶系统，因此离开了宿主细胞，就成为没有任何生命活动且不能独立自我繁殖的化学物质。一旦进入宿主活体细胞后，病毒就可以利用细胞中的物质和能量以及复制、转录和转译等系统，按照它自己的核酸所包含的遗传信息产生和它一样的新一代病毒。

原核微生物（prokaryotic microorganism）是一大类细胞微小、细胞核无核膜包裹的原始单细胞生物。它与真核微生物的主要区别是：①基因组由无核膜包裹的双链环状DNA组成；②缺乏由单位膜分隔、包围的细胞器；③核糖体为70 S型。

在显微镜下观察原核微生物细胞，发现其形态主要有球形、杆状和螺旋状三种类型（图1-3）。原核微生物细胞的构造包括所有细胞都具有的一般构造和部分种类才有或一般种类在特定环境下才具有的特殊构造（图1-4）。细菌是一类细胞细短、结构简单、胞壁坚韧，多以二分裂方式繁殖和水生性较强的原核生物。根据细胞壁组成成分和等电点的不同，可以通过染色将细菌分为革兰氏阴性（G^-）和阳性（G^+）两大类。

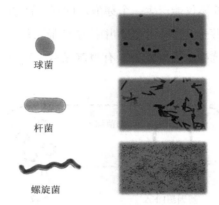

球菌

杆菌

螺旋菌

图1-3 原核微生物的细胞形态

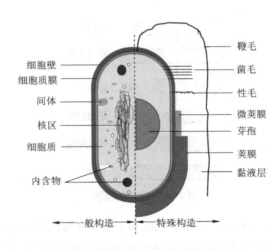

鞭毛

菌毛

性毛

微荚膜

芽孢

荚膜

黏液层

细胞壁
细胞质膜
间体
核区
细胞质
内含物

一般构造 特殊构造

图1-4 原核微生物细胞的构造

支原体（细胞直径 0.2 μm 左右）是自由生活的最小原核微生物，无细胞壁，只有细胞质膜，细胞形态多样。因支原体的细胞膜中含有一般原核生物所没有的甾醇，所以即使缺乏细胞壁，其细胞膜仍有较高的机械强度。质粒（plasmid）是独立于细菌染色体外，能够独立复制，通常以共价闭合环状的超螺旋双链

DNA 分子（图 1-5）。每个细胞可以含有一个或多个质粒，可编码细菌的非必需遗传信息，赋予细菌抗药性等功能。某些细菌在其生长发育后期，在细胞内形成一个圆形或椭圆形、厚壁、含水量极低、抗逆性极强的休眠体，称为芽孢（spore，图 1-6），是细菌的三大特殊构造（芽孢、荚膜、鞭毛）之一，主要由 G⁺ 杆菌形成。每个细菌细胞营养体仅能产生一个芽孢，其萌芽后仍生成一个细胞营养体，故芽孢无繁殖能力。芽孢是整个生物界中抗逆性最强的生命体，具备抗热、抗化学药物、抗辐射、抗静水压等能力。有报道显示，3000 万年前的芽孢仍然可以萌发。

图 1-5　原核微生物细胞内的质粒

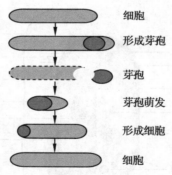

图 1-6　细菌的芽孢

真核微生物（eukaryotic microorganism）是细胞核由核膜包裹，能够通过有丝分裂进行繁殖，细胞质中存在线粒体或同时存在叶绿体等细胞器的一系列微小生物的总称。与原核微生物相比，虽然真核微生物在数量上并不占据优势，但真核微生物的种类占微生物总数的 95% 以上。从个体形态、群体形态、营养吸收、代谢类型、代谢产物、遗传特性和生态分布诸方面，真核微生物都展现出一幅多样化的画面（图 1-7）。图 1-8 显示了酵母菌（yeast）的细胞构造，它包括细胞壁、细胞膜、细胞质和细胞核及细胞器等部分。

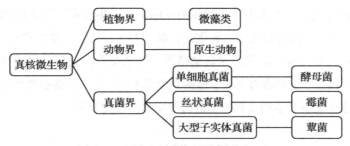

图 1-7 真核微生物的主要生物类群

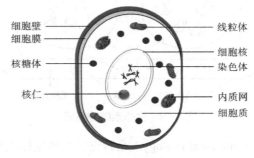

图 1-8 酵母菌的细胞构造

1.3 微生物的生态

种（species）是形态、结构、功能、发育特征和生态分布基本相同的一群生物，属于生物基本的分类单元。种群（population）是生活在同一环境中的同种个体组成的能繁殖集团。群落（community）为同一环境中两个以上种群由于生活繁殖上的连锁而构成的相互依赖、相互制约的生物集团。生态系统（ecosystem）指在一定的空间内，生物成分和非生物成分通过物质循环和能量流动相互作用、相互依存而构成的一个生态学功能单位（图1-9）。生态系统包含的四要素分别是：①环境条件，包括阳光、二氧化碳、水、大气、氧气、温度和pH等。②生产者，包括植物群落、藻类、光合细菌等。③消费者，包括草食动物、肉食动物等动物群落。④分解和转化者，包括异养微生物、原生动物和微型后生动物。生物圈是地球上所有生物及其所生活的非生命环境的总称。

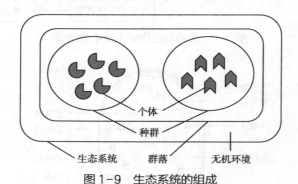

图1-9　生态系统的组成

微生物生态学（microbial ecology）是研究微生物与其周围生物和非生物环境之间相互关系及作用机理的科学。微生物在生态系统中发挥的作用主要是分解有机物质（包括人工合成的有机物），将其还原为无机物质，完成自然界的物质循环和能量流动，故它们又被称为分解者或还原者（图1-10），在有机污染物的生物降解方面发挥主要作用。另外，微生物是碳、氮、磷和硫等元素生物地化循环和能量流动的重要成员，是物质和能量的储存者，属于地球最早出现的先锋生物。

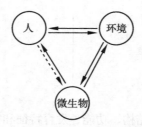

图1-10　微生物与人类的相互关系

科学家很早就知道人体与数以万亿计的微生物和平共处，他们把这个微生物群称为"人类微生物组"（human microbiome）。人体内共有大约2.2万种人类基因，而人体内微生物基因的种类是这个数字的数百倍，共有大约 800 万种。这些细菌基因制造出执行特定功能的物质，其中有些对人类宿主的机体健康和发育起着十分关键的作用。继 2012 年上半年世界顶级学术刊物《科学》推出"肠道微生物群"专辑后，该杂志又推出了"肠道微生物与健康"专辑。同年，同样作为世界顶级刊物的《自然》也推出了人类肠道微生物专辑。《细胞》杂志发表的综述文章《肠道微生物对健康的影响》被评为 2012 年度最佳论文，足见肠道微生物在保持人类身心健康与疾病治疗中的重要作用。

在人类基因组计划（Human Genome Project）圆满完成以后，美国又推出了基于新一代测序平台的"人类微生物组计划"（Human Microbiome Project），欧盟也推出了相应的"人类肠道宏基因组学"（Human Intestinal Macro Genomics）计划。另外，法国、日本、加拿大等国还单独为微生物组学研究设立了专项。目前，关于人类微生物组特别是人类肠道微生物（intestinal microflora）群落结构与健康之间关系的研究是国内外研究的热点和前沿，人类的身心健康既取决于内在基因的组成，也取决于外部环境的影响。在外部环境中，最大影响因素是人体肠道内表面及皮肤外表面的微生物群。人体附生着大量的细菌、病毒和真核微生物，它们在特定的环境中生存，其细胞数量是人体细胞数量的 10 倍以上。人体微生物与人类健康之间关系密切，它们存在于我们的皮肤上、鼻孔中和消化道内。科学家已经查明，一些特定的微生物通常生活在人体的特定部位，健康人可以让 1 万多种微生物共享自己的身体，其中许多微生物是有利于人类健康的。某些有害的细菌如导致特定感染的病原体几乎在每一个人的体内都仅有少量存在，在人体健康情况下，病原体可以与人体内的有益微生物相安无事。为什么致病菌（pathogenic bacteria）会给一些人造成伤害，而让其他人平安无事？是什么让人体内的微生物群落结构发生了变化？其实微生物并非人体的过客，它们存在于我们身体的内外表面并活跃于人体的代谢过程中。它们是人类共生体，现在我们必须认真对待它们，就像我们必须认真对待森林或水域生态系统一样。与自然生态系统一样，人类身体内的微生物组成随人体部位不同而呈现巨大差异，你的皮肤可能像一片热带雨林，而你的肠道则像海洋一样包容着形形色色的微生物。

在正常情况下，人体内微生物群的种类可以达到 1 万多种，总细胞数比人体细胞数还多 10 倍，其中细菌、真菌和寄生虫至少有 100 万亿个，病毒数量更可以达到惊人的 1000 万亿个以上。微生物几乎无孔不入，它们遍布在人体的所有环境暴露表面，但主要还是定居于消化道内，其次是呼吸道、生殖泌尿道和体表等部位。人类肠道微生物以细菌为主，正常的肠道菌群能合成维生素，促进生长发育和物质代谢，提高免疫防御功能，因而是维持人体健康的必要因素，同时也是反映人体内环境是否稳定的一面镜子。

在妇女怀孕过程中，孕妇的身体可主动调整肠道微生物组成，以适应孕期胎儿的营养需求。一般表现为孕妇肠道细菌的多样性明显下降，变形杆菌（*Proteus bacillus*）和放线杆菌（*Actinobacillus*）成为优势细菌，因此导致血糖升高与脂肪沉积，出现类似糖尿病的早期症状，但未观察到对母体健康产生明显影响。人类胎儿在子宫内一般是无菌的，但婴儿的出生环境主宰其微生物组成，自然分娩的新生儿携带的微生物与母体阴道优势菌群如乳酸杆菌（*Lactobacillus*）、普氏菌（*Prevotella*）和纤毛菌（*Leptothrix epidermitis*）相似，而剖腹产的新生儿携带的微生物则与母体皮肤细菌如葡萄球菌（*Staphylococcus*）、棒状杆菌（*Corynebacteria*）和丙酸杆菌（*Propionibacteria*）组成一致。尽管成年人体内的微生物数量相对稳定，但每个人的微生物种类不尽相同，这与个体的饮食习惯和年龄等直接相关。老年人肠道的微生物多样性（microbial diversity）随年龄增长而下降，其中双歧杆菌（*Bifidobacteria*）的数量远比中年人少。人体肠道上皮层的总表面积为 200 m^2，在肠道下部的回肠和结肠细菌更加密集，每立方厘米微生物数量达到万亿以上。人类肠道中已发现的细菌种类多达 1000 余种，肠道黏膜免疫系统的形成及其免疫功能的成熟与完善，有赖于免疫细胞表面蛋白对外来抗原（antigen）如细菌鞭毛、细胞壁脂多糖及肽聚糖的识别和博弈，肠道微生物的驻存有利于激活人体免疫系统。人体肠道通过黏膜层、上皮抗细菌蛋白和固有层浆细胞分泌的免疫球蛋白等隔离细菌或限制肠道细菌的过度生长，其结果是求得双方的"和平共处"与"互利双赢"。虽然"胖妻无瘦夫"的说法不靠谱，但肥胖确实能经由胖人特有的微生物群落"传染"给瘦人。动物模型分析表明，肥胖小鼠肠道中拟杆菌（*Bacteroid*）显著减少，厚壁菌（*Firmicutes*）显著增加。人体试验也显示出类似倾向，减肥过程中伴随有拟杆菌的增加。肥胖及糖尿病患者体内的梭菌（*Clostridium*）较少，但胃旁路手术可致该菌显著增加，由此降低炎症指标和缓解糖尿病。将正常人的肠道微生物移植给梭菌感染者后，只需两周就能使其体内微生物变成拟杆菌占优势，反复发作的难治性腹泻也"不翼而飞"。用过抗生素（antibiotics）的人，其体内微生物组成就不再是"原汁原味"了。即使未主动服用过抗生素，但被动摄入抗生素如吸吮含抗生素的乳汁或食用含抗生素的禽畜产品等，也能使肠道天然微生物成为"无辜"的牺牲品。一旦微生物"原生态"遭到破坏，菌群之间原有的相互制约和拮抗关系就会发生微生态失调（ecological disruption），从而导致自身免疫及过敏性疾病如类风湿、哮喘、炎症性肠病（主要是克罗恩病）和代谢性疾病如肥胖症、胰岛素抗性和 2 型糖尿病等疾病发生。用抗生素处理肥胖小鼠可减少脂肪沉积，降低脂肪组织炎症，改善葡萄糖代谢，说明抗生素不可不用，但不能滥用。长期服用抗生素会"滥杀无辜"，让细菌产生抗性继而"死灰复燃"，同时真菌则可"乘虚而入"造成二次感染。采取"微生态恢复疗法"补充益生菌或饮用含益生菌的酸奶，可以避免使用抗生素。动物实验表明，15% 酒精与头孢菌素一样能阻断肠道细菌感染诱发的小鼠急性滑膜炎。人体临床调查也显示，长期少量饮酒可以缓解类风湿性关节炎症状。不同的饮食习惯导致肠道微生物组成的差异显著。日本人的肠道里都有一种海洋细菌，它可以分泌独特的水解酶，用来消化日本料理"寿司"（米饭外包紫菜）中的海藻。西方高脂、高糖饮食使拟杆菌占优势，低脂、高纤维饮食（东方饮食）使普氏菌占优势。意大利萨丁岛百岁老人日常食用的是由橄榄油、鱼、新鲜蔬菜和水果组成的低脂、高纤维健康饮食，被称为"地中海饮食"。

本章要点

微生物是用肉眼难以看清的个体微小、结构简单的低等生物（organisms too small to be seen clearly by the unaided eye）的总称，其范畴包括病毒（virus）、细菌（bacteria）、真菌（fungi）、微藻（microalgae）和微型原生动物（protozoan）。与动物和植物相比，微生物虽然个体微小，但具有如下基本特性：①个体小、比表面积大；②生长繁殖快；③吸收多、转化快；④食谱营养范围广；⑤种类多，分布广；⑥容易培养；⑦容易变异。

病毒（virus）是超显微，没有细胞结构，独立于其宿主进化史的专性绝对活细胞内寄生的生物，其DNA或RNA基因组被其所编码的蛋白质壳体化。病毒在活细胞外具有一般化学大分子特征，而一旦进入宿主细胞又具有生命特征。存在于细胞外的病毒毒粒主要表现为球形（20面体）、杆状和复杂形状3种主要形态。

原核微生物（prokaryotic microorganism）是一大类细胞微小、细胞核无核膜包裹的原始单细胞生物。在显微镜下观察原核微生物细胞，发现其形态主要有球形、杆状和螺旋状三种类型。

真核微生物（eukaryotic microorganism）是细胞核由核膜包裹，能够通过有丝分裂进行繁殖，细胞质中存在线粒体或同时存在叶绿体等细胞器的一系列微小生物的总称。

生态系统（ecosystem）指在一定的空间内，生物成分和非生物成分通过物质循环和能量流动相互作用、相互依存而构成的一个生态学功能单位。它包含的4要素为：①环境条件；②生产者；③消费者；④分解和转化者。

科学家很早就知道人体与数以万亿计的微生物和平共处，他们把这个微生物群称为"人类微生物组"（human microbiome）。人体内共有大约2.2万种人类基因，而人体内微生物基因的种类是这个数字的数百倍，共有大约800万种。

人类的健康既取决于内在基因的组成，也取决于外部环境的影响。在外部环境中，最大影响因素是人体肠道内表面及皮肤外表面的微生物群。在正常情况下，人体内微生物群的种类可以达到1万多种，总细胞数比人体细胞数还多10倍，其中细菌、真菌和寄生虫至少有100万亿个，病毒数量更可以达到惊人的1000万亿个以上。

习题

1-1 什么是微生物? 其主要包括哪些生物种类?

1-2 与其他生物相比, 微生物有哪些特性?

1-3 什么叫病毒?

1-4 病毒的主要特点是什么? 存在于细胞外的病毒毒粒一般有哪些形态?

1-5 什么是原核微生物? 其主要有哪些细胞形态?

1-6 生态系统包括的4要素是什么?

1-7 什么叫微生态学? 微生物在生态系统中发挥的主要作用是什么?

1-8 人体内大约有多少种微生物? 主要分布在人体哪个部位?

1-9 哪个微生物种类在人类肠道占据优势? 其对人体主要发挥哪些有益作用?

1-10 如果人类肠道微生物菌群失衡, 会导致哪些主要疾病?

参考文献

[1] BIAGI E, et al. Ageing and Gut Microbes: Perspectives for Health Maintenance and Longevity[J]. Pharmacological Research, 2013, 69(1): 11-20.

[2] CHIANG S S, et al. Beneficial Effects of *Lactobacillus Paracasei* Subsp. *Paracasei* NTU 101 and Its Fermented Products[J]. Applied Microbiology and Biotechnology, 2012, 93(3): 903-916.

[3] CHIANG S S, et al. Beneficial Effects of Phytoestrogens and Their Metabolites Produced by Intestinal Microflora on Bone Health[J]. Applied Microbiology and Biotechnology, 2013, 97(4): 1489-1500.

[4] HSU W H, et al. Monascus Purpureus-Fermented Products and Oral Cancer: A Review[J]. Applied Microbiology and Biotechnology, 2012, 93(5): 1831-1842.

[5] LEE B H, et al. Dimerumic Acid, a Novel Antioxidant Identified from Monascus-Fermented Products Exerts Chemoprotective Effects: Mini Review[J]. Journal of Functional Foods, 2013, 5(1): 2-9.

[6] REINHARDT C, BERGENTALL M, GREINER, T U et al. Tissue Factor and Par1 Promote Microbiota-Induced Intestinal Vascular Remodelling[J]. Nature, 2012, 483(7391): 627-631.

[7] SERBAN D E, et al. Gastrointestinal Cancers: Influence of Gut Microbiota, Probiotics and Prebiotics[J]. Cancer Letters, 2014, 345(2): 258-270.

[8] TAGLIABUE A, et al. The Role of Gut Microbiota in Human Obesity: Recent Findings and Future Perspectives[J]. Nutrition, Metabolism & Cardiovascular Diseases, 2013, 23(3): 160-168.

[9] THIELE I, et al. A Systems Biology Approach to Studying the Role of Microbes in Human Health[J]. Current Opinion in Biotechnology, 2013, 24(1): 4-12.

[10] TSAI Y T, et al. The Immunomodulatory Effects of Lactic Acid Bacteria for Improving Immune Functions and Benefits[J]. Applied Microbiology and Biotechnology, 2012, 96(4): 853-862.

[11] 沈萍，陈向东. 微生物学 [M]. 北京：高等教育出版社，2008.

[12] 李雯静，肖运才，等. 畜禽用益生菌的研究进展 [J]. 中国医药科学，2013, 3(6): 37-39.

[13] 赵东，徐桂芳，邹晓平. 益生菌的作用机制 [J]. 国际消化病杂志，2012, 32(2): 71-73.

[14] 刘勇，张勇，张和平. 世界益生菌安全性评价方法 [J]. 中国食品学报，2011, 11(6): 141-151.

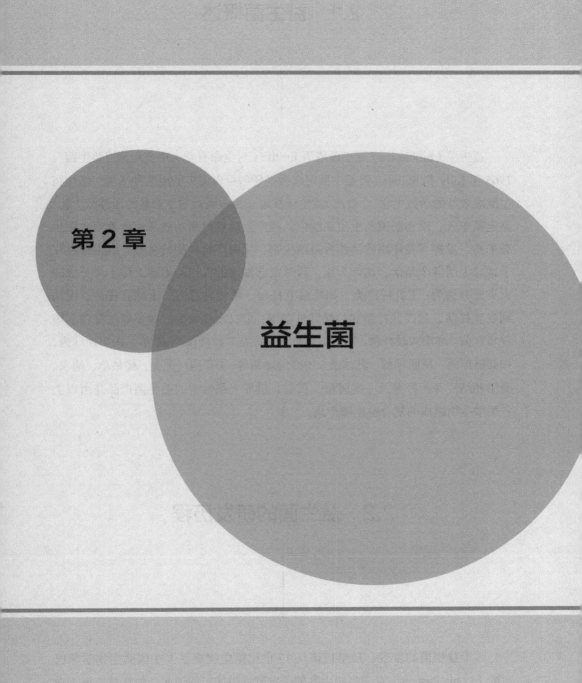

第 2 章

益生菌

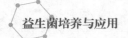

2.1　益生菌概述

　　益生菌（probiotics）源于希腊语 for life（对生命有益），中文译为"益生菌"。1965 年 Lilly 和 Stillwell 将益生菌定义为"任何可以促进肠道菌种平衡，增加宿主健康效益的活微生物"。目前，益生菌被定义为一类对宿主有益的活性微生物，是定殖于人、动物肠道及生殖系统内，能产生确切健康功效从而改善宿主微生态平衡，发挥有益作用的活性有益微生物、代谢产物和酶的总称。益生菌存在于地球上的各个角落，迄今为止，科学家已发现的人用益生菌大体上可分成四大类，分别为：①乳杆菌类，如嗜酸乳杆菌、植物乳杆菌、干酪乳杆菌、保加利亚乳杆菌、詹氏乳杆菌和拉曼乳杆菌等；②双歧杆菌类，如长双歧杆菌、短双歧杆菌、卵形双歧杆菌、嗜热双歧杆菌、青春双歧杆菌等；③革兰氏阳性球菌，如粪链球菌、屎肠球菌、乳球菌、中介链球菌等；④芽孢杆菌类，如枯草、地衣、凝结和纳豆芽孢杆菌及一些酵母。目前，世界上最强大的益生菌产品是由以上各类微生物组成的复合益生菌产品。

2.2　益生菌的研发历程

　　对于益生菌的发现，最早应该从 17 世纪微生物奠基人法国微生物学家巴斯德（Louis Pasteur）发现牛奶由乳酸菌发酵变酸的过程说起。他在显微镜下观察发现，酸牛奶中有很多微小的乳酸菌，其数量远比鲜牛奶中的多，说明牛奶变酸与乳酸菌的活动密切相关。1878 年，李斯特（Lister）首次从酸败的牛奶中分离出乳酸乳球菌。1892 年，德国妇产科医生 Doderlein 在研究人类阴道时提出产乳酸的微生物对宿主有益。1899 年，法国巴黎儿童医院的蒂赛（Henry Tissier）率先从健康母乳喂养的婴儿粪便中分离了双歧杆菌，发现其与婴儿患腹泻的频率及营养都有关系。1900 年，诺贝尔奖得主 E. Metchnikoff 发现保加利亚人比其他民族的人更健康长寿的原因应该归功于保加利亚人经常摄食含有益生菌的发酵乳制品。1905 年，保加利亚科学家斯塔门·戈里戈罗夫第一次发现并从酸奶中分离了"保加利亚乳酸杆菌"。1908 年，俄国科学家、诺贝尔奖获得者伊力亚·梅契尼科夫（Elie Metchnikoff）正式提出了"酸奶长寿"理论，通过对保加利亚人的饮食习惯进行研究，他发现长寿人群都有经常饮用含益生菌发酵牛奶的传统。1917 年，德国 Alfred Nissle 教授从第一次世界大战士兵的粪便中发现一株大肠杆菌，利用这株菌治疗肠道感染疾病（由沙门氏菌和志贺氏菌造成）取得可观成果。1922 年，Rettger 和 Cheplin 报道了嗜酸乳杆菌酸奶所具有的临床功效，特别是对消化的帮助。1930 年，日本京都大学微生物学研究室首次成功分离出来自人体肠道的乳酸杆菌，取名为副干酪乳杆菌（*Lactobacillus casei strain shirota*），这就是全球畅销的益生菌饮料"养乐多"的菌种。1935 年，乳酸菌饮料问世，益生菌开始走向产业化。1957 年，Gordon 等人提出了乳杆菌应该没有致病性，能够在肠道中定殖生长，当菌落形成单位（colony forming unit，CFU）达到 10^7 个 /mL 以上时具有有益作用的标准。德国柏林自由大学的 Haenel 教授研究了厌氧菌的培养方法，提出"肠道厌氧菌占绝对优势"的理论。几乎同时日本学者光岗知足（Tomotari Mitsuoka）开始了肠内菌群的研究，建立了肠内菌群分析的经典方法。1962 年，Bogdanov 从保加利亚乳杆菌中分离出了 3 种具有抗癌活性的糖肽，首次报道了乳酸菌的抗肿瘤作用。1965 年，D. M. Lilly 和 R. H. Stillwell 在《科学》杂志上发表的论文"益生菌——由微生物产生的生长促进因素"中最先使用 probiotic 这个词来描述一种微生物对其他微生物促进生长的作用。

20 世纪 70 年代初沃斯（Woese）等提出利用 16S rRNA 寡核苷酸序列分析法对菌种进行鉴定，为益生菌的鉴定和肠内菌群分析带来极大方便。1974 年，Paker 将益生菌定义为对肠道微生物平衡有利的菌物。1977 年，德国人 Volker

Rush 首先提出了微生态学（microecology）的概念，建立了对双歧杆菌、乳杆菌和大肠杆菌等活菌进行生态疗法的微生态学研究所。Gilliland 提出了乳酸菌通过降解胆盐促进胆固醇分解代谢从而降低胆固醇的观点。1979 年中国开始进行微生态学的研究，在中国微生物学会人畜共患病病原学专业委员会下属成立了正常菌群学组。1983 年两名美国教授 Sherwood Gorbach 和 Barry Goldin 从健康人体分离出了鼠李糖乳杆菌（*Lactobacillus rhamnosus* GG, LGG），并于 1985 年获得专利。LGG 菌种具有活性强、耐胃酸的特点，能够在肠道中定殖长达两周。1988 年中华预防医学会微生态学分会成立，《中国微生态学杂志》创刊。同年，丹麦的汉森中心实验室生产出超浓缩的直投式酸奶发酵剂（一系列高度浓缩和标准化的冷冻干燥发酵剂菌种），CFU 可达 10^{10}~10^{12} 个 /g，可直接加入到热处理后的原料乳中进行发酵，无须对其进行活化。1989 年，英国福勒博士（Dr. Roy Fuller）将益生菌定义为：益生菌是额外补充的活性微生物，能改善肠道菌群的平衡而对宿主的健康有益，强调了益生菌的功效和益处必须经过临床验证。20 世纪 90 年代，中国学者张篯教授对世界长寿之乡中国广西巴马地区百岁以上老人体内的微生物群进行了系统研究，发现长寿老人体内的双歧杆菌数量远比普通老人多。杨景云等学者开始对中国的传统中药与微生态关系进行了系统的研究，采用益生菌发酵中药是一个重要的研究领域。1992 年，Havennar 对益生菌定义进行了扩展，解释为单一或混合的活微生物培养物，通过改善固有菌群的性质对寄主如人和动物产生有益的作用。1995 年吉布森（Gibson）把能在肠道中调整菌群的食品称为益生元。1998 年，Guarner 和 Schaafsma 给出了更通俗的益生菌定义：益生菌是活的微生物，当摄入足够量时，能给予宿主健康作用。1999 年 Tannock 认为细菌是人和动物中正常居住者，在人胃肠道中发现了超过 400 种细菌。2001 年，世界粮农组织（Food and Agriculture Organization, FAO）和世界卫生组织（World Health Organiztion, WHO）也对益生菌做了如下定义：通过摄取适当的量，对食用者的身体健康能发挥有效作用的活菌。FAO 和 WHO 的专家强烈建议用分子生物学的手段鉴定益生菌，并推荐益生菌存放于国际性菌物保藏中心。同年法国完成第一株乳酸菌即乳酸乳球菌 IL1403 的全基因组测序。2002 年，微生物学教授 Savage 宣布：正常菌群是人体的第十大系统——微生态系统。2005 年，美国北卡罗来纳州立大学 Dobrogosz 和 Versalovic 教授提出了免疫益生菌的概念（immunoprobiotics）。2006 年，意大利学者 M. Del

Pianoa 等认为益生菌应该定义为一定程度上能耐受胃酸、胆汁和胰脏分泌物而黏附于肠道上皮细胞并在肠道中定殖的一类活微生物，认为从粪便中分离的"益生菌"有可能多数是浮游菌，而非黏附菌。2007 年，美国《科学》杂志预测：人类共生微生物的研究将可能是国际科学研究取得突破的 7 个重要领域之一。英、美、法和中国等科学家酝酿成立"人类微生物组国际研究联盟"（the International Human Microbiome Consortium, IHMC），开始对人类元基因组开展全面研究，其序列测定工作量至少相当于 10 个人类基因组计划，并有可能发现超过 100 万个新的基因，最终在新药研发、药物毒性控制和个体化用药等方面实现突破性进展。2012 年上海交通大学赵立平教授在《科学》上发表文章，发现人类肠道微生物菌群结构与人类肥胖有着密切的关系，肥胖者肠道阴沟肠杆菌（*Enterobacter cloacae*）数量普遍高，通过减少肉类食品摄入，多吃全麦类和带有苦味的蔬菜如苦瓜等调控肠道微生物菌群组成比例成功减轻了论文作者的体重。如今，许多科学家的研究和临床实验结果也证实益生菌对人体健康有着数之不尽的益处。人体需要益生菌以维持健康与活力、无瑕的容颜、状态极佳的消化机能，以及更强的抵抗力，从而降低患结肠癌和乳腺癌的风险。

2.3　益生菌种

　　FAO 和 WHO 认为益生菌株必须先经过表型方法和分子生物学方法准确鉴定，然后对其进行安全性和功能如耐酸耐胆盐及肠道定殖活性评价，最后做随机、双盲、安慰剂对照临床试验，以评价益生菌或其产品的功能性。FAO 和 WHO 推荐做 3 期临床试验，包括初步、标准和比较试验。同时规范了益生菌产品的标签，如菌株组成、种属、CFU 和保存条件等，规定发酵乳中细菌 CFU 不得

低于 10^6 个 /g，酵母 CFU 不得低于 10^4 个 /g。欧洲是开展益生菌研究最早的地区，也是益生菌研究最为密集的区域。益生菌相关产品在欧洲功能性食品市场占有最大的比例，功能性食品的健康声称是以各自国家的标准管理的。益生菌健康声称主要被分成 3 大领域：与儿童健康和发育相关的声称；新的科学证据发现的或需要保护专有权的健康声称；降低疾病风险的健康声称。

在美国，由食品药品监督管理局（Food and Drug Administration，FDA）来管理和监督益生菌产品，包括食品、食品添加剂、药品和膳食补充剂。益生菌进入市场前必须通过"公认安全使用物质"（generally recognized as safe，GRAS）标准的认可。GRAS 列出了嗜酸乳杆菌、凝结芽孢杆菌、链球菌、乳杆菌和明串珠菌的无害乳酸菌属名单，而罗伊氏乳杆菌、干酪乳杆菌、副干酪乳杆菌、格氏乳杆菌和双歧杆菌都未列入名单中。益生菌种如符合"明确的科学共识"（significant scientific agreement）标准后才能被批准。迄今为止，FDA 还未通过具有某种特定健康功效如改善过敏症状、降低胆固醇等的益生菌产品，也未批准任何益生菌产品作为药品。对于可以饲用的益生菌种，1989 年 FDA 和美国饲料协会（the Association of American Feed Control Officials，AAFCO）公布了 42 种"可直接饲喂且通常认为是安全的微生物"作为微生态制剂的菌种，主要有细菌、酵母和真菌 3 大类。菌种有：黑曲霉（*Aspergillus niger*）、米曲霉（*Aspergillus oryzae*）、凝结芽孢杆菌（*Bacillus coagulans*）、迟缓芽孢杆菌（*Bacillus lentus*）、地衣芽孢杆菌（*Bacillus licheniformis*）、短小芽孢杆菌（*Bacillus pumilus*）、枯草芽孢杆菌（*Bacillus subtilis*）（仅限于用不产生抗菌素菌株）、嗜淀粉拟杆菌（*Bacteroides amylophilus*）、多毛拟杆菌（*Bacteroides capillosus*）、栖瘤胃拟杆菌（*Bacteroides ruminicola*）、产琥珀酸拟杆菌（*Bacteroides succinogenes*）、青春双歧杆菌（*Bifidobacterium adolescentis*）、动物双歧杆菌（*Bifidobacterium animalis*）、两歧双歧杆菌（*Bifidobacterium difidum*）、婴儿双歧杆菌（*Bifidobacterium infantis*）、长双歧杆菌（*Bifidobacterium longum*）、嗜热双歧杆菌（*Bifidobacterium therm ophilum*）、嗜酸乳杆菌（*Lactobacillus acidophilus*）、短乳杆菌（*Lactobacillus brevis*）、保加利亚乳杆菌（*Lactobacillus bulgaricus*）、干酪乳杆菌（*Lactobacillus casei*）、纤维二糖乳杆菌（*Lactobacillus helveticus*）、弯曲乳杆菌（*Lactobacillus curvatus*）、德氏乳杆菌（*Lactobacillus delbriickii*）、发酵乳杆菌（*Lactobacillus fermenti*）、瑞士乳杆菌（*Leuconostos mesenteroides*）、乳

酸乳杆菌（*Lactobacillus lactis*）、胚芽乳杆菌（*Lactobacillus plantarum*）、罗氏乳杆菌（*Lactobacillus renteril*）、肠膜明串珠菌（*Leuconostos mesenteroides*）、乳酸片球菌（*Pediococcus acidilactici*）、啤酒片球菌（*Pediococcus cerevisiae*）、戊糖片球菌（*Pediococcus pentosaceus*）、费氏丙酸杆菌（*Propionibacterium freudenreichii*）、谢氏丙酸杆菌（*Propionibacterium shermanii*）、酿酒酵母（*Saccharomyces cerevisiae*）、乳脂链球菌（*Streptococcus lactis*）、双醋酸乳链球菌（*Strepttococcus diacetylactis*）、粪链球菌（*Streptococcus faecalis*）、中链球菌（*Streptococcus intermendius*）、乳链球菌（*Streptococcus lactis*）和嗜热链球菌（*Streptococcus thermophilus*）。

日本是开展益生菌研究较早的国家，1930 年养乐多创始人代田教授从人体中分离出了干酪乳杆菌代田株。20 世纪中叶，光冈知足教授在双歧杆菌研究方面做出了突出贡献。正是因为法律、研究和产业三者间的相互促进，才使得日本成为世界上益生菌相关产业最发达的国家。20 世纪 80 年代，日本出现功能食品这一术语，归厚生劳动省（Ministry of Health, Labour and Welfare）立法监督和管理。1991 年厚生劳动省出台了特定保健用食品（foods for specific health uses，FOSHU）规程来管理对人体生理功能有作用的食品或成分的健康声称标签。如今日本的食品健康声称包括两个范畴。第一个范畴是"食品营养素功能声称"。如果一个产品满足了营养素每天消费的最低和最高水平标准，就可以自由地使用这一标签。第二个范畴是"特定保健用食品"，包含特定膳食成分，这些成分满足有益于人体生理功能、保持和增进健康以及改善健康相关的条件，益生菌及其产品属于第二个范畴。生产商在申报益生菌产品时，必须列出发表"产品或其成分有效性"的出版物和内部报告，并提供对每篇论文或报告的总结。益生菌产品必须通过体外代谢和生化试验研究，其中体内试验必须是对日本人的随机对照试验。FOSHU 提供的与益生菌相关的功能声明主要包括促进胃肠道健康、降低胆固醇 / 血压和减肥及缓解过敏症状。日本获得厚生劳动省批准的保健食品中的益生菌种有：鼠李糖乳杆菌、长双歧杆菌 BB536、德氏乳杆菌保加利亚亚种 2038、唾液链球菌嗜热亚种 113、酪乳杆菌代田株、短双歧杆菌雅哥尔得株、乳酸双歧杆菌 FK120、乳酸双歧杆菌 LKM512、嗜酸乳杆菌 CK92、酪乳杆菌 SBR1202、加氏乳杆菌、双歧杆菌 SP、酪乳杆菌 NY1301、乳杆菌 LC、双歧杆菌 Bb-12、乳杆菌、罗氏乳杆菌 1063、植物乳杆菌 229v 和詹氏乳杆菌 LJ-1。含益生菌的食品或特定保健食品主要是酸奶、发酵乳、乳酸菌饮料和益生菌颗粒制剂等。乳酸菌在小肠起作用，双歧杆菌在大肠发挥作用。除上述菌种外，作为医药用的益生菌还有粪肠球菌、乳酸球菌、酪酸杆菌及凝结芽孢杆菌等。

加拿大益生菌及其产品是由卫生部天然健康产品部门（Natural Health Products Directorate，NHPD）立法监督和管理，益生菌产品有 3 种健康声称：非特异性的结构 / 功能声称、疾病危险降低声称和治疗声称。非特异性的健康声称是指保持和提高身体健康，比如"保持身体健康"或"免疫调节剂"。疾病危险降低声称，比如"益生菌可以降低结肠癌风险"。治疗声称中也包括对疾病的预防功能，比如"益生菌可以用于治疗和预防腹泻"。

1991 年，澳大利亚和新西兰共享一套食品法规系统，由两国食品标准审理部门（Food Standards Australia New Zealand，FSANZ）对益生菌产品进行立法和管理，将益生菌列入非传统食品范畴（non-traditional food）中的新式食品（novel food），健康声称分为一般级别和高级别。一般级别包括营养素含量声称和某些非严重性疾病相关的低风险功能性声称，比如"保持消化健康"。高级别的声称与更严重的健康状况相关，包含生物标志性指标和疾病降低声称，比如"降低胆固醇"和"降低糖尿病风险"。

中国有关益生菌的法规相对滞后，但随着益生菌市场的急剧扩张，相关的法律、法规正不断且迅速地完善。益生菌类食品在中国是以"新资源食品"的名义获准进入市场的，在管理模式上发生了重大改变。原审批具体食品产品的管理模式将改为审批食品原料或成分，审批后新资源食品将以名单形式向社会公告。《新资源食品管理办法》（以下简称《办法》）已于 2007 年 12 月 1 日起正式施行。益生菌属于食品加工过程中使用的微生物新品种范畴，新资源食品和健康声称管理是分开的。《办法》中明确规定：生产经营新资源食品，不得宣称或者暗示其具有疗效及特定保健功能。健康食品申报由国家食品药品监督管理局（China Food and Drug Administration，CFDA）管理。早期的健康食品主要是药食兼用植物制成的食品，如今益生菌也包括在内。申报前需提供来自权威实验室的报告，包括毒理学安全评价、功能有效性评价、活性成分的分析报告、产品稳定性的研究及卫生检查报告等，申报健康食品可以通过权威实验室检测评价，而进口健康食品只能由中国疾病预防控制中心营养与食品安全所检测并给予评价。只有成为健康食品才能使用健康声称，但不能使用医学声称。

　　自 2000 年以来特别是近 10 年，我国益生菌得到了广泛的利用，所涉产品及其生产厂家也越来越多。2001 年我国卫生部公布可用于保健食品的真菌菌种有酿酒酵母（*Saccharomyces cerevisiae*）、产朊假丝酵母（*Cadida atilis*）、乳酸克鲁维酵母（*Kluyveromyces lactis*）、卡氏酵母 *Saccharomyces carlsbergensis*）、蝙蝠蛾拟青霉（*Paecilomyces hepiali Chen et Dai, sp. nov*）、蝙蝠蛾被毛孢（*Hirsutella hepiali Chen et Shen*）、灵芝（*Ganoderma lucidum*）、紫芝（*Ganoderma sinensis*）、松杉灵芝（*Ganoderma tsugae*）、红曲霉（*Monacus anka*）和紫红曲霉（*Monacus purpureus*）。可用于保健食品的益生菌细菌有两歧双歧杆菌（*Bifidobacterium bifidum*）、婴儿双歧杆菌（*B. infantis*）、长双歧杆菌（*B. longum*）、短双歧杆菌（*B. breve*）、青春双歧杆菌（*B. adolescentis*）、保加利亚乳杆菌（*Lactobacillus. bulgaricus*）、嗜酸乳杆菌（*L. acidophilus*）、干酪乳杆菌干酪亚种（*L. casei* subsp. *casei*）、嗜热链球菌（*Streptococcus thermophilus*）。2003 年又增补了罗伊氏乳杆菌（*Lactobacillus reuteri*）。2010 年我国卫生部批准的可用于食品的菌种名单见表 2-1，2011 年又增补了肠膜明串珠菌肠膜亚种（*Leuconostoc mesenteroides* subsp. *mesenteroides*）。2011 年我国卫生部批准的可用于婴幼儿食品的菌种名单见表 2-2。据不完全统计，目前，我国仅生产益生菌乳酸饮料的厂家就已有近 20 家，其中活菌产品饮料的生产企业有养乐多、三元、益力多、光明、味全、蒙牛、美乐多、饮乐多、恩优多、益菌多等，杀菌性的乳酸菌饮料生产企业有娃哈哈、喜乐、悦家、雅咕噜嘟、乐百氏、原太子奶等，药品有妈咪爱和整肠生等。在人类保健食品、药品及农、牧、水产、环保业的种养殖业中，都已开始使用益生菌。据研究报告数据显示，2007 年全球益生菌消费市场总容量约为 149 亿美元，2013 年全球益生菌消费市场总量达 196 亿美元。据估计，我国益生菌产品年消费市场总量在 130 亿元至 150 亿元人民币，每年的市场平均增量大约为 10 亿元人民币。

表 2-1　2010 年我国卫生部批准的可用于食品的菌种名单

序号	名称	拉丁学名
一	双歧杆菌属	*Bifidobacterium*
1	青春双歧杆菌	*Bifidobacterium adolescentis*
2	动物双歧杆菌（乳双歧杆菌）	*Bifidobacterium animalis*（*Bifidobacterium lactis*）

续表

序号	名称	拉丁学名
3	两歧双歧杆菌	*Bifidobacterium bifidum*
4	短双歧杆菌	*Bifidobacterium breve*
5	婴儿双歧杆菌	*Bifidobacterium infantis*
6	长双歧杆菌	*Bifidobacterium longum*
二	乳杆菌属	*Lactobacillus*
1	嗜酸乳杆菌	*Lactobacillus acidophilus*
2	干酪乳杆菌	*Lactobacillus casei*
3	卷曲乳杆菌	*Lactobacillus crispatus*
4	德氏乳杆菌保加利亚亚种（保加利亚乳杆菌）	*Lactobacillus delbrueckii* subsp. *bulgaricus*（*Lactobacillus bulgaricus*）
5	德氏乳杆菌乳亚种	*Lactobacillus delbrueckii* subsp. *lactis*
6	发酵乳杆菌	*Lactobacillus fermentium*
7	格氏乳杆菌	*Lactobacillus gasseri*
8	瑞士乳杆菌	*Lactobacillus helveticus*
9	约氏乳杆菌	*Lactobacillus johnsonii*
10	副干酪乳杆菌	*Lactobacillus paracasei*
11	植物乳杆菌	*Lactobacillus plantarum*
12	罗伊氏乳杆菌	*Lactobacillus reuteri*
13	鼠李糖乳杆菌	*Lactobacillus rhamnosus*
14	唾液乳杆菌	*Lactobacillus salivarius*
三	链球菌属	*Streptococcus*
1	嗜热链球菌	*Streptococcus thermophilus*

表2-2　2011年我国卫生部批准的可用于婴幼儿食品的菌种名单

菌种名称	拉丁学名	菌株号
嗜酸乳杆菌	*Lactobacillus acidophilus*	NCFM
动物双歧杆菌	*Bifidobacterium animalis*	BB-12
乳双歧杆菌	*Bifidobacterium lactis*	HN019
		Bi-07
鼠李糖乳杆菌	*Lactobacillus rhamnosus*	LGG
		HN001

　　对于动物用饲料添加剂益生菌种，我国由农业农村部进行相关规定和管理。1999年6月我国原农业部第105号文件发布的《允许使用的饲料添加剂品种目录》中共列出12种，分别是干酪乳杆菌、植物乳杆菌、粪链球菌、屎链球菌、乳酸片球菌、枯草芽孢杆菌、纳豆芽孢杆菌、嗜酸乳杆菌、乳链球菌、啤酒酵母菌、产朊假丝酵母和沼泽红假单胞菌。2003年原农业部第318号公告中，允许使用的微生物包括地衣芽孢杆菌、枯草芽孢杆菌、两歧双歧杆菌、粪肠球菌、屎肠

球菌、乳酸肠球菌、嗜酸乳杆菌、干酪乳杆菌、乳酸乳杆菌、植物乳杆菌、乳酸片球菌、戊糖片球菌、产朊假丝酵母、酿酒酵母和沼泽红假单胞菌，共计 15种。2006 年我国原农业部 658 号公告《饲料添加剂品种目录（2006）》中规定在饲料添加剂中可用的微生物名单为：地衣芽孢杆菌（*Bacillus licheniformis*）、枯草芽孢杆菌（*Bacillus subtilis*）、两歧双歧杆菌（*Bifidobacterium bifidum*）、粪肠球菌（*Streptococcus faecalis*）、屎肠球菌（*Streptococcus faecium*）、乳酸肠球菌（*Enterococcus lactis*）、嗜酸乳杆菌（*Lactobacillus acidophilus*）、干酪乳杆菌（*Lactobacillus casei*）、乳酸乳杆菌（*Lactobacillus lactis*）、植物乳杆菌（*Lactobacillus plantarum*）、乳酸片球菌（*Pediococcus acidilacticii*）、戊糖片球菌（*Pediococcus pentosaceus*）、产朊假丝酵母（*Candida utilis*）、酿酒酵母（*Saccharomyces cerevisiae*）、沼泽红假单胞菌（*Rhodopseudmonas palustris*）和保加利亚乳杆菌（*Lactobacillus bulgaricus*），共计 16 种。2013 年，我国原农业部批准使用的 35种养殖动物用益生菌种包括地衣芽孢杆菌、枯草芽孢杆菌、两歧双歧杆菌、粪肠球菌、屎肠球菌、乳酸肠球菌、嗜酸乳杆菌、干酪乳杆菌、乳酸乳杆菌、植物乳杆菌、乳酸片球菌、戊糖片球菌、产朊假丝酵母、酿酒酵母、沼泽红假单胞菌、婴儿双歧杆菌、长双歧杆菌、短双歧杆菌、青春双歧杆菌、嗜热链球菌、罗伊氏乳杆菌、动物双歧杆菌、黑曲霉、米曲霉、迟缓芽孢杆菌、短小芽孢杆菌、纤维二糖乳杆菌、发酵乳杆菌、保加利亚乳杆菌、产丙酸丙酸杆菌、布氏乳杆菌、副干酪乳杆菌、凝结芽孢杆菌、侧孢芽孢杆菌和红法夫酵母。

2.4 益生菌与益生元

1995 年 Gibson 和 Robefroid 首先提出益生元（prebiotics）的概念，其定义是"不消化的食物成分，可选择性刺激结肠中的一种或少数几种细菌的生长和活性，从而对宿主健康产生有益影响"。2004 年修正为："益生元是一种可被选择性发酵而专一性地改善肠道中有益于宿主健康和幸福感的菌群组成和活性的食物配料"。作为益生元的前提是在小肠不被消化吸收而可完整地进入大肠，被大肠中的有益细菌优先利用而多数有害菌则不能利用或难以利用。至今应用比较广泛的益生元有低聚麦芽糖、低聚果糖和低聚木糖等。一般认为，益生元给益生菌提供"食物"，能够被肠道内有益细菌分解吸收，促进有益细菌生长繁殖。益生元在通过消化道时，大部分不被人体消化，而是被肠道菌群吸收。益生元的关键是只增殖对人体有益的菌群，而不是增殖对人体有潜在致病性或腐败活性的有害菌。大家所熟悉的双歧因子就是促进肠内双歧杆菌生长的益生元，通过益生元在人和动物肠道内有效培养益生菌，可以避免口服益生菌因胃酸和胆盐刺激大量死亡的现象和对外来菌群的抗拒。从动物特别是人体内增殖内源益生菌是安全有效地解决各种肠道问题的方法。

　　益生元与益生菌都会影响肠道菌群的平衡，但影响的方式不同（表 2-3），主要区别是：益生元作用于人和动物肠道已经存在的内源益生菌，而益生菌是外部添加的微生物，可能与内源益生菌种相同，也有可能完全不一样。益生元主要作为内源益生菌生长的有效碳源，以未经消化的形式进入肠道，促进内源益生菌的生长，间接地保护肠道健康和促进营养物质的吸收。益生菌是补给人或动物的外来微生物，作用更直接，但对不同病因和体质有较明显的针对性，如口服枯草芽孢杆菌、地衣芽孢杆菌和粪肠球菌可以控制肠道有害菌以防治腹泻等疾病。一般来说，益生菌主要通过口服形式进行补给，因此需经过胃部强酸和胆盐的环境，只有部分益生菌可以活着进入肠道；而益生元不是生物，不需要活着进入肠道。另外，免疫系统对于由外部而来的益生菌有识别的过程，特殊体质的人可能会产生过敏等免疫反应，而人类对益生元基本不存在过敏等免疫反应。目前，市场上有很多合生元的产品，其实质就是把益生菌和益生元整合在一起（合生元），做到优势互补，使内源和补加的益生菌都能够在人和动物肠道发挥作用。

表 2-3　益生元与益生菌的区别

项目	益生元	益生菌
概念	给益生菌提供营养物质（培养基）	对人和动物有益的微生物
本质	低聚糖、双歧因子	外部添加的益生菌

项目	益生元	益生菌
作用原理	为内源益生菌提供有效碳源，刺激其生长并控制有害菌数量	直接使人或动物通过口服补给益生菌来抑制有害微生物
过敏免疫反应	一般不会产生过敏等免疫反应	某些特质人群可能产生过敏等免疫反应
活性	非有机活体，以未经消化形式到达肠道，不存在存活率问题	有机活体，需经强酸和胆盐的考验，只有部分能够活着到达肠道
机理	促内源益生菌生长，间接发挥作用	补给益生菌直接发挥作用

2.5　益生菌存在的问题与发展趋势

　　尽管在国内外围绕益生菌特别是肠道微生物领域不断有新的发现，有关益生菌保健功能的研究已有许多报道，但总体而言，其研究仍然不充分，主要表现为：①益生菌株不明确。每一个微生物菌种可能根据来源地不同而包含有不同的株，如枯草芽孢杆菌有很多不同的株，但不能保证所有的枯草芽孢杆菌都是安全的并有益生效果，因此对于不同来源的益生菌种要由国家权威部门通过生理生化和分子生物学双重手段进行分类和鉴定及保存，建议国家建立统一的益生菌种库。②作用机理未完全阐明。很多情况下益生菌的功能都是推测的，缺乏充分证据。研究结论来自于不同的症状、人群、方法、菌株及剂量，缺乏多方对比验证。③未考虑益生菌的地域性。全球各地筛选的不同益生菌均具有其独一无二的生态位（ecological niche），来自于国外的益生菌种并不一定对国内人群发挥同样功效，因此具有明显优势的内源土著益生菌（native endogenous probiotics）将会发挥至关重要的作用，这一点往往被人忽视。例如，国外验证的益生菌酸奶不一定适合中国人。美国和西欧制造的酸奶和乳酸类饮料对俄罗斯人的体质并不十分适宜，俄罗斯正致力于研制用于加工酸乳的新型乳酸菌"爱国细菌"，专门适合俄罗斯人的体质。如果俄罗斯人饮用符合自身基因特性的乳酸菌饮料，则产生的效果是进口产品的10倍。

随着人们对生活质量要求的提高，对益生菌功效、作用和重要性的理解将会更加深入。迄今为止，益生菌已被广泛应用于科学研究和工业生产中，然而要想取得突破性进展，尚需在如下几方面进行系统深入的研究与探索：①新益生菌种的筛选与功能验证。微生物是肉眼难以看清的微小生物总称，尽管人眼看不到，但其无处不在、无处不有、无处不发挥作用。虽然我们发现了以乳酸菌为代表的100多种益生菌，但只能说占据了10多万微生物种类的冰山一角，因此不断探索发现新的益生菌种和功效是未来研究与开发的重要研究方向。②单一益生菌的作用机理。对于单一益生菌的有机活体，对其发挥的作用必须从物理、化学和生物等多个方面进行综合研究与分析，需要采用物理、化学和生物等多学科研究领域的最先进仪器设备，归纳总结某种益生菌的总体作用机理。③微生物菌群的作用机理。人体摄入某种益生菌后，实际上是通过人体肠道微生物菌群的变化来发挥作用的，因此进行不同微生物菌种之间的相互作用、微生物菌群变化与功效之间的关系研究将有助于进一步揭示益生菌的作用机理。④益生菌的高效优化培养控制技术。再好的益生菌，一个细胞也不可能发挥作用，因此需要一定的益生菌量，虽然在益生菌种筛选和作用效果及机理方面开展了大量的研究，但要实现产业化必须研发益生菌的高效优化培养控制技术，以满足市场不断提高益生菌产品活菌量的需求。⑤益生菌的保护与合理应用。很多益生菌种因不能耐酸和胆盐而无法活着进入小肠发挥作用，因此在活益生菌的保护和包埋等方面需要进行一系列的研究与探索，以在肠道更好地发挥益生菌的作用，提高益生菌产品的稳定性和生存能力。

本章要点

益生菌是一类对宿主有益的活性微生物，是定殖于人、动物肠道及生殖系统内，能产生确切健康功效从而改善宿主微生态平衡，发挥有益作用的活性有益微生物、代谢产物和酶的总称。

人用益生菌大体上可分为四大类，分别为：①乳杆菌类；②双歧杆菌类；③革兰氏阳性球菌；④芽孢杆菌类。目前，世界上最强大的益生菌产品是由以上各类微生物组成的复合益生菌产品。

17 世纪，微生物奠基人法国微生物学家巴斯德（Louis Pasteur）在牛奶变酸过程中，通过显微镜观察，首先发现了益生菌的一个品种——乳酸菌。

益生元是一种可被选择性发酵而专一性地改善肠道中有益于宿主健康和幸福感的菌群组成和活性的食物配料。

益生菌研究仍然不充分的主要表现为：①益生菌株不明确；②作用机理未完全阐明；③未考虑益生菌的地域性。

益生菌系统深入的研究与探索方向有：①新益生菌种的筛选与功能验证；②单一益生菌的作用机理；③微生物菌群的作用机理；④益生菌的高效优化培养控制技术；⑤益生菌的保护与合理应用。

习题

2-1 什么是益生菌?

2-2 人用益生菌大体上可分成哪些类别?

2-3 市场普遍畅销的"养乐多"乳酸菌饮料菌种是什么菌? 是什么时间从何处分离的?

2-4 Probiotic 一词最早是什么时间由谁在哪个刊物首先提出的?

2-5 LGG(鼠李糖乳杆菌)是由谁在什么时间从何处分离的? 此菌种有哪些明显优势?

2-6 中国广西巴马地区百岁以上老人体内什么菌含量多? 是谁在什么时间段发现的?

2-7 我国赵立平教授发现肥胖者肠道哪种菌含量高? 其通过哪些方式来使自己成功减肥?

2-8 日本主要有哪些含益生菌的食品或特定保健食品? 乳酸菌和双歧杆菌各在人体哪个部位发挥主要作用?

2-9 根据 2004 年修正后的结果, 益生元是什么?

2-10 益生菌与益生元的主要区别是什么?

2-11 益生菌存在的主要问题是什么?

2-12 益生菌的发展趋势是什么?

参考文献

[1]　HEINTZ C, et al. You Are What You Host: Microbiome Modulation of the Aging Process[J]. Cell, 2014, 156(3): 408-411.

[2]　HSU W H, et al. A Novel PPARgamma Agonist Monascin's Potential Application in Diabetes Prevention[J]. Food & Function, 2014, 5(7): 1334-1340.

[3]　HSU W H, et al. Treatment of Metabolic Syndrome with Ankaflavin, a Secondary Metabolite Isolated from the Edible Fungus Monascus Spp[J]. Applied Microbiology and Biotechnology, 2014, 98(11): 4853-4863.

[4]　LEE B H, et al. Dimerumic Acid, a Novel Antioxidant Identified from Monascus-Fermented Products Exerts Chemoprotective Effects: Mini Review[J]. Journal of Functional Foods, 2013, 5(1): 2-9.

[5]　REINHARDT C, BERGENTALL M, GREINER T U, et al. Tissue Factor and Par1 Promote Microbiota-Induced Intestinal Vascular Remodelling[J]. Nature, 2012, 483(7391): 627-631.

[6]　SANZ Y, et al. Understanding the Role of Gut Microbes and Probiotics in Obesity: How Far Are We?[J]. Pharmacological Research, 2013, 69(1): 144-155.

[7]　SERBAN D E, et al. Gastrointestinal Cancers: Influence of Gut Microbiota, Probiotics and Prebiotics[J]. Cancer Letters, 2014, 345(2): 258-170.

[8]　TAGLIABUE A, et al. The Role of Gut Microbiota in Human Obesity: Recent Findings and Future Perspectives[J]. Nutrition, Metabolism & Cardiovascular Diseases, 2013, 23(3): 160-168.

[9]　TSAI Y T, et al. Anti-Obesity Effects of Gut Microbiota Are Associated with Lactic Acid Bacteria[J]. Applied Microbiology and Biotechnology, 2014, 98(1): 1-10.

[10] 沈萍，陈向东. 微生物学 [M]. 北京：高等教育出版社，2008.

[11] 张善亭，史燕，等. 丁酸梭菌的研究应用进展 [J]. 生物技术通报，2013（9）：27-33.

[12] 袁铁铮，姚斌. 分子水平上益生菌研究进展 [J]. 中国生物工程杂志，2014，24（10）：27-32.

[13] 高林，白子金，等. 微生物饲料添加剂研究与应用进展 [J]. 微生物学杂志，2014，34（2）：1-6.

[14] 宋元林，白春学，等. 细菌感染的非抗生素治疗研究进展 [J]. 微生物与感染，2012，7（4）:202-207.

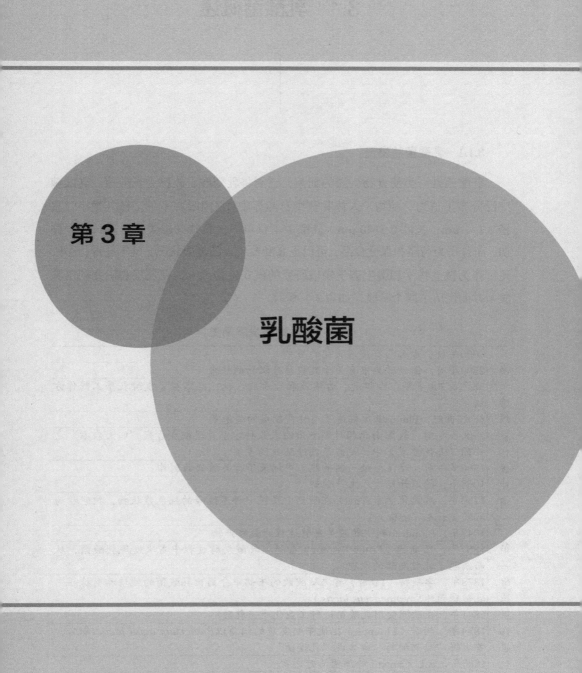

第 3 章

乳酸菌

3.1 乳酸菌概述

3.1.1 乳酸菌的发现

乳酸菌是一类使食物变酸的细菌，它能将乳变酸，故称为乳酸菌。乳酸菌广泛分布于植物、动物、人体和整个自然界中；它肉眼看不见，极其微小，直径 0.1~1 μm，长度 0.5~40 μm。乳酸菌不仅可以使食物变得美味，延长其保存期，而且作为药品和保健食品，可以提高和改善人的健康状况，延年益寿；此外，还可作为微生物学和微生态学领域研究的模式生物。人类在发现和研究利用乳酸菌方面经历了四个阶段，如表 3-1 所示。

表 3-1 乳酸菌发展简史

第一阶段：19世纪前	4000年前，古人已有饮用酸奶的历史
	2500年前，佛教教典中有关于乳酸菌分泌物的经文
	公元前200多年，古印度、古埃及和古希腊人就已经掌握了发酵乳手工制作方法
	公元l世纪，Plinius首次描述了用甘蓝制成的酸泡菜
	1500多年前，我国南北朝时期杰出的农业科学家贾思勰在古代"四大农书"之一的《齐民要术》中，记载了制造酸奶的方法
	1500多年前，在《圣经·创世纪》中记录了有关酸奶的制作
	1008年，德国开始建厂生产酸奶
	1750年，瑞典化学家Scheele在酸奶中发现一种不纯净的棕色浆状物，把它称为乳酸（acid of milk）
第二阶段：19世纪	1847年，Blondeau判明乳酸是发酵过程的最终产物
	1857年，巴斯德（Louis Pasteur）在研究乳酸发酵过程中首次发现乳酸菌，从而阐明了乳酸发酵的原理
	1878年，李斯特（Lister）首次从酸败的牛奶中分离出乳酸菌的纯培养菌株——乳链球菌（*Streptococcus lactis*）
	1881年，在欧洲使用乳酸菌进行工业化生产乳酸
	1884年，胡普（Hueppe）把使牛奶发酸的细菌以*Bacterium acidi lactici*命名，首次将"酸奶细菌"命名成"乳酸菌"
	1885年，A.L. Canteni 的细菌治疗成功
	1899年，蒂赛（Tisser）发现双歧杆菌（*Bacillus bifidus*）

续表

第三阶段：20世纪	1900年，梅契尼科夫发现保加利亚乳杆菌
	1900年，奥地利医生莫罗（E. Moro）发现嗜酸乳杆菌（*Lactobacillus acidophilus*）
	1900年，奥拉－詹森（Orla-Jensen）对乳酸菌进行了首次分类
	1905年，梅契尼科夫出版《长寿说》（*The Prolongtion of Life*）一书
	1911年，梅契尼科夫的同事Louden Dμglas出版《长寿杆菌》（*Bacillus of Long Life*）一书
	1915年，美国Daviel Newmam首次利用乳酸菌治疗膀胱感染，为乳酸菌在临床方面的应用奠定了基础
	1919年后，在蒂策勒（R.P.Tittsler）、罗高沙（Rogosa）、沙普（Sharpe）及光岗知足等研究人员的不懈努力下，直到20世纪60年代，才逐渐确立了乳酸菌的分类方法
	1919年，Isaac Carasso在巴塞罗那工业化生产并销售酸奶。最初的目的是帮助治疗腹泻，因此主要在药房销售
	1928年，美国首次报道了由乳酸乳杆菌L.lactics产生抗菌肽，即乳酸菌素
	1935年，代田稔制造和销售乳酸菌饮料
	1942年，汤腾汉等从酸牛乳中分离出5株乳酸菌
	1949年，四川重庆振元化学药品厂首先在我国采用乳酸菌发酵法制造乳酸
	20世纪50年代，乳酸菌药品表飞鸣上市
第四阶段：21世纪	2000年以来，发布了乳杆菌的30个新种和双歧杆菌3个新种
	2001年，法国的Bolotin等公布了第一个完整的乳酸菌DNA序列
	目前，全球已完成基因组DNA测序的乳酸菌有6个，正在进行测序的有23个

自 1875 年巴斯德（Louis Pasteur）发现乳酸菌以来，经过李斯特（Lister）、蒂赛（H.Tisser）、梅契尼科夫（Elie Metchinkoff）、莫罗（E.Moro）、奥拉－詹森（Orla-Jensen）、蒂策勒（R.P.Tittsler）、罗高沙（Rogosa）、沙普（Sharpe）、光岗知足及代田稔等各国的微生物学家的不懈探索和研究，至今已发现的乳酸菌包含 43 个属，373 个种和亚种。表 3-2 给出 43 个属的模式菌种、首次命名者和来源。

表3-2　乳酸菌的命名和模式菌株

序号	属　名	种　名	首次命名者	年份	模式菌株	分离来源
1	芽孢杆菌属 Bacillus	枯草芽孢杆菌 B. subtilis	Cohn	1872		脊椎和非脊椎动物
2	乳球菌属 Lactococcus	乳酸乳球菌乳酸亚种 L. lactis	Lister	1873	ATCC 19435	生牛奶和乳品
3	明串珠菌属 Leuconostoc	肠膜明串珠菌 L. mesenteroides	Tsenkovskii	1878	ATCC 8293	人、动物
4	纤毛菌属 Leptotrichia	口腔纤毛菌 L. bhccalis	Robin	1879	ATCC 14201	菌斑中，女性生殖道
5	葡萄球菌属 Staphylococcus	金黄色葡萄球菌 S. aureus	Rosenback	1884		食品、尘埃和水
6	链球菌属 Streptococcus	酿脓链球菌 S. Pyogenes	Rosenbach	1884	ATCC 12344	
7	乳杆菌属 Lactobacillus	德氏乳杆菌 L. delbrueckii	Leichmann	1896	ATCC 9649	
8	拟杆菌属 Bacteroides	脆弱拟杆菌 B. fragilis	Veillon 和Zuber	1898	ATCC 25285	
9	双歧杆菌属 Bifidobacterium	两歧双歧杆菌 B. bifidum	Tisser	1899	ATCC 29521	胃肠道
10	片球菌属 Pediococcus	有害片球菌 P. damnosus	Claussen	1903	ATCC 29358	蔬菜、食品
11	肠球菌属 EntPrococcus	粪肠球菌 E. faecalis	Andrewes 和Horder	1906	ATCC 19433	
12	蜜蜂球菌属 Melissococcus	冥王蜜蜂球菌 M. plutonius	White	1912	ATCC 35311	欧洲蜜蜂乳状病
13	李斯特氏菌属 Listeria	单核细胞增生李斯特氏菌 L. monocytogenes	Pirie	1940	ATCC 15313	病兔
14	瘤胃球菌属 Ruminococcus	生黄瘤胃球菌 R. flavefaciens	Sijpexteijn	1948		哺乳动物的瘤胃、大肠和盲肠
15	气球菌属 Aerococcus	绿色气球菌 A. vzrzdans	Williams Hirch 和Cowan	1953		医院、病龙虾
16	毛螺菌属 Lachnospira	多对毛螺菌 L. multiparus	Bryant和 Small	1956		小牛瘤胃
17	孪生球菌属 Gemella	溶血孪生球菌 G. haemolvsant	Berger	1960		人口腔、肠道、呼吸道

续表

序号	属　名	种　名	首次命名者	年份	模式菌株	分离来源
18	塞巴鲁德氏菌属 *Sebaldella*	白蚁塞巴鲁德氏菌 *S. termitidis*	Sebald	1962	ATCC 33386	白蚁的后肠内含物
19	芽孢乳杆菌属 *Sporolactobacillus*	菊糖芽孢乳杆菌 *S. inulinus*	Kitahara 和Suzuki	1963	ATCC 15538	鸡饲料、土壤
20	巨单胞菌属 *Megamonas*	趋巨巨单胞菌 *M. hyPermegale*	Harrison 和Hansen	1963	ATCC 25560	人、动物和家禽的肠道
21	罗氏菌属 *Rothia*	龋齿罗氏菌 *R. dentocariosa*	Geory 和Brown	1967		人的嘴和喉部
22	索丝菌属 *Brochothrix*	热杀索丝菌 *B. thermosphacta*	Sneath 和Jones	1976		肉产品
23	热厌氧菌属 *Thermoanaerobium*	布氏热厌氧菌属 *T. brockii*	Zeikus	1979	ATCC 33075	温泉
24	光岗菌属 *Mitsuokella*	多酸光岗菌 *M. multiacida corrig*	Mitsuoka	1982	ATCC 27723	人、猪囊和人牙龈感染
25	糖球菌属 *Saccharococcus*	嗜热糖球菌 *S. thermophilus*	Nystrand	1984	ATCC 43125	甜菜提取物
26	微小杆菌属 *Exiguobacterium*	金橙黄微小杆菌 *E. rurantiacum*	Collins等	1984		马铃薯、加工废水
27	拟杆菌属 *Bacteroides*	*B. fragilis*	Castellani 和Chalmers	1984		化脓口腔、肠道、垃圾
28	动弯杆菌属 *Mobiluncus*	柯氏动弯杆菌 *M. curtisii*	Spiegel 和Roberts	1984		女性的阴道
29	闪烁杆菌属 *Feridobacterium*	多节闪烁杆菌 *F. nodosum*	Patel	1985	ATCC 35602	新西兰和冰岛的热泉
30	栖热袍菌属 *Thermotoga*	海栖热袍菌 *T. maritima*	Stetter 和Huber	1986	ATCC 43589	地热海水沉积物或潮汐泉、油井
31	科里氏杆菌属 *Coriobacterium*	球团科里氏杆菌 *C. glomerans*	Haas 和konig	1988	ATCC 49209	红兵甲虫的肠道
32	漫游球菌属 *Vagococcus*	河流漫游菌 *V. fluvialis*	Collins	1989	ATCC 49515	河流
33	阿托波氏菌属 *Atopobium*	微小阿托波氏菌 *A. minutum*	Collins	1992		
34	四联球菌属 *Tetragenococcusus*	嗜盐四联球菌 *T. halophilus*	Collins等	1993	Strain 885/78[T]	
35	魏斯氏菌属 *Weissella*	绿色魏斯氏菌 *W. viridescens*	Collins 和Samells	1994		土壤

序号	属 名	种 名	首次命名者	年份	模式菌株	分离来源
36	酒球菌属 *Oenococcus*	酒酒球菌 *O. oeni*	Garvie	1995	ATCC 23279	
37	嗜盐菌属 *Halocella*	解纤维嗜盐菌 *H. cellulosilytica*	Malmqvist	1997	ATCC 700086	
38	副乳杆菌属 *Paralactobacillus*	雪兰莪副乳杆菌 *P. selangorensis*	Leisner	2000	ATCC 23279	马来群岛红辣椒
39	陌生细菌属 *Atopobacter*	海豹陌生细菌 *A. phocae*	Lawson	2000	ATCC BAA-285	海豹
40	*Scardovia*	*S. inopinata*	Jia和Dang	2002		
41	*Parascardovia*	*P. denticoiens*	Jia和Dang	2002		人口腔
42	似杆状菌属 *Isobaculum*	獾似杆状菌 *I. meil*	Collins	2002	Strain M577-94	獾的肠道
43	海乳杆菌属 *Marinilactobacillus*	耐冷盐海乳杆菌 *M. psychrotolerans*	Ishikawa	2003	Strain M13-2	日本亚热带海洋生物

3.1.2 乳酸菌的定义和分类方法

1. 乳酸菌的定义

乳酸菌是能使葡萄糖（或可利用的碳水化合物）发酵产生大量乳酸的一群细菌。这只是一种历史习惯叫法，并不是分类学上的名称。目前细菌分类有数百个属，很难把能否产生大量乳酸作为细菌的分类标准，但乳酸菌的习惯叫法已被大家广泛接受。这里给出乳酸菌的定义为：一类能在可利用的碳水化合物发酵过程中产生大量乳酸的细菌。

书中采用如下特征作为乳酸菌分类的基础：细胞形态，细胞染色，有无芽孢，生理需求，发酵方式，发酵代谢产物，DNA 的（G+C）含量。

2. 乳酸菌的分类方法

20 世纪 60 年代前，对乳酸菌主要按其形态、培养条件、糖的利用、代谢产物等进行分类；60 年代后，增加了乳酸菌细胞 DNA 中（G+C）含量测定；90 年代后，采用 16S rDNA 序列分析和基因探针及类脂分析等技术进行测定、分类。目前乳酸菌分类和鉴定最常用的方法是聚合酶链反应（polymerase chain

reaction, PCR）和核酸分子探针杂交技术。

1）乳酸菌在《伯杰氏系统细菌学手册》中的分类方法

自巴斯德发现乳酸菌以来，许多研究人员根据乳酸菌的形态学、生理生化学（生长温度、糖发酵途径、营养、代谢产物）、血清学、化学分类（胞壁组成、乳酸旋光性、醌类测定）、抑制物试验和基因型（DNA 的同种与异种、（G+C）含量）等方面进行分类。根据国际公认的分类系统——伯杰氏系统，在《伯杰氏系统细菌学手册》（Bcrgey's Manual of Systematic Bacteriology）第 2 版中，乳酸菌分属于细菌界中五个门（图 3-1）：门 B Ⅱ——热孢菌门（Thermotogac），包括 2 个属；门 B XⅢ——硬壁菌门（Firmicutes），包括 30 个属；门 B XⅣ——放线菌门（Actinobacteria），包括 7 个属；门 B XX——拟杆菌门（Bactero），包括 2 个属；门 B XXI——梭杆菌门（Fusoacteria），包括 2 个属。

图 3-1　乳酸菌在细菌界中的分布

2）奥拉-詹森的分类方法

1943 年，奥拉-詹森按糖代谢途径和产物类型对乳杆菌进行了研究，把乳杆菌属分成 3 个亚属。

亚属 1——贝塔杆菌亚属（Betabacterium）对葡萄糖进行异型乳酸发酵，产 CO_2，产生 DL- 乳酸。

亚属 2——链细菌亚属（Sireptobacterium）对葡萄糖进行同型乳酸发酵，不产 CO_2，可在 15℃下生长，可发酵戊糖，能利用葡糖酸并产 CO_2；产生 L（＋）- 乳酸、D（－）- 乳酸或 DL- 乳酸。

亚属 3——热细菌亚属（Thermobacterium）对葡萄糖进行同型乳酸发酵，不产 CO_2，可在 45℃或更高的温度下生长，但不能在 15℃下生长，不能发酵戊糖或利用葡糖酸并产 CO_2；产生 L（＋）- 乳酸、D（－）- 乳酸或 DL- 乳酸。

3）Kandler 和 Weiss 的分类方法

1986 年，Kandler 和 Weiss 研究发现，乳酸菌与乳杆菌在糖发酵过程中表现类似，同样可分为三个代谢类群：第 I 群为不发酵戊糖或葡萄糖酸盐的专性同型发酵；第 II 群为发酵戊糖或葡萄糖酸盐的兼性异型发酵；第 III 群为从葡萄糖产生等量乳酸、CO_2、乙酸和 / 或乙醇的专性异型发酵。

4）乳酸菌的现代分类和鉴定方法

乳酸菌的现代分类和鉴定的依据是表型特征（细胞壁组成、生理生化、蛋白印记等）和遗传学特征（特异 DNA 序列）。

乳酸菌的现代鉴定方法包括：① DNA /DNA 或 DNA/rRNA 的同源性测定；②限制性片段长度多态性分析（restriction fragment length polymorphism, RFLP），扩增片段长度多态性分析（amplified fragment length polymorphism, AFLP）；③随机扩增 DNA 多态性分析（randomly amplified polymorphic DNA, RAPD）和16S rRNA 全序列分析等。聚合酶链反应和核酸分子探针杂交技术是乳酸菌现代分类和鉴定最常用的方法。

3.1.3　乳酸菌的分布

乳酸菌广布于植物的果实、根茎叶和腐烂植物体，堆肥、土壤、污水，发酵动植物食品和饮料，人体和动物的消化系统、呼吸系统、泌尿系统、口腔系统、皮肤系统和粪便，乳汁和乳制品等。它们是生物界中的重要一员，对植物、动物和人类的生存具有重要的作用。

1. 植物及其制品中的乳酸菌

乳酸菌在植物中广泛存在。乳酸菌在植物微生态系统中占有重要地位，具有保护植物生态平衡的作用。当植物受到机械损伤，或者在腌制过程中，就会产生许多乳酸菌。从新鲜枝叶上可分离到乳酸菌，为 10~1000 个 /g，占总细菌数的 0.01%~1%；从大多数亚热带植物中可分离得到 *L. brevis*、*L. casei*、*L. viridescens*、*L. cellobisous* 和 *L. salivarius*。从一些植物果实中可以检出乳球菌属和片球菌属；从植物根际也能分离得到乳酸菌，常见的是 *L. plantarum*、*L. brevis* 和 *L. fermentum*。

传统的乳酸菌发酵蔬菜，如泡菜和腌菜中的微生物主要有肠膜明串珠菌、乳酸片球菌、植物乳杆菌、短乳杆菌、布氏乳杆菌等乳酸菌，还有酵母菌、丁酸菌、大肠杆菌和一些霉菌；从发酵果蔬食品还可分离到 *L. curvatus*、*L. sake* 和 *L. paracasei*、*L. bavaricus* 等，乳球菌、肠球菌、消化球菌等通常较少，只占乳酸菌总数的不到 10%；在青贮饲料的发酵中后期，可分离得到占优势的乳杆菌和其他一些乳酸菌，如 *L. casei*、*L. brevis*、*L. buchneri*、*L. fermentum*、*L. acidophilus* 和 *L. salivarium* 等；从葡萄表面和葡萄叶上可分离得到肠膜明串珠菌、酒明串珠菌等。

2. 动物及其产品中的乳酸菌

乳酸菌主要分布于动物消化道中。从猪胃、大肠，鸡嗉囊、小肠、大肠中，检出乳杆菌 10^9 个 /mL、链球菌 $10^4 \sim 10^7$ 个 /mL。从动物消化道中分离得到的乳杆菌有乳酸乳杆菌（*L. lactis*）、发酵乳杆菌（*L. fermentum*）、嗜酸乳杆菌（*L. acidophilus*）、唾液乳杆菌（*L. salivarium*）、德氏乳杆菌（*L. delbrueckii*）和 *L. reuteri*。

乳酸菌的生长导致了肉的酸败、发黏、变绿和产生异味。从肉中分离得到的乳酸菌主要有弯曲乳杆菌（*L. curvatus*）、清酒乳杆菌（*L. sake*）、植物乳杆菌（*L. plantarum*）、干酪乳杆菌（*L. casei*）、香肠乳杆菌（*L. farciminis*）、*L. alimentarium*、短乳杆菌（*L. brevis*）和 *L. harlofolerans*。

生牛乳中的乳酸菌主要是链球菌属和乳杆菌属，它们可以使生牛乳中的乳糖进行同型或异型乳酸发酵，产生乳酸等产物，使牛乳变酸。常见的链球菌有乳链球菌（*S. lactis*）、嗜热链球菌（*S. thermophilus*）、乳脂链球菌（*S. cremoris*）、粪链球菌（*S. faecalis*）、液化链球菌（*S. liquefaciens*）等；常见的乳杆菌有嗜酸乳杆菌（*L. acidophilus*）、嗜热乳杆菌（*L. thermophilus*）、干酪乳杆菌（*L. casei*）、保加利亚乳杆菌（*L. bulgaricus*）等。

3. 人体中的乳酸菌

乳酸菌在人体消化道和生殖道中大量存在，它们伴随着人类的生、老、病、死。婴幼儿出生后数小时，就在消化道系统中建立起正常益生菌群系统，其中乳酸菌占 50% 以上。

口腔中的乳酸菌有唾液链球菌（*S. salivarius*）、缓症链球菌（*S. mitis*）、血液链球菌（*S. sanguis*）、变形链球菌（*S. mutans*）、肠球菌（*Enterococcus*）、干酪乳杆菌（*L. casei*）、嗜酸乳杆菌（*L. acidophilus*）、唾液乳杆菌（*L. salivarius*）、埃氏双歧杆菌（*Bifidobacterium eriksonii*）、齿双歧杆菌（*Bifidobacterium dentinum*）等。食道中乳酸菌较少，多为过路菌。胃中的乳酸菌也仅有 10^3 个 /

mL，多为耐酸的乳杆菌和链球菌。而肠道中的乳酸菌主要是乳杆菌和肠球菌，多达 10^5 个 /g。粪便中也可分离得到乳酸菌，为 10^4~10^9 个 /g，其中有 *L. acidopilus*、*L. fermentum*、*L. salivarius*，有时还有 *L. lactis*、*L. casei*、*L. plantarum*、*L. brevis* 和 *L. buchneri*。后 5 种菌被证明是过路菌，不能在体内定殖。此外，"长寿菌" 双歧杆菌主要栖居于人和动物的肠道内，主要有两歧双歧杆菌（*B. bifidum*）、长双歧杆菌（*B. adolescentis*）、婴儿双歧杆菌（*B. infantis*）、短双歧杆菌（*B. breve*）、青春双歧杆菌（*B. adolescentis*）、角双歧杆菌（*B. angulatum*）和小链双歧杆菌（*L. catenulatum*）等。

妇女阴道中也存在着乳酸菌，主要为乳杆菌属，它是阴道正常菌群中的重要成员，是妇女阴道中的常住菌，在阴道排出物中的分离率为 50%~80%，乳杆菌数量可达 8 × 10^7 个 /mL。阴道中常见的乳杆菌有嗜酸乳杆菌、唾液乳杆菌、发酵乳杆菌、短乳杆菌、德氏乳杆菌、莱氏乳杆菌、布氏乳杆菌、链状乳杆菌、干酪乳杆菌、乳酸乳杆菌和纤维二糖乳杆菌等，共 11 种；过路乳杆菌有双歧乳杆菌、嗜热乳杆菌、詹氏乳杆菌、瑞士乳杆菌、保加利亚乳杆菌等 5 个乳杆菌种。健康的成年妇女阴道内的 pH 值通常低于 4.5，是乳酸菌产酸所致，可保护阴道免受有害细菌的侵害。

4. 自然环境中的乳酸菌

土壤是微生物存在的大本营，也是乳酸菌良好的生长环境。在营养丰富的土壤中乳酸菌含量高，但乳酸菌并不是土壤中原籍菌，它主要来自污水、肥料、植物及根际微生物区系。污水中的乳酸菌数量可达 10^4~10^5 个 /mL，主要有 *L. fermentum*、*L. reuteri*、*L. brevis*，*L. plantarum* 和 *L. ruminis* 等；有时还可以分离到双歧杆菌，如 *B. longam*、*B. brevis*、*B. adolescentis* 等。在人畜粪便和堆肥等有机肥料中，乳酸菌的种类和数量与污水中相近。

3.2　乳酸菌的生理特性

　　乳酸菌主要存在于营养丰富的有机环境中，人工培养乳酸菌仅能获得较低的生物量，这是由乳酸菌的营养、代谢等生理特性所决定的，特别是：①乳酸菌的蛋白质分解能力和氨基酸、维生素、嘌呤、嘧啶的合成能力较弱；②乳酸菌一般都是耐氧性厌氧菌、兼性厌氧菌或专性厌氧菌，只能通过糖类发酵和底物水平磷酸化方式低效率地获取少量能量，用以维持其生命活动和进行生物合成；③乳酸菌的主要代谢产物或唯一代谢产物都是对自身正常生长繁殖有抑制作用的物质，如乳酸、乙醇和乙酸等。

　　为了高效培养乳酸菌，必须深入了解其营养需求和代谢特性，以便寻找和设计出营养丰富、要素全面、原料易取、效果良好的培养基，在此基础上，再根据它们的代谢和生长特性，创造最适其生长和产生代谢产物的生理条件。

3.2.1　乳酸菌的营养

1. 乳酸菌的细胞组分

　　乳酸菌的细胞组分与真细菌相同，一般由 20 余种元素组成，主要以碳、氧、氢、氮、磷、硫、镁、钾等为主，此外还含有铜、锌、锰、钴、钼等许多微量元素。表 3-3 列出了乳酸菌细胞的各组分和元素含量。

表 3-3　乳酸菌的细胞组分

	成分	含量（干重）/%
大分子物质	蛋白质	55（50~60）
	糖类	9（6~15）
	脂类	7（5~10）
	核酸	23（15~25）

成分		含量（干重）/%
元素成分	碳	48（46~50）
	氢	12.5（10~14）
	灰分元素	6（4~10）
	磷	1.0~2.5
	硫、镁	0.3~1.0
	钾、钙	0.1~0.5
	钠、铁	0.01~0.1
	锌、锰、铜	0.001~0.01

2. 乳酸菌的营养需求

与所有的微生物一样，乳酸菌的基本营养需求也是六大营养要素——碳源、氮源、能源、生长因子、无机盐和水。乳酸菌是化能异养微生物，其碳源兼作能源。

1）碳源

碳源是指满足微生物生长繁殖所需的碳元素类营养物质。乳酸菌细胞碳元素含量约占其干重的一半，除水分外，碳源是其需要量最大的营养物。乳酸菌的碳源谱较窄，最常用的碳源是单糖中的己糖，部分菌种能利用戊糖，只有极少数菌种还可利用淀粉。乳酸菌三个大属的主要碳源如下：

（1）乳杆菌属（*Lactobacillus*）。葡萄糖>果糖>麦芽糖>半乳糖>蔗糖>甘露糖>核糖>乳糖>纤维二糖>蜜二糖。

（2）双歧杆菌属（*Bifidobacterium*）。葡萄糖>蔗糖>麦芽糖>蜜二糖>果糖、棉籽糖>半乳糖>核糖>乳糖>阿拉伯糖、淀粉>木糖。

（3）明串珠菌属（*Leuconostoc*）。葡萄糖>果糖>蔗糖>海藻糖>麦芽糖>甘露糖>半乳糖、乳糖>核糖、木糖>阿拉伯糖、蜜二糖>棉籽糖、纤维二糖。

2）氮源

氮源是指为微生物生长繁殖提供氮元素的营养物。由于乳酸菌蛋白质分解能力和氨基酸合成能力弱，故在人工培养时，需要添加含有多种肽类氨基酸的有机氮源，如牛肉膏、酵母膏、蛋白胨或番茄汁等。常见乳酸菌对氨基酸的需求情况见表3-4。

表 3-4　几种常见乳酸菌对氨基酸的需求

菌名	天冬氨酸	谷氨酸	精氨酸	组氨酸	赖氨酸	丙氨酸	胱氨酸	甘氨酸	异亮氨酸	亮氨酸	甲硫氨酸	苯丙氨酸	脯氨酸	丝氨酸	苏氨酸	色氨酸	酪氨酸	缬氨酸	正亮氨酸	正缬氨酸	羟脯氨酸
植物乳杆菌17-5	±	+	±	—	±	—	+	—	+	+	±	±	—	—	±	+	±	+	—	—	—
干酪乳杆菌	+	+	+	±	±	+		+		+	+	+	±	±	±	+	+	+	—	—	—
戊糖乳杆菌124-2		+		—		—			+			+				+					
肠膜明串珠菌P-60	+	+	+	+	+	±	+	+	+	+	+	+	+	+	+	+	+	+			
粪肠球菌R	+	+	+	—	+	±	±	+		+	+	+	—	+	+	+	±				
乳酸乳球菌L-103	—	—	+	±	±	+		—	+			+	—	—	±	—	±	—	+		

注：＋表示需要；—表示不需要；± 表示不确定。

3）生长因子

生长因子是一类调节微生物正常代谢所必需的微量有机物，通常微生物不能用简单的碳源、氮源自行合成。广义的生长因子包括碱基、卟啉及其衍生物、甾醇、胺类、维生素、C4~C6 的分支或直链脂肪酸等，而狭义的生长因子一般仅指维生素。

乳酸菌对生长因子尤其是维生素依赖性很强，此外，许多乳酸菌还需要嘌呤、嘧啶或其相应的核苷或核苷酸作为生长因子。嘌呤、嘧啶的需要量一般为10~20 μg/mL，而核苷和核苷酸浓度则一般为 200~2000 μg/mL。表 3-5 列举了常见乳酸菌对维生素的需求情况。

表 3-5　常见乳酸菌对维生素的需求

乳酸菌名称	对氨基苯甲酸	生物素	叶酸	烟酸	泛酸	核黄素	硫胺素	吡哆醇
植物乳杆菌17-5		+	—	+	+	—	—	—
巴西乳杆菌	—	+		+	+		+	
布氏乳杆菌	—	+		+	+		+	+
干酪乳杆菌	—	+			+	+		+

乳酸菌名称	对氨基苯甲酸	生物素	叶酸	烟酸	泛酸	核黄素	硫胺素	吡哆醇
德氏乳杆菌 LD-5	−	+		+	+	+	−	+
发酵乳杆菌36	−			+	+	−	+	
盖氏乳杆菌	−			+	+			
番茄乳杆菌	−	+		+	+	+		+
甘露醇乳杆菌	−	+		+	+		+	
肠膜明串球菌 P-60		+	−	+		−	−	
短乳杆菌	−		+	+	+			
戊糖乳杆菌	−	+		+	+		+	
粪肠球菌	−	+	+	+	+	−		+
乳酸乳球菌	−	+		+	+	−	+	−

3.2.2 乳酸菌的代谢途径

1. 糖的主流分解代谢途径

糖的主流分解代谢途径是指为乳酸菌正常生长繁殖提供能源、还原力和碳架的主要生化反应途径。乳酸菌中有两条乳酸发酵途径：一条是同型乳酸发酵途径，只有一种发酵产物——乳酸；另一条是异型乳酸发酵途径，除乳酸外，还产生乙醇、乙酸和 CO_2 等发酵产物。常见乳酸菌的发酵类型及其产生的乳酸构型见表3-6。

表3-6 若干乳酸菌的乳酸发酵类型和乳酸构型

乳酸菌名称	乳酸构型	乳酸菌名称	乳酸构型
同型乳酸发酵菌		专性异型乳酸发酵菌	
德氏乳杆菌	D（−），L（+）	高加索酸奶杆菌	DL
德氏乳杆菌乳亚种	D（−）	短乳杆菌	DL
德氏乳杆菌保加利亚亚种	D（−），DL	发酵乳杆菌	DL
嗜酸乳杆菌	DL	布氏乳杆菌	DL
瑞士乳杆菌	DL	路氏乳杆菌	DL
唾液乳杆菌	L（+）	巴氏乳杆菌	DL
高加索乳杆菌	D（−）	绿色魏斯氏菌	
莱氏乳杆菌	D（−）	肠膜明串球菌	D（−）
嗜热乳杆菌	L（+）	葡聚糖明串球菌	D（−）

乳酸菌名称	乳酸构型	乳酸菌名称	乳酸构型
詹氏乳杆菌	D（－）	兼性异型乳酸发酵菌	
约氏乳杆菌	DL		
菊糖芽孢乳杆菌	D（－）	植物乳杆菌	DL
粪肠球菌	D（－）	干酪乳杆菌	L（＋），L（＋），D（－）
乳酸乳球菌	D（－）	弯曲乳杆菌	DL
乳酸乳球菌乳脂亚种	D（－）	清酒乳杆菌	DL
啤酒片球菌	DL	鼠李糖乳杆菌	L（＋）

1）经 EMP 途径的同型乳酸发酵

EMP 途径又称糖酵解途径（glycolysis），是生物最重要的糖代谢途径。其特点是：起始底物为葡萄糖，它经过磷酸化后形成二磷酸果糖（FDP 或 F-1,6-P），再经 FDP 醛缩酶分解成磷酸二羟丙酮（DHAP）和 3- 磷酸甘油醛（GAP 或 GA-3-P），然后这两种中间代谢物再经多步反应形成丙酮酸。在此过程中有两处发生底物水平磷酸化，生成 ATP。在一般的 EMP 途径中，本途径的终产物是丙酮酸，而在乳酸菌的同型乳酸发酵反应中，丙酮酸在乳酸脱氢酶的催化下，被 $NADH+H^+$ 还原为乳酸。

凡一个葡萄糖分子经 EMP 途径降解为两个丙酮酸分子，后者再直接作为氢受体而被还原为两个乳酸分子，并净产两个 ATP 分子的发酵方式，称为同型乳酸发酵（homolactic fermentation）。此过程不需要 O_2，不产生任何副产物，理论转化率应为 100%，但实际上只能得到 90% 乳酸，另有少部分乙酸、甲酸和甘油等产生。其总反应为：

$$C_6H_{12}O_6 +ADP+Pi \longrightarrow 2CH_3CHOHCOOH+ATP$$

乳酸菌通过 EMP 途径的同型乳酸发酵反应原理见图 3-2。

2）经 HMP 途径的异型乳酸发酵

一些进行异型乳酸发酵的乳酸菌因缺乏 EMP 途径中的若干重要酶，如醛缩酶和异构酶，故其利用葡萄糖进行分解代谢和产能时必须依赖 HMP 途径。在异型乳酸发酵中，葡萄糖的分解产物除乳酸外，还有乙醇、乙酸和 CO_2 等多种产物，产生的能量（ATP）也仅为同型乳酸发酵的一半。

进行异型发酵的乳酸菌，因其途径、酶系和产物的差别，又可分经典途径和双歧杆菌途径两种。

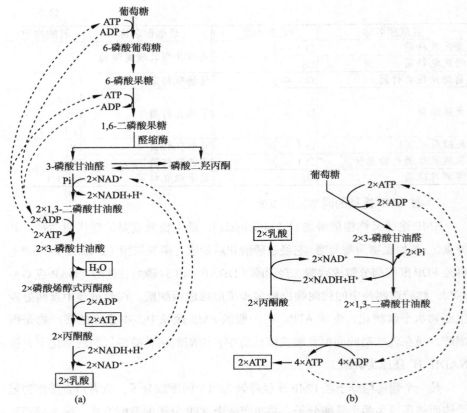

图 3-2　经 EMP 途径的同型乳酸发酵
（a）细节；（b）简图

（1）异型乳酸发酵的经典途径。它又称 WD 途径、磷酸转酮酶途径（PK 途径）或 6- 磷酸葡萄糖酸磷酸转酮酶途径（6-PG/P 途径）。这是一条以肠膜明串珠菌（*Leu. mesenteroides*）为代表的异型乳酸发酵途径。

本途径因入门发酵底物的不同而有所差别，现以葡萄糖和核糖为例，分别在图 3-3、图 3-4 和图 3-5 中列出其代谢过程。

在上述两途径中，关键步骤是戊糖磷酸转酮酶催化 5- 磷酸木酮糖裂解为乙酰磷酸和 3- 磷酸甘油醛的反应。其结果一方面使乙酰磷酸进一步反应后生成乙醇或乙酸，另一方面使 3- 磷酸甘油醛有可能再按 EMP 途径的各步骤生成丙酮酸，最终被还原为乳酸。一分子葡萄糖经本途径发酵后，产生一分子乳酸、一分子乙醇、一分子 CO_2 和一分子 ATP；若以一分子核糖作底物，则其产物为一分子乳酸、一分子乙酸和两分子 ATP。

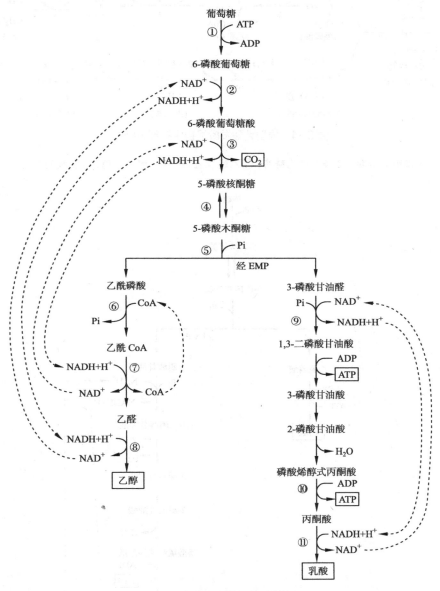

图 3-3　葡萄糖的异型乳酸发酵途径

①葡萄糖激酶；②6-磷酸葡萄糖脱氢酶；③6-磷酸葡萄糖酸脱氢酶；④5-磷酸核酮糖 -3-表异构酶；⑤磷酸转酮酶；⑥磷酸转乙酰酶；⑦乙醛脱氢酶；⑧醇脱氢酶；⑨3-磷酸甘油醛脱氢酶；⑩丙酮酸激酶；⑪乳酸脱氢酶

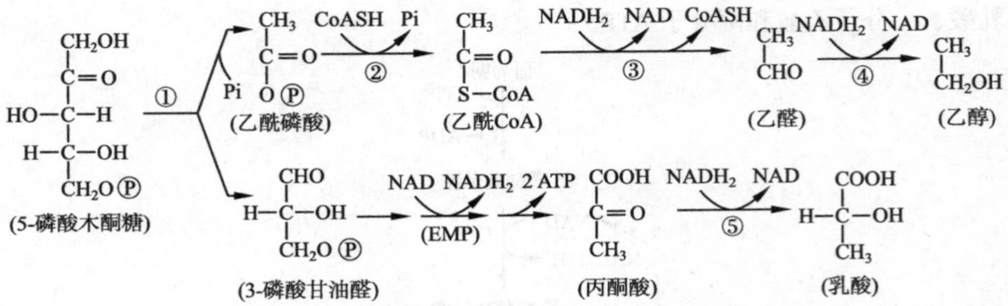

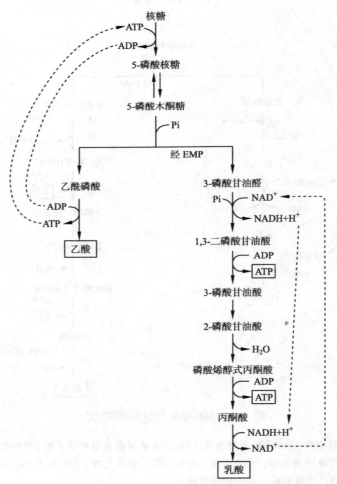

图 3-4 异型乳酸发酵途径中的部分细节

①磷酸转酮酶；②磷酸转乙酰酶；③乙醛脱氢酶；④乙醇脱氢酶；⑤乳酸脱氢酶

图 3-5 核糖的经典异型乳酸发酵途径

（2）异型乳酸发酵的双歧杆菌途径。这是一条仅存在于双歧杆菌（*Bifidobac-terium* spp.）的特殊异型乳酸发酵途径,因本途径中存在磷酸己糖转酮酶（hexose phosphoketolase）,故又称 HK 途径。与上述"经典"途径不同,其特点是两分子葡萄糖可产生三分子乙酸、两分子乳酸和五分子 ATP；同时,在途径中存在着两种磷酸转酮酶,其一为 6-磷酸果糖磷酸转酮酶,催化 6-磷酸果糖生成 4-磷酸丁糖（4-磷酸赤藓糖）和乙酰磷酸,另一为 5-磷酸木酮糖磷酸转酮酶,催化 3-磷酸木酮糖生成 3- 磷酸甘油醛和乙酰磷酸（图 3-6）。

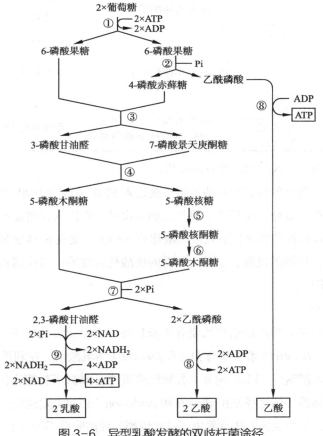

图 3-6　异型乳酸发酵的双歧杆菌途径

①己糖激酶和 6-磷酸葡萄糖异构酶；②6-磷酸果糖转酮酶；③转醛醇酶；④转羟乙醛酶（转酮醇酶）；⑤5-磷酸核糖异构酶；⑥5-磷酸核酮糖 -3- 表异构酶；⑦5-磷酸木酮糖磷酸转酮酶；⑧乙酸激酶；⑨同 EMP 途径相应酶（包括 3- 磷酸甘油醛脱氢酶、磷酸甘油酸激酶、磷酸甘油酸变位酶、烯醇酶、丙酮酸激酶和乳酸脱氢酶）

现将同型乳酸发酵和几种异型乳酸发酵所经主流代谢途径、关键酶、代谢产物和各代表菌种的比较列于表3-7中。

表3-7　同型乳酸发酵和异型乳酸发酵的比较

类型	途径	1 葡萄糖生成的产物	关键酶	代表菌
同型乳酸发酵	EMP	2乳酸 2ATP	醛缩酶	德氏乳杆菌、嗜酸乳杆菌、粪肠球菌
异型乳酸发酵	HMP	1乳酸 1乙醇 1CO₂ 1ATP	戊糖磷酸转酮酶	肠膜明串珠菌 发酵乳杆菌
		1乳酸 1乙酸 1CO₂ 2ATP	戊糖磷酸转酮酶	短乳杆菌
		1乳酸 1.5乙酸 2.5ATP	6-磷酸果糖磷酸转酮酶 5-磷酸木酮糖磷酸转酮酶	两歧双歧杆菌

2. 各种糖在进入代谢途径前的变化

乳酸菌可利用的糖类除葡萄糖可直接进入 EMP 途径和 HMP 途径外，其他的多糖、三糖、双糖和单糖（主要是己糖和戊糖）在进入代谢途径前，都必须经过水解或相应酶的修饰使其发生磷酸化或异构化，变成 6- 磷酸葡萄糖或其他可为代谢途径接纳的戊糖、丁糖、丙糖的磷酸化合物等中间代谢物形式后，才能被继续利用。

1）半乳糖

乳酸菌对半乳糖的运送和代谢有两条独特的途径。短乳杆菌（*L. brevis*）、干酪乳杆菌（*L. casei*）和粪肠球菌（*E. faecalis*）等乳酸菌，在利用 PTS 系统运送半乳糖进入细胞后，以 6- 磷酸半乳糖形式通过 6- 磷酸塔格糖途径进行代谢。半乳糖的塔格糖代谢途径是由 Bissett 和 Anderson（1974）发现的，其主要特点是在半乳糖代谢并生成乳酸过程中，其六碳糖的耗能阶段不经过 EMP 途径，直至 1,6- 二磷酸塔格糖经醛缩酶分解成 3- 磷酸甘油醛和磷酸二羟丙酮两种三碳化合物后，才进入 EMP 途径（图 3-7）。

此外，有些缺乏 PTS 运送系统的乳酸菌还可通过细胞膜上的通透酶从细胞外环境中吸收半乳糖。这时，它们就利用一条新的 Leloir 途径，由它将进入细胞的半乳糖转化成 6- 磷酸葡萄糖，然后再进入 EMP 途径进行代谢（图 3-8）。

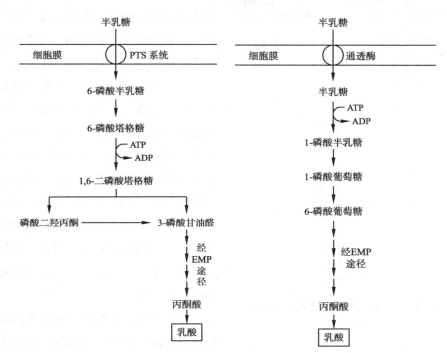

图 3-7 乳酸菌利用半乳糖的塔格糖途径　　图 3-8 乳酸菌利用半乳糖的 Leloir 途径

2）其他己糖

除上述半乳糖有其特殊发酵途径外，其他己糖（如果糖、甘露糖等）一般先进行异构化和磷酸化，待变成 6- 磷酸葡萄糖后再进入糖的主流代谢途径（图 3-9）。

3）双糖

双糖能以它的游离形态或磷酸化形态通过细胞膜。若以游离态形式进入，则进入细胞后就被特异酶水解成单糖，然后进入上述相应途径进行代谢；若以磷酸糖形式进入，例如通过 PTS 系统进入，也可借特异的磷酸水解酶将其裂解成一个游离单糖和另一磷酸化单糖分子。

（1）乳糖。乳糖是乳酸菌利用的最常见双糖。许多乳酸菌，如乳酸乳球菌（*Lc. lactis*）和干酪乳杆菌（*L. casei*）等，都有运送乳糖的 PTS 系统。因此，凡进入细胞的都是磷酸化的乳糖，然后由磷酸 -β-D- 半乳糖苷酶（P-β-gal）把它水解成一个葡萄糖和一个 6- 磷酸半乳糖分子。前者可被葡萄糖激酶磷酸化后进

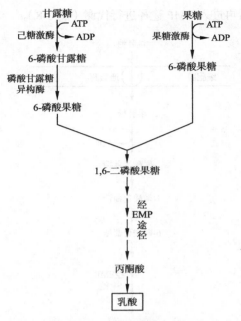

图 3-9　果糖和甘露醇在进入 EMP 途径
前的变化

入 EMP 途径代谢，后者则可通过塔格糖途径进行代谢。乳糖 PTS 系统和 P-β-gal 酶通常都是诱导酶，并受葡萄糖的阻遏。

与上述半乳糖的吸收和利用相似，有些乳酸菌也可借细胞膜上的乳糖通透酶把乳糖运送入细胞，然后由 β- 半乳糖苷酶（β-gal）水解，产生一个葡萄糖和一个半乳糖分子，以后再分别进入其主流代谢途径。研究表明，许多乳酸菌同时兼有运送乳糖的 PTS 系统和通透酶两个系统，因为在其细胞内可同时测到 P-β-gal 和 β-gal 两种糖苷酶的活性。

（2）蔗糖。蔗糖可通过通透酶或 PTS 系统的运送而进入细胞。经通透酶运入的蔗糖经蔗糖水解酶的催化，形成葡萄糖和果糖两个单糖，然后再进入主流代谢途径。在有些乳球菌（*Lactococcus. spp.*）中，蔗糖可被 PTS 系统运送入细胞，运入后的 6-磷酸蔗糖被特异的 6- 磷酸蔗糖水解酶分解成 6-磷酸葡萄糖和果糖。蔗糖 PTS 系统和 6- 磷酸蔗糖水解酶都是诱导酶，可通过培养基中的蔗糖而诱导。

（3）麦芽糖。用乳酸乳球菌（*Lc. lactis*）65.1 菌株进行实验发现，其细胞膜上运送麦芽糖的通透酶是组成型的，而非诱导型的。另外，还发现吸收的麦芽糖经麦芽糖磷酸化酶水解成葡萄糖和 1-磷酸 -β- 葡萄糖后，仅葡萄糖可进入 EMP 途径，而另一半即 1-磷酸 -β- 葡萄糖则被用于合成细胞壁的前体成分。

（4）其他双糖。关于乳酸菌对纤维二糖、蜜二糖和海藻糖等双糖的吸收利用途径至今未开展过较深入的研究，一般认为它们也是先通过细胞膜上特异运送系统运入，后经水解作用形成单糖或磷酸化单糖，再如上述单糖的步骤进入共同的主流糖代谢系统。

4）戊糖

许多乳酸菌可发酵核糖和木糖等戊糖产生乳酸。戊糖进入细胞一般都是经细胞膜上特异性通透酶的运送，进入细胞后再进行磷酸化，并在差向异构酶或异构酶的催化下转变成 5-磷酸核酮糖或 5-磷酸木酮糖，从而进入异型乳酸发酵途径进行代谢。

5）葡萄糖酸

某些乳酸菌，如干酪乳杆菌（*L. casei*）和粪肠球菌（*E. faecalis*）等，可利用葡萄糖酸产生乳酸。其代谢途径类似于戊糖，也是通过异型乳酸发酵途径进行的。开始时，外界环境中的葡萄糖酸被一种可诱导的葡萄糖酸 PTS 系统运送，由此产生的 6-磷酸葡萄糖酸即可进入异型乳酸发酵途径。另一些乳酸菌在一定条件下也可通过通透酶介导葡萄糖酸的运入，然后再使其磷酸化，进入异型乳酸发酵途径进行代谢。

6）戊糖醇

少数乳酸菌如干酪乳杆菌（*L. casei*）等可在以戊糖醇作碳源的培养基上生长。在这些乳酸菌的细胞膜上，存在有对戊糖醇特异的 PTS 系统。被磷酸化的戊糖醇进入细胞后，在脱氢酶催化下氧化成磷酸戊糖，从而可顺利地进入异型乳酸发酵途径进行代谢。

3. 乳酸菌的蛋白质分解活性

乳酸菌普遍缺乏利用无机氮源合成氨基酸的能力，因此需要从营养丰富的培养基中吸取各种现成的小肽和氨基酸，但并非所有的乳酸菌对各种氨基酸的要求都是相同的。例如，乳酸乳球菌乳亚种（*Lc. lactis* subsp. *lactis*）的某些菌株对大多数氨基酸是可以自行合成的，而乳酸乳球菌乳脂亚种（*Lc. lactis* subsp. *cremoris*）和瑞士乳杆菌（*L. helveticus*）的若干菌株却需要外界提供 13~15 种氨基酸。目前仅对参与牛奶发酵的乳酸菌如乳酸乳球菌（*Lc. lactis*）等的蛋白质水解能力作了较多的研究。研究发现，凡用于牛奶酸化的乳球菌，均有较强的蛋白质分解活力，这是因为它们都存在一种胞外膜锚蛋白酶（PrtP）。若此蛋白酶基因发生缺失突变，则此突变株在牛奶中很难生长。存在于乳球菌中的 PrtP 至少有两种，它们在降解乳酪蛋白时，特异性稍有差异。在乳球菌中已发现几种具不同特异性的肽酶，但至今所发现的种类都是细胞内酶。

用乳酸乳球菌所做的研究使我们对乳酸菌水解酪蛋白的方式、寡肽的运送、

细胞内肽酶的作用等有了一些初步的认识（图 3-10）。

从图 3-10 中可以看出，在用乳酸乳球菌所做的研究中，外界环境中的酪蛋白可被固定在细胞膜上的膜锚蛋白酶（PrtP）水解成寡肽，然后才可由细胞膜上的寡肽运送系统（Opp）转运至细胞内；细胞外的二肽和三肽可被二肽、三肽运送系统（D）直接运入细胞内；而氨基酸则由氨基酸运送系统（A）运入细胞。运入细胞后的寡肽和小肽，可在细胞内的肽酶催化下全部水解成氨基酸供菌体用作合成蛋白质的原料。

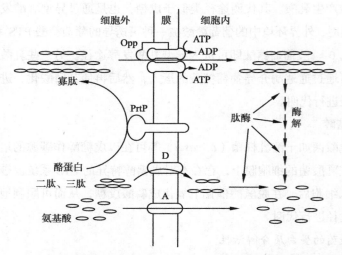

图 3-10　乳酸乳球菌对蛋白质、寡肽、小肽和氨基酸的酶解、运送作用

PrtP—膜锚蛋白酶；Opp—寡肽运送系统；D—二肽、三肽运送系统；A—氨基酸运送系统

3.2.3　影响乳酸菌生长的因素

影响乳酸菌生长的因素很多，除上述提到的各种营养因子外，此处主要介绍氧气、温度、pH 值和渗透压。

1. 氧气

氧气对微生物的生命活动影响极大，按微生物与氧气的关系可把它们分为五大类（图 3-11）：专性好氧菌、兼性厌氧菌、微好氧菌、耐氧性厌氧菌和（专性）厌氧菌。

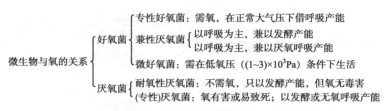

$$微生物与氧的关系 \begin{cases} 好氧菌 \begin{cases} 专性好氧菌：需氧，在正常大气压下借呼吸产能 \\ 兼性厌氧菌 \begin{cases} 以呼吸为主，兼以发酵产能 \\ 以呼吸为主，兼以厌氧呼吸产能 \end{cases} \\ 微好氧菌：需在低氧压（(1\sim3)\times10^3Pa）条件下生活 \end{cases} \\ 厌氧菌 \begin{cases} 耐氧性厌氧菌：不需氧，只以发酵产能，但氧无毒害 \\ (专性)厌氧菌：氧有害或易致死；以发酵或无氧呼吸产能 \end{cases} \end{cases}$$

图 3-11　微生物的分类（按照微生物与氧气的关系）

各种乳酸菌因普遍缺乏好氧的呼吸链（或电子传递链）酶系，故在与游离氧的关系上，大多数是一些耐氧性厌氧菌、微好氧菌、兼性厌氧菌或专性厌氧菌。例如，乳杆菌属（*Lactobacillus*）的菌种一般都属于耐氧性厌氧菌；当在固体培养基上培养微好氧菌或兼性厌氧菌时，降低氧压或充以 5%~10%（体积分数）CO_2 可促进其生长；双歧杆菌属（*Bifidobacterium*）则为专性厌氧菌，某些种在含有 10%（体积分数）CO_2 条件下，可对大气 O_2 有耐受性；链球菌属（*Streptococcus*）、肠球菌属（*Enterococcus*）、乳球菌属（*Lactococcus*）、明串珠菌属（*Leuconostoc*）和片球菌属（*Pediococcus*）的菌种都是兼性厌氧菌。

在各种生物包括乳酸菌等微生物的细胞内，会因酶促或非酶促方式，特别是由黄嘌呤氧化酶、醛氧化酶或黄素蛋白脱氢酶的催化作用而形成大量的超氧阴离子自由基（O_2^-）。它是活性氧的存在形式之一，因含奇数电子，故带负电荷；它既有分子性质，又有离子性质；其化学性质极不稳定，化学反应能力极强，可破坏细胞内的各种重要生物大分子和膜结构，还可促使其他活性氧化物的形成。故这种超氧阴离子自由基对细胞极其有害。在各种生物的长期进化历史中，都已发展出去除超氧阴离子自由基等各种有害活性氧的分子机理：①一切好氧生物存在超氧化物歧化酶（superoxide dismutase，SOD）和过氧化氢酶，前者可把剧毒的 O_2^- 歧化成毒性稍低的 H_2O_2，后者又可进一步把 H_2O_2 变成无毒的 H_2O；②大多数的耐氧性厌氧菌中存在 SOD 和过氧化物酶（peroxidase），也可使 O_2^- 变成 H_2O_2 后进一步还原成无毒的 H_2O；③一些严格的厌氧菌因既无 SOD 又缺乏过氧化氢酶或过氧化物酶，故细胞在有氧环境下形成的 O_2^- 极易杀死自己，这就是厌氧菌对氧的高度敏感性或氧对它们具有毒害的主要原因（图3-12）。

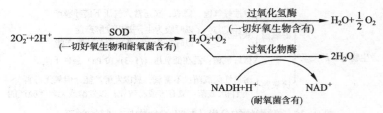

图 3-12　三种酶在消除超氧阴离子自由基中的作用

表 3-8 中示出了若干乳酸菌的 SOD 和过氧化氢酶活力的数据。

表 3-8　若干乳酸菌的 SOD 和过氧化氢酶的活力　　　U/mg

菌名	SOD 活力	过氧化氢酶活力	菌名	SOD 活力	过氧化氢酶活力
植物乳杆菌	0	0	牛链球菌	0.3	0
粪肠球菌	0.8	0	缓症链球菌	0.2	0
变异链球菌	0.5	0	乳酸乳球菌	1.4	0

注：酶活力单位为 U/mg，指每毫克菌体（干重）所含有的酶活力单位。

2. 温度

温度对微生物的影响一般分为三方面：低温对微生物生长繁殖的抑制作用；中温对微生物生长的促进作用；高温对微生物生长的抑制或杀死作用。不同微生物的抑制生长、促进生长和杀死作用的温度差别很大。在促生长的温度范围内，每种微生物都有其最低生长温度、最适生长温度和最高生长温度三个重要指标，即生长温度的三基点。其中的最适生长温度简称最适温度，是指某菌的生长速度最高或分裂代时（generation time）最短时的培养温度。应特别注意的是，最适生长温度并不等于生长得率最高时的培养温度，也不等于发酵速率或累积代谢产物量最高时的培养温度。

常见乳酸菌的生长温度为：乳杆菌属（Lactobacillus）生长温度范围为 2~53℃，最适生长温度为 30~40℃；双歧杆菌属（Bifidobacterium）生长温度范围为 25~45℃，最适生长温度为 37~41℃；明串珠菌属（Leuconostoc）生长温度范围为 5~30℃，最适生长温度为 20~30℃；链球菌属（Streptococcus）生长温度范围为 25~45℃，最适生长温度为 37℃，部分菌种可在 10℃中生长；肠球菌属（Enterococcus）生长温度范围为 10~45℃，最适生长温度为 37℃；片球菌属（Pediococcus）最适生长温度为 25~40℃，一般培养温度以 30℃为宜；乳球菌属（Lactococcus）最适生长温度为 30℃。

3. pH 值

乳酸菌是一大类以乳酸为唯一或主要代谢产物的细菌，故它们对酸性环境十分适应。各种乳酸菌在其可生长的 pH 值范围内，也可分最低 pH 值、最适 pH 值和最高 pH 值三个指标。常见乳酸的生长 pH 值为：乳杆菌属在 pH 值为 4.5 时可生长，最适 pH 值为 5.5~6.2，pH 值为 9.0 时不能生长，当接种到初始 pH 值为中性或碱性的培养基中时，生长速度很低；双歧杆菌属生长 pH 值范围为 4.5~8.5，但初始生长的最适 pH 值为 6.5~7.0，在 pH 值为 4.5~5.0 或 8.0~8.5 的情况下均不生长；明串珠菌属生长 pH 值范围在 5.0 以上，pH 值低于 4.4 时停止生长；肠球菌属生长范围较广，在中性和微碱性范围生长良好，一般还可在 pH 值为 9.6 时生长；乳球菌属生长在酸性和中性范围内，在 pH 值为 9.6 时不能生长；链球菌属生长 pH 值范围较广，不少菌种还可生长在 pH 值为 9.6 时。

4. 渗透压

渗透压是某水溶液系统中一个可用压力来量度的物化指标，它表示两种不同浓度的溶液间若被一个半透性薄膜隔开时，稀溶液中的水分子会因水势的推动而透过隔膜流向浓溶液一方，直至后者所产生的机械压力足以使膜两侧水分子的出入达到平衡为止。这时由浓溶液所产生的机械压力，即为该系统的渗透压值。渗透压的大小由浓溶液中所含有的分子或离子的质点数所决定。等重的物质，其分子或离子粒越小，则质点数越多，因而产生的渗透压就越大。

不同的乳酸菌对渗透压的适应性有很大差别，例如肠球菌属（*Enterococcus*）和链球菌属（*Streptococcus*）的菌种都可在 6.5%NaCl 环境下生长，而乳球菌属（*Lactococcus*）的大多数菌种只能在 4%NaCl 环境下生长。

3.2.4　乳酸菌的分离和培养

乳酸菌不同属种间既有其共性，又有各自的个性。现将乳酸菌中具有代表性的属种的菌株分离培养方法阐述如下。

1. 乳杆菌的分离和培养

乳杆菌属的细菌具有复杂的营养要求。它们生长需要碳水化合物、氨基酸、肽类、脂肪酸酯类、盐类、核酸衍生物和维生素类；它们代谢碳水化合物产生大量的乳酸和少量的其他化合物；它们生长在不同的生境，这些生境条件具有高水平的可溶性碳水化合物、蛋白质降解物、维生素和低氧压；它们耐酸和嗜酸，不同的种有其适应的不同环境；它们产生大量乳酸，在较低 pH 值基质中生长且广泛分布。

由于这一菌属的以上特性，在分离这类菌使用培养基时需要考虑这些因素，某些种还适应生长于某些极端的环境，如严格的厌氧条件。有的培养基需补充刺激因子，所有培养基中必须含有相应的生长因子。通常培养基含有酵母提取物作为维生素来源，还有蛋白胨、乙酸盐和刺激因子（如吐温 80）等以及适宜生长的低 pH 值范围 4.5~6.2。依据乳杆菌在不同生境及其区系中是主要优势菌还是仅为其部分菌系，可选择不同组分的分离培养基，有的用作分离的培养基也可作为培养乳杆菌的培养基。

1）半选择性培养基

当乳杆菌是复杂区系中的主要菌时，常用 MRS 琼脂作为分离用培养基。APT 培养基通常用于从肉制品中分离绿色乳杆菌和其他乳杆菌及肉食杆菌。条件要求较为苛刻的专性异型发酵乳杆菌，采用 Kleyrnmans 等 1989 年提出的改进的同型腐酒（homohiochii）培养基对其生长和分离效果最佳。

2）选择性培养基

当乳杆菌是复杂区系中的部分菌时，广泛采用 SL 培养基，这种培养基及其类似培养基主要含有高浓度的乙酸盐离子，pH 值为 5.4，并有刺激生长因子吐温 80，可抑制许多其他微生物生长，具有选择作用。SL 培养基被推荐用于分离广范围的乳杆菌，但通常使肉变质的绿色乳杆菌和其他适应非常酸性环境的种不能在其上生长；链球菌和肉食杆菌等也能被抑制，但大多数乳制品和发酵蔬菜来源的片球菌和明串珠菌，以及某些肠道来源的肠球菌、双歧杆菌和酵母可在此培养基上生长。

3）不同生境乳杆菌分离培养基

（1）牛乳和乳制品。SL 培养基可用于分离牛乳、干酪和发酵乳品中的乳杆菌。当对干酪中乳酸菌进行计数时，其中的乳球菌可完全被抑制，而明串珠菌和片球菌则能在其上生长，故生长的菌落需进一步鉴定。

（2）口腔、肠道和阴道。SL 培养基最初是为分离口腔和肠道来源的乳杆菌而设计的，但某些双歧杆菌和肠球菌也可在其上生长，故需对其生长的菌落进一步鉴定。

（3）肉与肉制品。从肉中分离绿色乳杆菌及其他乳杆菌使用 APT 培养基，或使用添加 0.1% 的乙酸亚铊，调节 pH 值为 5.5 的 MRS 培养基，或使用调节 pH 值为 5.8 的 SL 培养基。使用酪蛋白水解物山梨酸培养基可以选择性地分离计数肉和肉制品中的乳杆菌；添加 0.2% 山梨酸钾的 MRS 培养基（pH 值为 5.7），更适于肉制品中乳杆菌的计数。

（4）发酵蔬菜和青贮饲料。从青贮饲料分离乳杆菌可采用 SL 培养基，发酵蔬菜则采用 SL 和改进的同型腐酒培养基。

（5）酸面团。分离酸面团中的乳杆菌采用添加面包酵母的改进同型腐酒培养基。

（6）发酵饮料。发酵饮料中的乳杆菌已适应极特殊的环境，需采用不同类型的培养基，其中包括需要某些天然基质以提供分离菌株所必需而又未知的生长因子。番茄汁常可替代这些特殊的生长因子，此外还需与一些抑制因子共同使用，抑制如酵母菌、霉菌和乙酸菌等的耐酸微生物。双倍浓度的 MRS 培养基在灭菌前用啤酒调成正常浓度，可用于培养典型的啤酒乳杆菌；混合有过滤灭菌的麦芽汁和酵母自溶物的培养基适用于分离谷物糖化醪内的乳杆菌。

4）培养环境和温度

多数乳杆菌在厌氧或增加 CO_2 分压的条件下生长较好，特别是在初始分离时效果更好。将琼脂平板置于体积分数为 90%N_2+10% CO_2 的一个大气压的气体中，如培养基长出不同类型的菌落，则表明是不同的种或生物型。

人、动物和某些乳品来源的分离株培养于 37℃，其他生境的分离株一般在 30℃培养，低温来源的菌株在 22℃培养。

2. 链球菌的分离和培养

1）转移培养基

链球菌经常分离自许多类型的临床标本，包括脓液、伤口、血培养物、体液和活组织检查样品等。采集的临床标本如取样后不能立即进行分离，可放置在转移培养基中，通常使用还原转移液（RTF），适用于在室温下放置临床标本或链球菌的菌系。

2）选择性培养基

分离口腔链球菌有两种选择性培养基，一种是酪胨水解物酵母膏胱氨酸（TYC）培养基，另一种是轻型唾液（MS）琼脂培养基，其中含有蔗糖，使某些链球菌在此培养基上生成特征性的胞外多糖。分离变形链球菌有两种选择性培养基——MSB 培养基和 TYCSB 培养基，分别是在 MS 或 TYC 培养基中加入杆菌肽，并增加蔗糖的含量。MSB 培养基是在 MS 培养基中加入 0.2U/mL 杆菌肽，蔗糖含量 15%；TYCSB 培养基是在 TYC 琼脂中加入 0.1U/mL 杆菌肽，蔗糖含量 15%。对于 B 群链球菌的选择性培养基通常以磺胺二甲噁唑（sulfamethoxazole）、大肠菌素和结晶紫等作为选择因子。

3）链球菌的培养

实验室中培养链球菌常使用各种含血的琼脂培养基。添加了 5% 动物血（羊或马血）的培养基中，有少量或不含还原糖（如布氏培养基、脑心浸液等），对培养链球菌和检测溶血是极好的培养基。国外某些实验室使用销售的成品培养基有脑心浸液（BHI）、Todd Hewitt 培养液等。

3. 肠球菌的分离和培养

肠球菌营养要求复杂，通常使用含蛋白胨或其类似物的培养基，也可培养于脑心浸液和其他具有丰富营养的培养基中。大多数盲肠肠球菌需在含 3% 以上 CO_2 的气体中生长。

用于肠球菌分离和培养的选择性培养基约有 60 种，但这些培养基大多数也支持某些链球菌的生长。叠氮化钠是最为广泛应用的选择剂，大多数培养基含有 2~5g/L 叠氮化钠。由于肠球菌一般抗卡那霉素（氨基糖苷抗生素），因此分离时可将 20μg/mL 卡那霉素和叠氮化钠联合使用。卡那霉素七叶灵培养基即为这类培养基。

4. 乳球菌的分离和培养

乳球菌未在土壤和粪便中发现，仅少量见于奶牛体表和唾液。乳酸乳球菌（*Lc. lactis*）、格氏乳球菌（*Lc. garviae*）、植物乳球菌（*Lc. plantarum*）、棉子糖乳球菌（*Lc. raffinolactis*）和乳酸乳球菌双乙酰乳亚种（*Lc. lactis* subsp. *diacetyl-actis*）一般可从新鲜和冷冻的谷物、玉米长须、豆类、卷心菜、莴苣或黄瓜等植物直接分离或富集；生牛乳中含有乳酸乳球菌乳亚种（*Lc. lactis* subsp. *lactis*）、乳脂亚种（*Lc. lactic* subsp. *crermoris*）和双乙酰乳亚种，可能是由于挤奶时从乳房外部和喂食的饲料进入的。迄今为止，乳酸乳球菌乳脂亚种除了牛乳、发酵乳、干酪和发酵剂外，尚无别的生境。

乳球菌营养要求复杂，需要复合培养基才能良好生长。乳球菌的所有菌株在合成培养基中都需要氨基酸，如亮氨酸、异亮氨酸、缬氨酸、组氨酸、甲硫氨酸、精氨酸和脯氨酸，以及维生素类，如烟酸、泛酸钙和生物素。

（1）富集和分离。植物是乳球菌的天然来源，青贮饲料的发酵过程有利于乳球菌、明串珠菌和片球菌的富集培养。此外，从乳制品中也可分离乳球菌。

（2）分离培养基。通常使用的乳球菌分离培养基有两种，一种是 Ellilker 培养基，广泛用于分离和计数乳球菌；另一种是添加 1.9% β- 甘油磷酸二钠的 M_{17} 培养基，用于分离乳酸乳球菌乳脂亚种、乳酸乳球菌乳亚种和乳酸乳球菌双乙酰亚种以及唾液链球菌嗜热亚种（*S. salivarius* subsp. *thermophilus*）的所有菌株及其缺乏发酵乳糖能力的变异株。

5. 明串珠菌的分离和培养

在天然和人工的食品以及植物环境中，明串珠菌总是与其他乳酸菌在一起，作为其中的菌系之一。大多数明串珠菌的营养需求和生理性状与乳杆菌、片球菌和其他的乳酸菌相似，要选择性地采用一步操作法获得明串珠菌的纯培养物比较困难。

1）半选择性培养基

草本植物、蔬菜和青贮饲料是明串珠菌的自然生境。明串珠菌在含有 2% 食盐的蔬菜自然发酵初期占优势，因此可在发酵早期有选择性地富集明串珠菌。通常根据这类菌的优势情况选用半选择或非选择性培养基，如 MRS 或 APT 培养基。在 MRS 琼脂培养基加入 0.2% 的山梨酸钾，调节 pH 值为 5.7，用于从肉制品中分离明串珠菌和乳杆菌；当乳杆菌在此生境中占优势时，使用乙酸铊培养基可以有选择性地从肉制品中分离明串珠菌，但肉食杆菌抗乙酸铊，能在此上生长。对于分离乳品中的明串珠菌可使用半选择性培养基，如 MRS 培养基和 SL 培养基，但乳杆菌和片球菌可在其上生长，所以菌落需进一步鉴定。

2）选择性培养基

明串珠菌生长较慢，添加 0.05% 半胱氨酸 -HCl 可刺激其生长。大多数明串珠菌可在含酵母提取物和葡萄糖的牛乳中生长，但牛乳不是其生长的适宜培养基。选择性培养基可采用 HP 培养基和蔗糖硫胺培养基等。

6. 双歧杆菌的分离和培养

双歧杆菌为专性厌氧菌，对其进行分离和培养时必须注重这类菌的生长特性，并采用相应的实验方法。

1）分离培养技术

双歧杆菌为专性厌氧菌，对氧敏感，在有氧条件下不能生长于琼脂平板或试管斜面上。采用一般兼性厌氧菌的分离培养法，不仅不能获得所需的培养物，反而使样品中混杂的兼性厌氧菌大量增殖，干扰实验结果，因此，必须采取厌氧培养技术，创造适于其生长繁殖的条件。常用的厌氧培养设备包括以下四种。

（1）亨盖特滚管技术。1950年，亨盖特首先应用此技术研究瘤胃厌氧微生物，此后又经不断改进，使亨盖特厌氧技术日趋完善，并发展成研究严格厌氧微生物的一套完整的技术。亨盖特厌氧技术包括气体除氧系统、还原培养基的制备、滚管分离纯化等一系列厌氧操作技术。亨盖特厌氧技术的提出和发展，使严格、专性厌氧微生物的研究提高到一个崭新的阶段，进入了一个飞速发展的时期。

（2）厌氧罐。厌氧罐使用 H_2 和 CO_2 混合气体，混合气体以 10%（体积分数）CO_2 和 90%（体积分数）H_2 的组合为适宜，如用 N_2 替代部分 H_2，至少也要保留 10%H_2。使用中必须加入新鲜或活化过的催化剂以反应去掉残余氧气，广泛使用的是常温钯催化剂，每次使用后应在 160~170℃加热 2h 活化后再用。采用新鲜的含有还原剂的培养基或预还原培养基熔化后倾入平板，然后置于厌氧罐内。如果厌氧罐内使用的气体源是 H_2-CO_2 产气袋，可观察厌氧指示剂变化，达到所需的厌氧程度后再进行培养。如果使用无 O_2 的充气罐，罐内需充入无 O_2 的 CO_2，CO_2 与 H_2，或 CO_2、N_2 与 H_2 的混合气体，直至罐内达到厌氧状态为止。厌氧罐还需使用厌氧指示剂以显示达到的厌氧程度，美蓝是一种广泛用于厌氧罐的厌氧指示剂。加入到预还原培养基中的刃天青也是一种良好的指示剂，如培养基由浅红色变为无色，表明已达到所需的厌氧度。用抽气换气法排除厌氧罐内氧气时，常用"U"形水银气压计以显示其中的厌氧度。

厌氧罐有多种类型，材料包括金属、玻璃或透明塑料等。常用的有下列三种。

①充气厌氧罐。一般由聚碳酸酯制作而成，罐盖上有双孔，并有"O"形密封环。双孔中一孔接有导管，接近罐底，通气用。由于通入的是纯净气体，避免了使用 H_2-CO_2 产气袋和催化剂时生成的水分。罐体透明，有利于观察罐内培养物的生长情况。

②气袋产气罐。与上一种罐不同的是其罐盖上不带入气孔和排气孔，它是为适应 H_2-CO_2 产气袋的使用而设计的。罐盖下方往往带有放钯催化剂的装置。

③厌氧罐代用品。带玻璃塞开关的真空干燥器可作为厌氧罐代用品，其使

用方法基本与充气厌氧罐相似。

（3）厌氧袋。厌氧袋是一种透明不透气的塑料袋，内装产气安瓿管和指示剂安瓿管（含美蓝或刃天青）。可放置1个或2个平板。袋的上端可用热源封闭，当打破其中的安瓿管后，半小时内可达到还原条件。

（4）厌氧箱。厌氧箱是利用通入的氢气在箱内黑色钯粒常温催化下与氧结合生成水的反应，达到除去箱内氧的目的。

厌氧箱可分为操作室和交换室两部分。操作室是进行厌氧操作的地方。前面塑料膜上有一对套袖及胶皮手套，供操作者使用。操作室内有用钢丝网分别装着的钯粒和干燥剂，它们与电风扇组装在一起，通过钯粒催化除氧，而干燥剂的作用是吸收除氧过程中产生的水分。操作室内还备有用于接种针灭菌的电热器及接种针。有的操作室内装有培养箱，有的还可把显微镜放入其中。交换室用于操作室外物品的放入和内部物品的取出。交换室与真空泵及气体钢瓶相连。按厌氧菌的需要通入 N_2 或 CO_2，应及时补充 H_2，使其维持在5%左右。厌氧箱可用于平板划线法分离厌氧菌，操作较为简便。

2）非选择性培养基

双歧杆菌通常采用厌氧培养，如脑心浸液琼脂、VL培养基、布氏血琼脂培养基、Eμgon琼脂培养基、加富梭菌琼脂培养基、含番茄汁的蛋白胨琼脂等。使用的基质包括各种蛋白胨，脑、心、肝等动物组织浸提液，酵母提取物，葡萄糖，可溶性淀粉，番茄汁和无机盐等，以及降低培养基氧化还原电位的还原剂，如维生素C、巯基乙酸钠、半胱氨酸或半胱氨酸盐酸盐，Na_2S、新鲜的动物器官组织（如脑、心肝的浸液）以及葡萄糖等，但现在最常用的是半胱氨酸或半胱氨酸盐酸盐。此外还有氧化还原指示剂，常用的指示剂为刃天青。TPY培养基广泛用于所有生境来源的双歧杆菌的分离和培养，但TPY培养基是非选择性的，链球菌、乳杆菌和其他类型的菌都可能在其上生长繁殖，因此分离时还要对其上生长的菌落进行进一步鉴定。

分离双歧杆菌及其他乳酸菌时，加入 $0.5\%\sim1\%CaCO_3$，在其平皿菌落周围可形成水解透明圈，利于与非乳酸菌或不产酸的细菌进行区别。

3）选择性培养基

双歧杆菌的选择性计数培养基较多。酸化的MRS培养基选择性好，用于发酵乳制品的选择性计数培养基；氯化铝-丙酸钠琼脂用于混合菌种发酵乳制品中双歧杆菌的计数；使用含有硫酸新霉素和巴龙霉素的 BS 培养基，可进行双歧杆菌的分离。

为了选择性地分离双歧杆菌，培养基中除含有双歧杆菌的营养基质外，还需添加抗生素或其他抑菌剂，如硫酸卡那霉素（ 75μg/mL ）、硫酸新霉素（ 30~200μg/mL ）、硫酸巴龙霉素（ 20~200μg/mL ）、萘啶酸（ 15μg/mL 或 80μg/mL ）、氯化锂（ 3mg/mL ）、丙酸钠（ 10g/L 或 15g/L ）、山梨酸（ 0.4g/L ）等，这些选择性物质的作用主要是抑制大肠杆菌的生长。

在双歧杆菌固体培养基中添加 X-α- 半乳糖可同时计数双歧杆菌和其他乳酸菌。其基本原理是：双歧杆菌的 α- 半乳糖苷酶的活性比其他乳酸菌高，以 5- 溴 -4- 氯 -3- 吲哚 -α- 半乳糖（ X-α-gal ）作为底物，则 α- 半乳糖苷酶可分解底物释放出吲哚，在平板上呈现蓝色。由于双歧杆菌释放的吲哚数量多于其他乳酸菌，故双歧杆菌的菌落呈蓝色，而其他乳酸菌的菌落为淡蓝色或白色。

3.2.5 乳酸菌的鉴定

乳酸菌为整体细菌类群的一个重要组成部分，其分类鉴定特征与一般细菌基本相同。目前，细菌分类鉴定一般采用多箱分类学方法，即采用多种类型的技术方法，包括表型、基因型和系统发育型的技术以获取研究对象的相关特征信息，并综合这些信息，在不同的分类水平上研究细菌分类的问题。

1. 常规鉴定方法

根据检索表（表 3-9）所述的各项鉴定方法逐条进行实验，直至各项的末端，可鉴定乳酸菌到"属"的水平，据此初步的结果，再与前面介绍的相关属种的详细特征比较，进行进一步鉴定，核查"属"鉴定结果的正确性。常规的鉴定方法包括革兰氏染色、芽孢染色（孔雀绿染色法和石炭酸复红染色法）、接触酶和氧化酶检测、厌氧生长（氧和二氧化碳的需要）检测、生长温度和耐热性检测、碳水化合物发酵试验、运动性检测、胱氨酸和半胱氨酸的需求测定、耐盐性和需盐性检测、葡萄糖发酵主要产物的测定（气相色谱和薄层色谱法）等。

表 3-9 乳酸菌的分属检索表

A. 有芽孢
 B. 接触酶阳性 ....芽孢杆菌属（*Bacillus*）
 BB. 接触酶阴性 ....芽孢乳杆菌属（*Sporolactobacillus*）

AA. 无芽孢

B. 细胞呈球状

C. 专性厌氧

D. 以 1~3 根鞭毛运动 .... 瘤胃球菌属（*Ruminococcus*）

DD. 不运动 .... 阿托波氏菌属（*Atopobium*）

CC. 兼性厌氧、微好氧

D. 生长需要 NaCl，且可耐 18%NaCl .... 四联球菌属（*Tetragenococcus*）

DD. 生长不需要 NaCl

E. 菌体 ≥ 1.0 μm

F. 6 8℃为最适生长温度 .... 糖球菌属（*Saccharococcus*）

FF. 68℃不能生长

G. 抗万古霉素（30μg/ 纸片）...................... 片球菌属（*Pediococcus*）

GG. 抗万古霉素（30μg/ 纸片）...................... 气球菌属（*Aerococcus*）

EE. 菌体 ≤ 1.0 μm

F. 葡萄糖发酵产气

G. 葡萄糖发酵产气量大

H. 能生长在 pH 4.8 和 10% 乙醇的条件下 .... 酒球菌属（*Oenococcus*）

HH. 不能生长在 pH 4.8 和 10% 乙醇的条件下 .... 明串珠菌属

（*Leuconostoc*）

GG. 葡萄糖发酵产气量极微 .... 魏斯氏菌属（*Weissella*）

FF. 葡萄糖发酵不产气

G. 10℃生长

H. 45℃生长 .... 肠球菌属（*Enterococcus*）

HH. 45℃不生长

Ⅰ. 运动 .... 漫游球菌属（*Vagococcus*）

Ⅱ. 不运动 .... 乳球菌属（*Lactococcus*）

GG. 10℃不生长

H. DNA 的（G+C）> 35%（摩尔分数）链球菌属（*Streptococcus*）

HH. DNA 的（G+C）< 35%（摩尔分数）

Ⅰ. 生长需要胱氨酸或半胱氨酸 .... 蜜蜂球菌属（*Melissococcus*）

Ⅱ. 生长不需要胱氨酸或半胱氨酸 .... 孪生球菌属（*Gemella*）

CCC. 好氧 .... 葡萄球菌属（*Staphylococcus*）

BB. 细胞呈杆状

C. 厌氧

D. 革兰氏阴性

E. 能在 > 55℃生长

F. 杆状菌体外带鞘 .... 栖热胞菌属（*Thermotoga*）

FF. 杆状菌体外不带鞘 .... 闪烁杆菌属（*Fervidobacterium*）

EE. 不能在 > 55℃生长

F. 运动

    G. 嗜盐生长..嗜盐菌属（*Halocella*）

    G. 不能嗜盐生长................................动弯杆菌属（*Mobiluncus*）

FF. 不运动

    G. 发酵产物只有乳酸........................纤毛菌属（*Leptotrichia*）

    GG. 发酵产物包括含乳酸的混合酸

        H. 发酵产物包括乳酸和乙酸

            Ⅰ. 细胞中间膨大，不产气............塞巴鲁德氏菌属（*Sebaldella*）

            Ⅱ. 细胞弯曲，产气......................毛螺菌属（*Lachnospira*）

        HH. 发酵产物包括乳酸、乙酸和琥珀酸

            Ⅰ. 细胞大，直径可达 3μm...................巨单胞菌属（*Megamonas*）

            Ⅱ. 细胞直径 < 1.5μm

            J. 主要发酵产物是丙酸...............拟杆菌属（*Bateroides*）

            JJ. 主要发酵产物不是丙酸...........光杆菌属（*Mitsuokella*）

DD. 革兰氏阳性

  E. 细胞分叉

    F. DNA 的（G+C）≥ 55%（摩尔分数）双歧杆菌属（*Bifidobacterium*）

    FF. DNA 的（G+C）≤ 55%（摩尔分数）.......（*Scardovia parascardovia*）

  EE. 细胞不分叉

    F. 能在 > 55℃生长.....................热厌氧菌属（*Theromoanaerobrium*）

    FF. 不能在 > 55℃生长

      G. 能在 −1.8℃的低温下生长..........海乳杆菌属（*Marinilactibacillus*）

      GG. 不能在 −1.8℃的低温下生长.........科里氏菌属（*Coriobacterium*）

CC. 兼性厌氧

  D. 接触酶阳性

    E. 运动

      F. 以周生鞭毛运动........................李斯特氏菌（*Listeria*）

      FF. 以侧毛或亚极生鞭毛运动....................罗氏菌属（*Rothia*）

    EE. 不运动.....................................索丝菌属（*Brochothrix*）

  DD. 接触酶阴性

    E. 肽聚糖为 B 群[1]

      F. 细胞壁含有 A3α - 胞壁酸.....................似杆状菌属（*Isobaculum*）

      FF. 细胞壁不含有 A3α - 胞壁酸.................乳杆菌属（*Lactobacillus*）

                              副乳杆菌属（*Paralactobacillus*）

    EE. 肽聚糖为 A 群[1] ....肉杆菌属（*Carnobacterium*）

    EEE. 肽聚糖含赖氨酸.........................微小杆菌属（*Exiguobacterium*）

---

①据 Schleiter 和 Kandier 划分的 A 群和 B 群（Bacteriological Reviews., 1972,36:407-477）

2. 快速鉴定

快速鉴定也称数码鉴定，是根据鉴定对象采用不同编码鉴定系列，接种一定数目试验卡，适温培养一定时间后，将所得的结果以数字方式表达，并与数据库的数据对照，从而获得鉴定结果。快速鉴定使未知菌鉴定更加简易、微量和快速，较好地满足了临床需要。目前常用的细菌编码鉴定系统很多，如 Micro-1D、Minitek、Minibact、Bio-Test、Biolog 和 API 鉴定系统等。API 是目前国内外应用最广泛的一种鉴定方法，以鉴定菌种广泛和结果正确而著称。现介绍 API 50CHL，它由 49 种可发酵碳水化合物的简易培养基组成，常用于乳杆菌和相关菌的鉴定。将待测菌悬液接种于试验卡的每一个小管中，培养 24h 或 48h 后，由于发酵碳水化合物产酸，pH 下降，使指示剂变色，由此可以读出结果，构成菌株的生化图谱，对照数据库即可得到菌名和鉴定结果的可信度。试验卡（条）的组成如表 3-10 所示。

表 3-10　API50CHL 组成

试验卡 0~9 试管 / 底物	试验卡 10~19 试管 / 底物	试验卡 20~29 试管 / 底物	试验卡 30~39 试管 / 底物	试验卡 40~49 试管 / 底物
0 对照	10 半乳糖	20 α-甲基-甘露糖苷	30 蜜二糖	40 松二糖
1 甘油	11 葡萄糖	21 α-甲基-D-葡萄糖苷	31 蔗糖	41 水苏糖
2 赤藓醇	12 果糖	22 N-乙酰-葡萄糖胺	32 海藻糖	42 塔格糖
3 D-阿拉伯糖	13 甘露糖	23 扁桃苷	33 菊糖	43 D-岩藻糖
4 L-阿拉伯糖	14 山梨糖	24 熊果苷	34 松三糖	44 L-岩藻糖
5 核糖	15 鼠李糖	25 七叶苷	35 棉子糖	45 D-阿拉伯糖醇
6 D-木糖	16 卫矛醇	26 柳醇	36 淀粉	46 L-阿拉伯糖醇
7 L-木糖	17 肌醇	27 纤维二糖	37 糖原	47 葡萄糖酸盐
8 阿东醇	18 甘露醇	28 麦芽糖	38 木糖醇	48 2-酮基-葡萄糖酸盐
9 β-甲基-D-木糖苷	19 山梨醇	29 乳糖	39 龙牛儿糖	49 5-酮基-葡萄糖酸盐

3. 分子鉴定技术

乳酸菌的分子鉴定方法主要以聚合酶链反应（polymerase chain reaction，PCR）技术和核酸分子探针杂交为基础。PCR 是近年发展起来的一种体外扩增特异 DNA 片段的技术，是在模板 DNA、引物和四种脱氧核糖核苷酸存在的条件下依赖于 DNA 聚合酶的酶促合成反应。PCR 技术的特异性取决于引物和模板 DNA 结合的特异性。经过 PCR 反应后，介于两个引物之间的特异性 DNA 片段得到了大量复制，数量可达 $2 \times 10^6 \sim 2 \times 10^7$ 个拷贝。此法操作简便，可在短时间内在试管中获得数百万个特异 DNA 序列的拷贝。核酸分子探针是指特定的已知核酸片段，能与互补核酸序列退火杂交，因此可以用于待测核酸样品中特定基因序列的检测。根据核酸分子探针的来源及其性质可以分为基因组 DNA 探针、cDNA 探针、RNA 探针及人工合成的寡核苷酸探针等几类。根据目的和要求的不同，可以采用不同类型的核酸探针。

1）保守生物大分子分析

核糖体 RNA（rRNA）等保守性生物大分子广泛存在于生物细胞中，功能稳定，核酸序列中既有高度保守区又有可变区，可以利用这些序列信息对细菌进行鉴定和分类学研究。

（1）核糖体 DNA 的种、属特异性序列扩增

根据细菌核糖体 DNA（rDNA）的高度保守区设计引物，不同种属细菌的可变区设计其种、属特异性引物。由于不同种、属乳酸菌的可变区位置不同，因此以此为引物扩增出的 DNA 片段的长度具有种、属特异性。根据扩增得到的特异性片段的长度来鉴定细菌。

（2）16S rDNA 序列同源性分析

16S rDNA 是 16S rRNA 的基因，长约 1.5kb。利用细菌的通用引物扩增 16S rRNA 基因，序列测定后，输入 GenBank 中对其进行同源性分析，判定某个分类单位在系统发育上属于哪一个分类级别。通常在种这个分类等级上，如果两个分类单位间的 16S rRNA 序列同源性大于 97.5%，则认为它们属于同一个种。

（3）核糖体 DNA（rDNA）的种、属特异性核酸探针杂交

根据细菌基因组中具有种、属特异性的基因序列，主要是核糖体 DNA 的序列，设计核酸探针，利用分子杂交方法对样品中的乳酸菌进行特异、准确的检测。依据操作方法的不同，又分为 PCR-ELISA 和菌落原位杂交等。

（4）rDNA 转录间隔区序列分析

转录间隔区序列（internally transcribed spacer sequence，ITS）是指 rRNA 操纵子中位于 16S rRNA 和 23S rRNA、23S rRNA 和 5S rRNA 之间的序列。近年来人们发现不同菌种 16S-23S rDNA 间隔区两端（16S rDNA 的 3′ 端和 23S rDNA 的 5′ 端）均具有保守的碱基序列。不同间隔区所含 tRNA 基因数目和类

型不同，具有长度和序列上的多型性，而且较 16S rDNA 具有更强的变异性，因而可以作为菌种鉴定的一种分子指征。ITS 序列分析适用于属及以下水平的分类研究，方法上可以采用种、属特异性 ITS 片段扩增、探针杂交或 ITS 序列分析。

（5）16S rDNA 扩增片段的碱基差异分析

利用温度梯度凝胶电泳（temperature gradient gel electrophoresis，TGGE）、瞬时温度梯度凝胶电泳（temporal temperature gradient gel electrophoresis，TTGE）和变性梯度凝胶电泳（denatured gradient gel electrophoresis，DGGE）可以分析 DNA 片段的碱基序列差异。它们的工作原理是在变性点时 DNA 片段在琼脂糖凝胶中的迁移率下降，利用温度或化学变性剂在凝胶电泳板中形成一个变性梯度，具有不同变性点的 DNA 片段停留在凝胶的不同位置处，则可以分开长度相同但碱基序列不同的 DNA 片段。如果变性剂的梯度平缓，则这一技术的灵敏度足以将相差一个碱基的 DNA 片段分开。某些亲缘关系较近的乳酸菌，16S rDNA 序列同源性较高。为了对这些细菌进行准确鉴定，可以用 PCR 方法扩增，有助于区分鉴定它们的 16S rDNA 序列中的高度可变区，将长度相同的扩增产物作 DGGE、TGGE 和 TTGE 电泳分析，由于待鉴定乳酸菌的高度可变区的碱基序列不同，不同乳酸菌的 PCR 产物的电泳条带处于不同的位置，那么根据条带位置差异可以鉴定细菌。

2）DNA 指纹图谱技术

DNA 指纹图谱技术（DNA-fingerprinting technique）通常指那些以 DNA 为基础，形成指纹图谱对 DNA 进行分型、对微生物的种进行鉴别的技术。

（1）基因组 DNA 限制性片段长度多态性分析

基因组 DNA 限制性片段长度多态性（restriction fragment length polymorphism，RFLP）分析是利用同一限制性内切核酸酶的识别位点在不同细菌的基因组 DNA 中的分布具有多态性，可以形成具有种间鉴别特征的带型分布这一原理。该方法用一个或一组适宜的限制性内切核酸酶将全细胞基因组 DNA 酶切后，利用琼脂糖凝胶电泳分析限制性片段长度多态性。这种方法得到的酶切片段长度为 1000~20000bp，根据酶切片段的特征性长度对细菌进行鉴定。由于形成带型很复杂，因此对结果的分析需要依靠计算机软件辅助完成。

（2）全基因组 DNA 的脉冲场凝胶电泳

由于普通的单方向恒定电场使 DNA 分子的泳动动力方向恒定且不发生变

化，因此会严重影响相对分子质量较大的 DNA 片段凝胶电泳分离的效果。在这种情况下，可以用脉冲场凝胶电泳（pulsed-field gel electrophoresis，PFGE）来分离这些相对分子质量大的 DNA 片段。PFGE 施加在凝胶上至少有两个电场方向，时间与电流大小也交替改变，使得 DNA 分子能够不断地调整泳动方向，以适应凝胶中不规则的空隙变化，达到分离大分子线性 DNA 的目的，其最大分辨力为分辨 5000kb 大小的线性 DNA 分子。全基因组 DNA 脉冲场凝胶电泳被认为是 DNA 指纹图谱技术中最准确的方法。这种方法是选用切割点较少的限制性内切核酸酶消化基因组 DNA，产生的片段为 10~800kb，条带数目为 5~20 个，易于对比和分析。这种方法适合细菌菌株间的鉴别。

（3）扩增核糖体 DNA 限制性片段长度多态性分析

扩增核糖体 DNA 限制性片段长度多态性分析（amplified ribosomal DNA restriction fragment length polymorphism analysis，ARDRA）是 PCR 与限制性片段长度多态性（restriction fragment length polymorphism，RFLP）技术相结合的一种 rDNA 限制性片段长度多态性分析方法。首先 PCR 扩增乳酸菌的位于 16S rDNA、23S rDNA 或两者间隔区（ITS）的属或群的特异性片段，然后选择一组限制性内切核酸酶对扩增产物进行 RFLP 分析。通常可以产生一些具有种特征性长度的片段，根据对酶解片段的多态性分析达到鉴定样品中乳酸菌的目的。ARDRA 更适合于细菌种和亚种水平的鉴定。由于这种方法是对某一基因进行 RFLP 分析，因此产生的电泳条带较少，结果较易分析，但也正是由于利用的是局部的基因信息，有时可能导致分辨率下降。

（4）核糖体分型

核糖体分型（ribotyping）是将同一属的实验菌株与该属有效描述的模式菌株提取 DNA，限制酶消化产生 DNA 酶切片段后电泳，然后转移到膜上与标记的 16S rDNA 或 23S rDNA 探针进行杂交，产生 rDNA 限制性酶切图谱，以比较分类单位间 DNA 同源性的技术。不同的限制性内切核酸酶产生的核型也不一致，因此对于不同的细菌应选择不同的内切酶以产生高分辨率的带型。核糖体分型技术更适于种间水平的区分。用电子成像系统记录杂交带型，用 RiboPrinter 软件分析杂交带的分子大小和亮度。

（5）随机扩增多态性 DNA 分析

随机扩增多态性 DNA（randomly amplified polymorphic DNA，RAPD）分

析的原理是随机合成长为 10bp 左右的寡核苷酸引物，在较低的退火温度下结合到与之最同源的 DNA 序列上，引物之间的区域得到扩增，PCR 产物经电泳后形成多态性，可作为鉴定的依据，根据 PCR 产物的特征性长度对细菌进行鉴定。随机扩增多态性 DNA 分析技术更适合于菌株间的鉴别。因为 RAPD 方法中随机引物不是直接针对某一特定的 DNA 序列，扩增产物的形成是由于引物与 DNA 模板之间的不完善结合，即使退火温度的微小变化也会导致带型发生变化，并且对于某一特定的细菌种属，同一随机引物可产生具有不同分辨率的 DNA 带型，因此 RAPD 的重复性较差，并且这种方法在不同细菌、不同实验室间不易标准化。但最近，通用随机引物 M13（5′-GTTTCCCCAGTCACGAC-3′）普遍用于细菌的 RAPD 印迹分析中，这为 RAPD 方法的标准化提供了一些方便。

（6）扩增片段长度多态性分析

扩增片段长度多态性（amplified fragment length polymorphism，AFLP）分析结合了 PCR 技术与 RFLP 技术，对 DNA 的限制性酶切片段进行 PCR 扩增。这种技术适用于简单或复杂的基因组 DNA；使用不同的 AFLP 引物可以调整产生的待分析片段的数目；它克服了其他 DNA 印迹技术对反应条件、DNA 的质量及 PCR 温度变化较敏感的缺点，重复性好，分辨率高，并且方法易于标准化控制，结果可以输入数据库保存，便于不同菌株间的比较。这种方法适于细菌菌株间的鉴别。

基因组 DNA 经一对限制性内切核酸酶消化后产生一系列含黏性末端的限制性片段，这些片段在 T4 DNA 连接酶作用下与双链寡核苷酸连接，接着用 AFLP 引物对限制性片段进行 PCR 扩增。

AFLP 反应同时使用两种限制性内切核酸酶：一种为少切点酶，如 EcoR Ⅰ、Ase Ⅰ、Hind Ⅲ、Apa Ⅰ和 Pst Ⅰ等；另一种为多切点酶，如 Mse Ⅰ和 Taq Ⅰ等。通常选用 EcoR Ⅰ/Mse Ⅰ组合，这样产生的 AFLP 片段一端为少切点酶序列，另一端为多切点酶序列。使用两个限制酶的原因如下：多切点酶产生易于进行 PCR 反应的小片段 DNA，并且片段大小正处于变性胶分离的最适范围内；同时配用少切点酶则只允许扩增一端为少切点酶序列，而另一端为多切点酶序列的 DNA 片段，因此可以显著减少 AFLP 放大产物的数目。

AFLP 接头序列结构与选用的限制性内切核酸酶有关，由核心序列和内切酶识别序列的互补序列两部分组成。其他少切点酶接头的核心序列与 EcoR I 相同，区别之处在于连接的是不同内切酶的识别序列。而其他多切点酶的核心序列与 Mse I 相同，不同的内切酶连接不同的识别序列。

AFLP 引物由三部分组成：核心序列（Core），内切酶的特异性识别序列（ENZ）以及选择性核苷酸（EXT）。选择性核苷酸位于引物的 3′端，数目视基因组的大小而定，从 1~4 个不等。由于选择性核苷酸与限制酶识别序列互补，因此决定了 AFLP 反应是对酶切片段的选择性扩增。如 EcoR I 引物的序列是 5′-GACTGCGTACC（Core）AATTC（ENZ）NNN（EXT）-3′，Mse I- 引物的序列是 5′-GATGAGTCCTGAG（Core）TAA（ENZ）NNN（EXT）-3′。

在实际应用中，1×10^8~5×10^8bp 大小的基因组使用两个选择性核苷酸，大于 5×10^8 bp 的基因组使用三个选择性核苷酸。选择性核苷酸的种类可以随机选择，只有那些和选择性核苷酸互补的片段才能得到扩增。

3）基因组全序列杂交

核酸是遗传物质的基础，除 RNA 病毒外，其他生物的遗传性状都是由 DNA 上核苷酸编码的。DNA 同源性分析是确定正确的分类地位、建立自然分类系统的最直接的方法，而 DNA/DNA 杂交是分析 DNA 同源性的一种有效手段。利用 DNA/DNA 杂交可以在总体水平上研究微生物间的关系，用于种水平上的分类学研究。

不同细菌间的 DNA/DNA 同源性可以用液相复性速率法测定。液相复性速率法通过比较两种细菌全基因组 DNA 间的复性速率来估计它们的 DNA 核苷酸序列互补程度，判断这两种细菌基因型之间的全部相似性，并以此推定它们的亲缘关系。通常在最适复性条件下，DNA/DNA 同源性在 70% 以上就可以判断它们属于同一个种；在 20% 以上，所实验的菌株可能属于同一个属的成员。

3.3　乳酸菌微生态制剂发酵生产工艺

3.3.1　高密度培养

高密度培养是指应用一定的培养技术或装置提高菌体的生长密度，使菌体密度较普通培养有显著的提高，最终提高特定产物的比生产率（单位时间单位体积内产物的产量）。与常规培养相比，高密度培养在发酵过程中有明显的优势，如提高菌体的发酵密度或单位体积培养液中的菌体浓度，进而提高体积产率；强化下游分离提取，并在一定程度上减少废水量；缩小生物反应器的体积，缩短生产周期，减少设备投资，从而降低生产成本、提高生产效率以及产品的市场竞争力。

高密度培养的途径主要有固定化、透析培养、细胞循环培养、补料分批培养等。下面以补料分批培养为例介绍嗜酸乳杆菌的高密度发酵培养。

补料分批培养是根据菌株生长和初始培养基的特点，在分批培养过程中间断或连续地补加新鲜培养基的发酵方法。补料分批发酵过程中基质浓度能维持很低，避免快速利用碳源的阻遏效应，减缓代谢有害物的不利影响。恒速流加和指数流加属于补料分批培养中的非反馈流加补料方式，恒速流加是指以恒定的速率将培养基流入发酵罐中，流加速率可按实验要求变化；指数流加是基于微生物指数生长理论而发展起来的一种方法，是指在整个培养期间生长限制性底物的流加速率与细胞生长成比例地增加，该方法可以将比生长速率控制在不产生副产物的范围之内，使菌体稳定生长，还可以将反应器中的基质浓度控制在较低的水平，从而大大降低有害代谢物的产生。

嗜酸乳杆菌原始菌种可以自行从土壤或动物肠道等筛选得到，或直接从菌种保藏中心购买。一般生产用菌株经多次传代会出现退化现象，故必须经常进行菌种选育和纯化以提高其活性。

（1）种子培养液的制备。从菌种保存管或单克隆平板中挑取菌落，接种到装有 10mL MRS 培养基的螺口试管中，35℃静止培养 24h，经过 3 次继代培养后，接种到装有 100mL MRS 培养基的 250mL 三角瓶中，35℃静止培养 24h 后得到发酵种子培养液。

（2）发酵培养基的制备。改良 MRS 培养基：蛋白胨 10g、牛肉膏 10g、酵母膏 5g、磷酸氢二钾 1g、柠檬酸三铵 3g、无水乙酸钠 5g、麦芽糖 20g、硫酸镁 0.3g、硫酸锰 0.2g、吐温 801g、蒸馏水 1L，初始 pH 值为 6.4，121℃灭菌 20min。

（3）补料液的制备。蔗糖 200g，酵母膏 100g，蛋白胨 50g，氯化铵 10g，蒸馏水 1L，121℃灭菌 20min。

（4)50L 发酵罐补料分批培养。补料分批培养在 50L 全自控发酵罐中进行，培养体积为 30L，搅拌速度为 50r/min，培养温度为 35℃。将活化好的嗜酸乳杆菌以 1% 接种量（10^8 CFU/mL）接种到 30L 改良 MRS 培养基中，培养 12h 后，打开蠕动泵，采用恒速流加的方式向发酵液中添加新鲜的补料液，流加 10h 后关闭蠕动泵停止补料，此后分批培养至 48h 结束发酵。

恒速流加：以 100mL/h 的恒定速率将补料液加到发酵罐中。

指数流加：指数流加补料液的流加速率由下面方程式计算得出。

$$F_i = \frac{V_0 X_0}{Y_{x/s}(S_i - S)} \cdot \mu \exp(\mu t)$$

式中，F_i 为流加速度（L/h）；V_0 为补料初始发酵液的体积（L）；X_0 为补料初始发酵罐中的细胞质量浓度（g/L）；$Y_{x/s}$ 为碳源对细胞的得率系数（g/g）；S_i 为补料液中的碳源质量浓度（g/L）；S 为发酵罐中的碳源质量浓度（g/L）；μ 为比生长速率（h^{-1}）；t 为培养时间（h）。

菌株在指数流加培养中，补料液的蔗糖质量浓度为 200g/L，将比生长速率设定为 0.2h^{-1}，根据 50L 发酵罐中嗜酸乳杆菌的生长曲线，将得率系数（$Y_{x/s}$）设定为 0.2g/g，补料 t 时刻的补料速率 F_i 根据以上方程式计算得出。由于流加速率很难严格按照指数曲线连续改变，只能以阶梯形式增加，尽量逼近指数流加曲线，故可每 2h 阶段式调整一次补料速率。

菌株在补料分批培养时一般在对数末期进行补料，故应在补料分批培养前对菌株进行静止培养，了解菌株的生长规律，从而确定正确的补料时间。补料液既可以采用新鲜培养基，也可以对新鲜培养基的组分和比例进行优化，从而筛选出更合适的补料液配方。本实验采用的是优化后的补料液配方。

3.3.2　乳酸菌粉剂的制备

乳酸菌在液态中保存其活菌数沿指数曲线下降，常温下一个月内菌体基本上全部死亡，4℃下一周内菌体就下降一个数量级。与液态制剂相比，乳酸菌活菌粉剂的菌体死亡率虽然也呈指数趋势下降，但在相同温度下的下降趋势远小于液态制剂，而且菌粉易于包装运输，易于储藏，因此成为乳酸菌制剂的发展方向。目前常用的乳酸菌粉剂制备方法有真空冷冻干燥法、喷雾干燥法、远红外干燥法等。

1. 真空冷冻干燥法

真空冷冻干燥技术是目前微生物菌种保藏的主要应用技术之一，当微生物通过冷冻过程时，其内部的水分快速蒸发掉，只保持最低的水分质量分数，使其生理活动降低到低程度，以增加微生物的寿命，延长其保藏期。

真空冷冻干燥是先将被干燥物料中的水冻成冰，然后使冰升华而除去水的一种干燥方法，在冻干工艺中，低温和水分蒸发会对乳酸细菌细胞造成很大的伤害，甚至会导致菌体细胞死亡，如果直接冷冻乳酸细菌菌液，会使活菌数目大幅度下降。为了提高冻干过程中乳酸细菌的存活率，向菌体中加入保护剂是一种非常有效的方法。保护剂使悬浮的微生物在冷冻时形成完全或近似完全玻璃化态，从而改变微生物样品冷冻干燥时的物理、化学环境，减轻或防止冷冻干燥或复水时对细胞的损害，尽可能保持原有的各种生理生化特性和生物活性，从而减少微生物在冻干及保存过程中的损害。常用的保护剂有多羟基醇、多糖、氨基酸类等物质，如乳糖、葡萄糖、海藻糖、甘露糖、蔗糖、可溶性淀粉、甘油、谷氨酸、半胱氨酸、脱脂奶粉等。

嗜酸乳杆菌发酵液真空冷冻干燥法的操作方法如下。

（1）取嗜酸乳杆菌发酵液，4℃ 7500r/min 离心 5min，收集菌体用生理盐水洗涤 2 次。

（2）将预先配好并消毒处理的一定浓度的保护剂加入到收集的菌体中，将菌体重悬并混合均匀制成菌体悬浮液。

（3）在 –20℃的冰箱中预冻。

（4）把预冻好的培养物放入超低温真空冷冻干燥机中，等温度降至 –50~–40℃时，打开真空泵抽真空度至 5mTorr（1Torr=1.33322×10^2Pa），干燥 12~15h 后至产品含水率为 3% 左右。

（5）冻干的菌粉经真空包装后，置于 –20℃冰箱中冷藏。

（6）活性检测。称取样品 1.0g，加入 9.0mL 的无菌水，充分振荡，即成母液菌悬液。用无菌移液器分别吸取 1.0mL 上述母液菌悬液加入 9.0mL 无菌水中，按 1：10 的比例进行系列稀释，得到系列稀释度菌悬液。取 1.0mL 不同稀释度菌悬液于灭菌平板中涂平板。每一稀释度重复 3 次，同时以无菌水作空白对照，35℃培养 24h 后进行菌落计数。

2. 喷雾干燥法

喷雾干燥法是干燥制备粉状物料的一种技术，在工业化生产中应用较广，具有成本低廉、过程快、生产量大等优点。喷雾干燥过程是依靠压缩空气通过喷嘴产生的高速度将菌液喷出雾化，形成具有较大表面积的分散微粒，分散微粒同热空气发生强烈的热交换，借热能使菌液中的水分汽化，并由气体带走所生成的蒸汽，从而迅速排除本身的水分，在 1.5s 内获得干燥的过程。为了使喷雾干燥获得的菌粉具有较强的活性，在喷雾前需在浓缩菌液中添加保护剂对菌体进行保护。常用的保护剂有蔗糖、淀粉、甘油、奶粉等。

嗜酸乳杆菌发酵液喷雾干燥法的操作方法如下。

（1）取嗜酸乳杆菌发酵液，4℃ 7500r/min 离心 5min，收集菌体用生理盐水洗涤 2 次。

（2）将预先配好并消毒处理的一定浓度的保护剂加入到收集的菌体中，将菌体重悬并混合均匀制成菌体悬浮液。

（3）喷雾干燥时设置进风温度为 170~180℃，出风温度为 70~80℃。

（4）将喷雾干燥后获得的菌粉进行真空包装。

（5）冻干的菌粉经真空包装后，置于 –20℃冰箱中冷藏。

（6）活性检测。称取样品 1.0g，加入 9.0mL 的无菌水，充分振荡，即成母液菌悬液。用无菌移液器分别吸取 1.0mL 上述母液菌悬液加入 9.0mL 无菌水中，按 1：10 的比例进行系列稀释，得到系列稀释度菌悬液。取 1.0mL 不同稀释度菌悬液于灭菌平板中涂平板。每一稀释度重复 3 次，同时以无菌水作空白对照，35℃培养 24h 后进行菌落计数。

3.3.3 乳酸菌微胶囊的制备

乳酸菌虽然具有重要的生理作用，但多数乳酸菌在进入人和动物消化道后，由于受到胃酸、胆盐等不利因素的影响，难以有足够数量的活菌到达肠道或定殖肠道而发挥作用。目前，微胶囊技术是提高乳酸菌存活率和利用率，保护菌体有效性最为有效和实用的方法之一。此外，微胶囊技术还具有防止噬菌体侵染、提高冷冻和干燥过程中存活率、提高储藏稳定性等优点。

1. 基于海藻酸钠的乳酸菌微胶囊的制备

海藻酸钠（sodium alginate）是从海藻中提取的一种天然多糖类化合物，无臭无味，易溶于水，不溶于乙醇、乙醚、氯仿和酸（pH<3）。它是由古洛糖醛酸（G段）与其立体异构体甘露糖醛酸（M 段）两种结构单元以 3 种方式（MM 段、GG 段与 MG 段）通过 α-1,4 糖苷键连接而成的线性嵌段共聚物。在其水溶液中加入 Ca^{2+} 等阳离子后，G 单元上的 Na^+ 与二价离子发生离子交换反应，G 基团堆积而成交联网络结构，从而转变成水凝胶。

1）乳酸菌微胶囊的制备

将嗜酸乳杆菌发酵液于 4℃ 7500r/min 离心 10min，收集菌体。按照菌体与保护剂质量比 1:3（10% 的脱脂奶 95%，海藻糖 1.5%，甘油 0.5%，山梨醇 2%，麦芽糊精 1%）混合均匀后制得菌悬液（菌体细胞浓度为 10^{10}CFU/mL）。继而对菌体进行三层包埋：首先加入等体积的第一层包埋材料（4%（质量/体积）大豆分离蛋白溶液），常温下，200r/min 搅拌 20min；然后等体积加入第二层包埋材料（4%（质量/体积）微孔淀粉溶液），200r/min 搅拌 20min；最后加入 2 倍溶液体积的第三层包埋材料（2%（质量/体积）海藻酸钠溶液），200r/min 搅拌 30min；将此时得到的混合液滴入 2%（质量/体积）$CaCl_2$ 溶液中，固化 30min 成微球；将上述制得的微球用无菌水漂洗后，放在 –70℃ 的冰箱中预冻 3h 后，进行真空冷冻干燥（冷阱温度 –51℃，真空度 9Pa，干燥时间 24h），即制得嗜酸乳杆菌微胶囊。

2）菌体微胶囊包埋效率、包埋产率及干燥存活率的测定

包埋效率＝湿球微胶囊表面活菌数/湿球微胶囊完全破壁后的活菌数 ×100%

包埋产率＝湿球微胶囊完全破壁后的活菌数/加入的活菌数 ×100%

产品干燥存活率＝干燥后的产品微胶囊完全破壁后的活菌数/加入的活菌数 ×100%

微胶囊表面活菌数的测定：将菌体微胶囊直接加入生理盐水中，以 200r/min 的速度搅拌 30min，使表层及可泄漏的菌体溶出，进行活菌计数。

微胶囊完全破壁后活菌数的测定：将菌体微胶囊溶于 0.2mol/L 磷酸盐缓冲液（pH 值 =7.0）中，以 200r/min 的速度处理 60min，待微胶囊完全溶解后进行活菌计数。

2. 基于空气悬浮法的乳酸菌微胶囊的制备

空气悬浮法（又称流化床法）制备微胶囊，是将固体囊心物悬浮于由流化床产生的承载气流中，呈沸腾状。囊液由喷嘴喷出，雾化形成微液滴，在囊室与悬浮的囊心物相遇，液滴在囊心物表面铺展并相互结合。由于气体的不断流动，溶解囊材的有机溶剂迅速挥发，聚合物在囊心物表面形成囊衣。被包囊的颗粒随气流在囊室循环，完成包囊与固化过程。影响空气悬浮微胶囊化效果的因素主要有雾化压力、喷液速度、空气流量、进风温度和物料处理量等。

（1）嗜酸乳杆菌发酵液，4℃ 7500r/min 离心 10min，收集菌体。

（2）将菌体与保护剂溶液混合均匀，0.2% 透明质酸与 10% 脱脂奶粉分别以 1∶1 的体积比复配后，再与菌粉以 3∶1 的比例混合得菌悬液，冷冻干燥得到冻干菌粉。冻干菌粉磨碎、筛分后备用。

（3）囊材液的配制。称取适量聚丙烯酸树脂Ⅱ，缓慢加入不断搅拌的 95% 乙醇溶液中，避免结块，继续搅拌至完全溶解，加入适量辅料，混匀备用。

（4）称取一次处理量的菌粉置于流化床上，调节适当的空气流量，使菌粉呈沸腾状；调节温度、流速和雾化压力，使囊液呈细小的液滴喷出。喷出的囊液与呈沸腾状的菌粉相遇，制得微胶囊。建议操作条件为：雾化压力 0.2MPa；空气流量 10~12m³/min；流化床进气温度 35~45℃；囊液流速 1mL/min；物料处理量 5~10g。

（5）微胶囊包囊产率和包囊效率的测定。产品中活菌数的测定：取微胶囊 1g，置于 50mL 人工肠液（取磷酸二氢钾 6.8g，加水 500mL。用 0.4% 氢氧化钠溶液调节 pH 值至 6.8；另取胰酶 10g，加水适量使溶解。将两液混合后，加水定容至 1L。配制好的人工肠液采用 0.2μm 无菌微孔滤膜过滤除菌）中 37℃，200r/min 振荡培养 45min，适当稀释后活菌计数。

加入的活菌数测定：取与 1g 微胶囊相当的菌粉，适当稀释后活菌计数。

微胶囊中的活菌数 = 产品中的活菌数 − 微胶囊表面的活菌数

微胶囊表面的活菌数测定：取微胶囊 1g 左右，置于 50mL、pH 值为 5.0 的磷酸盐缓冲液中，37℃，200r/min 振荡培养 45min，适当稀释后活菌计数。

包囊产率 = 微胶囊中的活菌数 / 加入的活菌数 × 100%

包囊效率 = 微胶囊中的活菌数 / 产品中的活菌数 × 100%

（6）微胶囊稳定性实验。样品装在无菌敞口小瓶内，小瓶置于干燥器中，用饱和亚硝酸钠溶液调节干燥器内相对湿度为 60%~65%，干燥器于 37℃恒温培养箱中储存 3 个月，每月测定剩余活菌数，同时以冻干菌粉进行对比实验。

3.4　乳酸菌在食品中的应用

3.4.1　乳酸菌在乳制品中的应用

乳酸菌在各种乳制品中的应用已有数千年的历史。在我国秦汉时期，即公元前 221—前 190 年间，"酪"字已出现在许多书籍中。如在《礼记·礼运》中就有"以烹以炙,以为醴酪"的文字记载。甚至在更早的佛经讲法中也提到"酪、酥、醍醐"等乳制品。

牛乳经微生物发酵加工而成的产品统称发酵乳制品，包括液体发酵乳，如酸乳饮料、酸奶酪、乳酒、马奶酒等；半固体发酵乳品，如酸奶、黄油；以及各种半熟的软干酪，如焙烤干酪、奶油干酪等。几乎所有发酵乳制品都必须经乳酸菌的发酵作用才能制成。用来发酵牛乳使其形成一定风味产品的乳酸菌的原初培养物称发酵剂。从微生物组成来看，发酵乳制品的发酵剂大体可分四种类型：①单菌株发酵剂，仅由某一种微生物的某种菌株构成；②多菌株发酵剂，由同一种微生物的几个特定（不同）菌株组成；③多菌种混合发酵剂，由不同种的某些菌株构成；④自然混合菌株发酵剂，由全部或部分未知乳酸菌的种或菌株组成。

发酵剂除了提高牛乳营养价值外，还具有以下四方面作用：①产生乳酸。

牛乳中的乳糖经乳酸菌作用分解为葡萄糖和半乳糖，然后发酵形成乳酸，乳酸的积累使牛乳的 pH 值下降并导致凝乳。②分解蛋白质。各种乳酸菌发酵剂均含有一定的蛋白酶和某些肽酶，能分解乳中的大分子酪蛋白，使其降解，或者分解蛋白质形成小肽或氨基酸。③形成风味物质。各种发酵乳品都有其自身特殊的风味和香气，这是牛乳经乳酸菌发酵后所形成的。如酸乳的特殊香味主要是保加利亚乳杆菌产生的乙醛所形成的，而发酵奶油的风味则来自乳球菌代谢形成的双乙酰。糖以及脂肪代谢产生的二碳、三碳等小分子产物和某些氨基酸代谢产物也与香味有关。④产生抑菌物质。乳酸菌发酵后能延长乳品保存期。乳糖发酵产生的乳酸使乳品 pH 值下降,在抑制其他细菌生长中它起着主要作用。乳酸菌产生的其他少量物质，如过氧化氢、双乙酰、细菌素以及次级反应产物硫氰酸和次硫氰酸等对其他细菌都有一定抑制作用。特别是有些乳酸菌的细菌素，如乳链菌肽（nisin），能广谱作用于各种革兰氏阳性菌，目前已被许多国家批准为食品添加剂。

目前国内工业化生产的发酵乳制品多采用多菌种混合发酵剂，这种发酵剂的优势在于：由于存在多种微生物，有的菌能够很好地产酸，有的菌则更易产生香味物质，或者两种菌相互提供对方生长所需物质，共同促进生长和形成更具有特殊风味的产物。

1. 酸乳的种类

酸乳是指以牛乳（或奶粉加工的还原乳）为原料经乳酸菌发酵使乳中蛋白质絮凝而成的胶状物产品。依产品类别分为：①纯酸乳，指以牛乳或奶粉为原料经发酵制成的产品；②调味酸乳，指牛乳中添加食糖、调味剂等辅料后发酵制成的产品；③果料酸乳，指牛乳发酵后添加天然果料等辅料制成的产品。依酸乳的物理性状分为：①凝固型酸乳，将接种发酵剂的牛乳直接装入销售容器中静止培养，这样制作的酸乳不具备流动性，能成型；②搅拌型酸乳，将接种发酵剂的牛乳先进行保温培养，然后搅拌和分装，这样制作的酸乳有一定流动性、不成型。

目前市场上十分流行酸乳饮料，虽然其口感、风味都颇似酸乳，而且有的也是通过乳酸菌发酵制成的，但其中的乳蛋白含量远低于生乳，并非由完全的纯牛乳加工制成。有的儿童酸乳饮料乳蛋白仅含 1%，也有的是通过添加乳酸、柠檬酸等调配而成的，根本不含乳酸菌。按照国家对酸乳所规定的标准，这些只能称为酸乳饮料而不能称为酸乳。

2. 酸乳发酵的微生物菌种

酸乳发酵的微生物菌种主要有嗜酸乳杆菌（*Lb. acidophilus*）、各种双歧杆菌（*Bifi. dobacterium*）、瑞士乳杆菌（*Lb. helveticus*）、德氏乳杆菌德氏亚种（*Lb. delbrueckiisubsp delbrueckii*）、嗜热乳杆菌（*Lb. thermophilus*）、干酪乳杆菌（*Lb. casei*）、乳酪链球菌（*Lc. lacti* subsp. *lactis*）、乳脂链球菌（*Lc. Lacti* subsp. *cremoris*）和双乙酰乳链球菌（*S. diacetilatis*）等。

目前国内市场出售的各种酸乳主要由保加利亚乳杆菌和嗜热链球菌两种微生物发酵制成。这两种菌混合发酵不仅能产生令人愉悦的酸乳风味物质和特殊香味，而且混合培养能相互提供彼此生长所需的物质和促进产酸，有利于工业生产。保加利亚乳杆菌作用于牛乳后能很快分解乳中的蛋白质，生成小肽和氨基酸，这些物质正是嗜热链球菌生长所需；而嗜热链球菌作用于牛乳中某些物质后却能很快地产生甲酸类物质，后者又正是保加利亚乳杆菌生长所需。

3. 酸乳的制作工艺

利用牛乳制作酸乳的过程包括：原料选取、均质、加热灭菌、制备和添加发酵剂、主发酵、后熟等。

（1）原料选取。一定要选用健康奶牛生产的优质新鲜牛乳且不含抗生素。由于乳酸菌对抗生素十分敏感，因此凡施用抗生素等药物的奶牛产生的牛乳切忌用于生产酸牛乳。新鲜牛乳通常需要过滤以除去可能存在的各种杂质，如牛乳中存在的小颗粒类物质、部分细菌、酵母细胞以及霉菌孢子等。

（2）均质。指将乳液通过一定压力的均质泵，使乳中各种物质均匀地悬浮于乳中并形成均匀的组织状态，防止乳脂上浮而分离，同时减少乳清分离析出，提高产品的黏稠度。为了提高均质效果，均质前先将乳液预热至50~60℃，然后经2.5~10MPa进行均质。

（3）加热灭菌。一般采用90~95℃，15min，也可用130~140℃，15~45s，或70~90℃，30min。灭菌后应迅速冷却至40~45℃。加热灭菌的作用有以下几方面：①杀死乳中存在的致病菌和其他微生物；②使乳清蛋白变性，有利于提高产品的黏稠度和组织状态；③除去乳中存在的氧，降低物料的氧化还原电势；④使部分蛋白质水解，以利于乳酸菌生长；⑤防止乳清分离。

（4）制备和添加发酵剂。发酵剂主要有液态和粉剂两种类型。如果从液态保存物或斜面保存菌种开始，则应该经制备母发酵剂、中间发酵剂和工作发酵剂等几个步骤,最后转入主发酵。母发酵剂的培养一般都采用石蕊牛乳培养基,中间发酵剂采用不加石蕊试剂的脱脂乳为培养基。在母发酵剂和中间发酵剂阶段,保加利亚乳杆菌和嗜热链球菌两种菌可分开单独培养,37℃培养过夜。工作发酵剂是主发酵前一级的发酵剂,它的用量必须根据主发酵规模而定。工作发酵剂可用与主发酵相同的物料在不锈钢容器中进行培养,工作发酵剂凝乳后应尽快转入主发酵罐中,切不可放置太长时间。母发酵剂、中间发酵剂和工作发酵剂培养完成后都应进行酸度测定和生香物质的检测。如果主发酵规模较大,可以采取多级中间发酵逐步扩大的办法来完成。粉剂一般是经浓缩、冷冻干燥而成的,活菌含量很高(可达 10^{11}~10^{12} CFU/g),因此可以直接投入主发酵罐中进行发酵或经工作发酵剂一次扩大而进入主发酵。

（5）主发酵。接入主发酵罐后的保温培养要根据酸乳的品种而定。一般凝固型的酸乳是将工作发酵剂接入后立即搅匀并分装于小容器中,保证在 1h 内分装完毕,然后置于 42℃下培养。一般培养 2.5~4h pH 值即可降至 4.5~4.3,并产生凝乳。若测定酸度在 70°T 左右,此时就可结束主发酵。

（6）后熟。指主发酵结束后将装乳的小容器转移至冷室中放置过夜,进行后熟。后熟过程中冷却的速度相当重要,冷却速度太快,会引起乳清分离;速度太慢,会使酸度继续升高而超过标准。一般认为在 1h 左右温度降至 10~15℃为好。冷却放置过夜后就可作为成品供应市场。

制作果味、果料等搅拌型酸奶,在接入工作发酵剂并搅匀之后直接在发酵罐中保温,使物料维持 40~45℃。当 pH 值降至 4.3~4.5 出现凝乳时,停止发酵,然后开始搅拌并降温至 10℃,同时加入预先制备好的果酱、果料等物质,搅匀,再分装于小型容器中,分装好的酸乳也应继续放于低温下保存。

3.4.2　乳酸菌在肉制品中的应用

发酵肉制品主要应用的是乳酸菌,我国云南省傣族人民有食用酸肉的习惯,即将鲜肉切片放置于密闭的容器中,使之经过 1~2 个月的乳酸菌发酵后食用,既有肉香味,又有乳酸菌发酵的酸味。随着肉类加工技术的不断提高、微生物发酵肉制品的研究不断深入,乳酸菌在肉制品中的应用日益广泛。

乳酸菌在肉制品中的作用主要有:①降低 pH 值,减少腐败,改善制品的组织结构和风味。乳酸菌使糖类发酵产生乳酸,使制品的 pH 值降低,产生乳酸菌素抑制腐败菌的生长，同时使部分肌肉蛋白质变性，形成胶状组织，提高制品的硬度与弹性，并赋予制品良好的风味。②促进发色。由于 pH 值的降低，促进亚硝酸盐的分解，产生一氧化氮，与肌红蛋白结合，形成稳定的亚硝基肌红蛋白，使制品呈亮红色。③降低亚硝酸盐残留量，减少亚硝胺的形成。由于乳酸菌发酵产酸，降低 pH 值，促进亚硝酸盐的还原作用，降低亚硝酸盐残留量，从而减少亚硝酸盐与二级胺反应生成致癌物质——亚硝胺。④抑制腐败菌及毒素，起到"生物防腐"的作用，从而延长货架期。乳酸菌在发酵过程中产生的抗菌物质乳酸菌素对沙门氏菌、金黄色葡萄球菌和肉毒杆菌等腐败微生物的生长、繁殖有抑制作用，从而阻止其毒素的产生，制品的保质期比普通肉制品增加 1~2 倍，使产品更安全。⑤提高制品的营养价值，促进良好风味的形成。制品在发酵过程中，由于蛋白质的分解作用，提高了游离氨基酸及功能性寡肽的含量，提高了蛋白质的消化率；同时，发酵过程中代谢产生酸类、醇类、碳氢化合物、杂环化合物、游离氨基酸和核苷酸等风味物质，使制品的功能性、营养价值和风味都有了很大的提高。

1. 乳酸菌发酵香肠

乳酸菌发酵香肠是指将碎肉、动物脂肪、盐、糖、发酵剂、香辛料等混合灌入肠衣，经乳酸菌发酵、干燥成熟（或不经干燥成熟）而制成的具有稳定的微生物特性和典型的发酵香味的肉制品。依据最终加工产品的水分含量可将发酵香肠分为干香肠（失重 30% 以上）、半干香肠（失重 10%~30%）和不干香肠（失重 10% 以下）；也可以根据产品的发酵程度分为低酸发酵香肠和高酸发酵香肠。

（1）乳酸菌发酵香肠的生产工艺流程为：原料肉→切碎→搅拌（添加辅料和接种乳酸菌发酵剂）→灌肠→发酵→成熟→干燥成品。

（2）乳酸菌发酵香肠的主要工艺操作要点如下。

①原料肉的选择最为关键。原料肉应具有较高的持水性和蛋白质含量，脂肪必须是高熔点、低含量的不饱和脂肪酸，因此，必须选用瘦肉比例高（60%~80%）的鲜肉。

②糖的添加。制作发酵香肠时，通常都需要在原料中按一定比例添加发酵糖类（葡萄糖和蔗糖），以满足乳酸菌发酵的碳源需求。一般欧式半干烟熏香肠添加 0.4%~0.8% 的发酵糖；意大利香肠添加 0.2%~0.3% 的发酵糖；美式香肠添加 2% 的发酵糖。

③接种量的确定。由于原料肉未经杀菌处理,肉中的杂菌可在发酵中生长,在发酵初期接种的乳酸菌必须迅速生长,成为优势菌,从而抑制其他杂菌的生长,以保证产品质量,因此接种量的确定就显得非常重要。通常接种量为 $10^7 \sim 10^8$ CFU/g。

④腌制剂的添加。发酵香肠中通常加入 2.4%~3% 的盐,这不仅可以抑制或延缓许多不利微生物的生长,促进乳酸菌和小球菌的繁殖,而且盐可与肌原蛋白纤维结构发生作用,溶解蛋白质在肉粒周围形成的黏膜。此外,加盐还可以增加发酵香肠的风味。

发酵香肠的制作中通常还要加入硝酸盐或亚硝酸盐,硝酸盐用于成熟期长的干香肠,而亚硝酸盐用于其他的发酵香肠。亚硝酸盐的量不能超过 150mg/kg,抗坏血酸钠经常与亚硝酸盐混合使用,可加速腌制的颜色和风味,一般抗坏血酸钠添加量为 300~500mg/kg,如果生产生香肠,则加入硝酸盐的量应控制在 600~700mg/kg。

⑤其他香辛辅料的添加。发酵香肠的制作中可加入各种香辛料,如胡椒粉、豆蔻、茴香、肉桂、辣椒、姜、蒜等。红胡椒、芥末、豆蔻可加速乳酸的形成,原因是这些香辛料中含有锰,锰是乳酸菌各种酶活性所必需的微量元素。添加蒜、迷迭香、鼠尾草等可延长香肠的保质期,原因是这些香料中含有强抗氧化剂。

⑥发酵及成熟条件的控制。原料肉在加入绞肉机之前需冷却或冷冻,然后加入糖、腌制剂和香料。脂肪组织在冷冻条件下绞碎,然后加到混合物中。混合物填充入肠衣之前,应尽可能多地去除其中的氧,填充过程中温度不宜超过20℃。最常用的肠衣是天然动物肠衣或变性胶原和纤维素制成的肠衣。

香肠的发酵温度与时间成反比,如在 20℃、相对湿度为 92% 的条件下,发酵 3~4 天,pH 值即可达 5.0~5.2。而高温(38℃)时,24h 即可完成发酵。但如条件控制不好,杂菌生长的可能性也会增加。在干燥成熟阶段,控制湿度非常重要。最好使香肠表面水分蒸发的速度与香肠内部的水分向表面扩散的速度相等,因此,通常控制成熟室的相对湿度比香肠中的相对湿度低 5%~10%,即85%~90%,空气流速约为 0.4m/s。香肠的成熟时间也与温度有关,高温发酵成熟期短,几天内即可成熟,低温发酵的香肠成熟期需几周。一般成熟阶段的温度为 15~18℃。成熟的香肠通常还需在 12~15℃ 的温度下老化,老化过程中一般使相对湿度逐渐降低，同时控制空气流速约为 0.1m/s，以便于水的排出，使香肠均匀干燥。

2. 乳酸菌发酵火腿

（1）乳酸菌发酵火腿的工艺流程为：原料肉→腌制→切割→添加配料→添加乳酸菌→成型→发酵→成熟→成品。

（2）乳酸菌发酵火腿的操作要点：选取优质原料肉，剔除筋腱、脂肪等，切成 0.25kg 的肉块，添加食盐、硝酸盐等配料，在 0~5℃下腌制 24h；然后切成 1cm^3 的肉丁，添加糖类、香辛料等混合均匀，再添加以每克肉含 10^6~10^7 CFU 的乳酸菌，装模成型；在乳酸菌最适宜温度下发酵 12~24h；最后在（90±2）℃水中煮 1.5~2h，使其中心温度达 78℃左右时，冷却、脱模即为成品。

3.4.3　乳酸菌在果蔬发酵中的应用

乳酸菌在果蔬发酵中的应用最普遍的是乳酸菌发酵蔬菜。蔬菜中含有丰富的维生素、纤维素和矿物质，利用乳酸菌对蔬菜发酵不仅有利于保持蔬菜的营养成分和色泽，而且发酵蔬菜中的乳酸菌摄入消化道后，具有增强机体免疫力的作用，同时还可以促进肠胃蠕动，具有治疗便秘的作用。

1. 乳酸菌发酵泡菜

乳酸菌发酵泡菜是在洗净的蔬菜中加入配料，使乳酸菌利用蔬菜中的可溶性养分进行乳酸菌发酵。制作泡菜的原料大多选择固形物含量高的蔬菜，如白菜、萝卜或甘蓝等，其优点是耐物理冲击，且发酵时产生的废水较少。乳酸菌发酵泡菜时可加入大蒜、生姜、辣椒、洋葱等具有天然抑菌作用的辅料。

乳酸菌发酵泡菜的工艺流程如下。

（1）分拣整修。检查蔬菜，剔除黄叶、腐烂和不亦食用的部分，整修。

（2）切分。通常白菜是纵向两分或四分，甘蓝、萝卜等切成小块，大蒜和生姜切片，辣椒切丝。

（3）加盐及辅料。一般加盐量为 2%~2.5%，加糖量为 2%~3%，搅拌均匀，同时还可适当加入一小块苹果或梨以补充乳酸菌发酵所需要的维生素。

（4）接种。传统泡菜使用老泡菜汁进行接种，现代则使用纯菌种发酵，发酵的菌种一般有植物乳杆菌、肠膜明串珠菌或植物乳杆菌、肠膜明串珠菌与其他乳酸菌混合培养的菌种，也可接入保加利亚乳杆菌和嗜热链球菌混合培养的菌种。

（5）发酵。接种混匀后把菜分装在容器中，压紧，加盖严密水封，进行乳酸菌发酵。发酵温度 20~25℃，控制蔬菜发酵的 pH 值至 4.2，发酵时间约为 2 天。

（6）保存。将发酵好的泡菜置于冷库中保存，冷链运输。

2. 乳酸菌发酵酸菜

酸菜是一种自然发酵的蔬菜，在腌制过程中，主要是黄瓜发酵乳酸菌、胚芽乳杆菌、植物乳杆菌等，若在腌制酸菜过程中人工接入适量优良的混合乳酸菌菌株，则可有效提高酸菜的风味。

3. 乳酸菌发酵果蔬汁饮料

通常情况下，乳酸菌可以发酵苹果汁、雪梨汁、橙汁、番茄汁、胡萝卜汁等各种果蔬汁。乳酸菌发酵果蔬汁的工艺流程为：果蔬汁→加糖、灭菌→冷却→接种→发酵→灭菌→成品。通常选用嗜热链球菌和保加利亚乳杆菌混合菌种或植物乳酸菌、嗜酸乳杆菌和其他乳酸菌混合发酵蔬菜汁，先将菌种活化 2~3 次，用复合蔬菜汁和脱脂奶粉培养基扩大培养。以乳酸菌数为 10^8 CFU/mL 的种子液作为工作发酵剂。

将预处理好的果蔬汁装入发酵罐中，在 90~95℃灭菌 20min，冷却到 43℃接种，接种量为 3%~4%，40~43℃保温发酵至 pH 值为 4.0~4.5，乳酸含量为 0.85%~1% 时结束发酵。发酵结束时使发酵罐内温度迅速升温至 70℃以上，以杀死乳酸菌。

果蔬汁经过乳酸菌发酵后，谷氨酸、天冬氨酸以及一些风味物质，如双乙酰、乙酸乙酯、2-庚酮、2-壬酮等含量都有所增加。

3.4.4　乳酸菌在酿造工业中的应用

1. 乳酸菌在酿酒中的应用

1）乳酸菌在葡萄酒酿造中的应用

乳酸菌在葡萄酒酿造中的应用主要是乳杆菌属（*Lactobacillus*）、明串珠菌属（*Leuconostoc*）、片球菌属（*Pediococcus*）等将葡萄酒中酸涩味较强的苹果酸经脱羧而生成酸味比较柔和的乳酸和二氧化碳，该过程称为苹果酸-乳酸发酵（malolactic fermentation，MLF）。发酵过程中葡萄酒的酸度降低，pH 值上升 0.3~0.5，降低了酒的酸涩味和粗糙感，突出果香和酒香。

乳酸菌还可以利用葡萄酒中的糖和柠檬酸产生一些风味副产物，其中最重要的是双乙酰及其衍生物，它们主要来自柠檬酸代谢；此外，其他风味物质如乙酸、琥珀酸二乙酰、乙酸乙酯和其他挥发酸、酯和高级醇等的浓度也有所增加。

乳酸菌在葡萄酒酿造中的工艺要点：发酵所用乳酸菌主要是乳杆菌、酒明串珠菌和乳球菌，发酵条件为葡萄酒 pH 值 3~4，温度 20~22℃，酒精度 <10%，原料中 SO_2 浓度 <70mg/L。

2）乳酸菌在啤酒酿造中的应用

乳酸菌在啤酒酿造中的应用主要是利用乳酸菌产生的乳酸来酸化麦芽和酸化麦芽汁。酸化麦芽是利用麦芽中或其他来源的乳酸菌接种于未加酒花的麦芽汁中，在适宜的条件下发酵制得乳酸菌培养液，再用培养液来浸泡绿麦芽或干麦芽后干燥，最后利用酸麦芽在糖化过程中配比使用，从而使醪液与麦芽汁的特性与组成得以改善。酸化麦芽汁则是将乳酸培养液直接加入醪液与煮沸麦芽汁中，进行酸化处理。

生物酸化技术的应用，不仅可以提高酿造用水的酸度，提高淀粉酶的活性，促进淀粉的水解，进而提高啤酒的最终发酵度，而且有利于蛋白质的酶解，改善麦芽汁的过滤性能，提高啤酒的非生物稳定性，降低啤酒色度，提高啤酒的生物稳定性。此外，经过生物酸化处理的啤酒具有较多的含氮物质和适宜的多酚。这些多酚与含量较高的还原物质共同作用使啤酒具有良好的抗氧化性能，口味柔和。

3）乳酸菌发酵乳酒

乳酒是一种营养丰富、味道独特的新型发酵乳饮料。乳酒的菌种是保存在多糖基质中的微生物混合物，将这些微生物混合物加入到奶中进行发酵即制得发酵乳酒饮料；也可以分别接种，单独发酵。如用乳酸菌、酵母菌发酵生产牛乳酒时，二者单独发酵优于混合发酵。

乳酸菌发酵牛乳酒的工艺为：牛乳添加 8% 的糖，首先接入 8% 的酵母菌，30℃发酵 22h，然后再接入 5% 的乳酸菌，40℃发酵 2h。成品指标：酒精度 0.6%，乳酸含量 1.05%，凝乳状态良好，无脂肪及上清液析出，乳白色不透明，酸度适中，有较浓厚的醇香味，口感细腻、滑润。

2. 乳酸菌在调味品中的应用

1）乳酸菌在酱油酿造中的作用

酱油是以蛋白质为主料、淀粉为辅料，经制曲发酵生产的调味品。耐盐乳酸菌在酱油中起呈味作用，特别是在酸味中（主要是乳酸和其他少量的有机酸）起重要作用。乳酸菌和酵母菌在酱油酿造中协同作用产生香味和风味物质，如双乙酰、乳酸乙酯等。适当协调二者比例，乳酸菌与酵母菌的比例以 10:1 为宜，使乳酸和乙醇的含量达到平衡，可以酿造出香气浓郁、鲜美醇厚的优质酱油。

2）乳酸菌在食醋酿造中的应用

食醋是主要以淀粉为原料，经酵母菌和醋酸菌发酵而成的酸性调味品。乳酸菌在食醋酿造中的主要作用是呈味，在液体深层发酵时，通过加入乳酸菌和酵母菌提高风味。乳酸菌代谢产生的有机酸、乳酸乙酯、双乙酰及其衍生物是食醋中主要的风味物质；此外，乳酸菌产生的低级脂肪酸、羰基化合物等的香气成分形成较复杂的食醋香味。

3.4.5 乳酸菌在谷物制品中的应用

1. 乳酸菌在黑麦酸面包中的应用

黑麦酸面包是以黑麦面粉或小麦面粉加黑麦面粉为主要原料，添加酵母菌、乳酸菌和水等调制成面团，经发酵、烘烤而成。黑麦酸面包与普通面包的生产过程基本相同，只是在发酵剂中除添加酵母菌外，还添加乳酸菌。

黑酸面包制作的工艺流程如下。

（1）调制面团。首先将原料、辅料、发酵剂和水混合，调制成面团。原料选取蛋白质含量高的黑麦。发酵剂是酵母菌和乳酸菌，其中乳酸菌主要是乳杆菌属，常用的有植物乳杆菌、短乳杆菌和发酵乳杆菌。接种量一般为 0.5%。

（2）发酵。多采用二次发酵法。第一次调制面团时，将约半量的原料、辅料、水和全部发酵剂混合、搅拌、调制成面团后，在 25~30℃的温度下经 2~4h 进行第一次发酵；然后进行第二次调制面团，即将第一次发酵好的面团和剩余的原料、辅料，加水和油脂，经搅拌制成有弹性、性能好的面团进行第二次发酵，发酵时间和温度与第一次基本相同。

（3）烘焙。烘焙时间要根据炉温、炉型和面包坯的形状、大小而定。最终醒发的面包坯在高温作用下，不仅色泽金黄、组织蓬松，而且香气浓郁。

2. 乳酸菌在苏打饼干中的应用

苏打饼干是使用发酵面团生产的饼干，传统的制作主要靠面粉内存在的微生物发酵，现在主要采用活性干酵母。苏打饼干发酵中使用的酵母主要是啤酒酵母，乳酸菌主要是植物乳杆菌、德氏乳杆菌和布氏乳杆菌，其中乳酸菌的作用主要是参与风味的形成。

3. 乳酸菌在谷物发酵饮料中的应用

1）乳酸菌发酵格瓦斯饮料

格瓦斯是以面包或谷物为原料，经酵母菌和乳酸菌共同发酵而成的酒精含量很低的饮料。格瓦斯发酵属于不完全的乳酸发酵和酒精发酵。酵母菌和乳酸菌在发酵中是共生关系。格瓦斯采用异型乳杆菌进行异型发酵，目的是积累乳酸使格瓦斯形成特殊的风味，并抑制杂菌生长。

2）乳酸菌发酵大米饮料

乳酸菌发酵大米饮料是大米中的淀粉先经糖化发酵，然后再经乳酸菌发酵制成的一种营养丰富、风味独特的保健功能饮料。

乳酸菌发酵大米饮料的工艺流程为：大米浸泡 7~10h 后与 5 倍质量的水混合磨成米浆，再在 90~95℃的温度下糊化 30min，蒸煮杀菌后冷却至 55~60℃，调 pH 值至 5.5~6.0；然后添加占大米质量 5% 的糖化酶、适量的麦芽汁，糖化后再添加 5% 的奶粉，过滤冷却后接种 3% 的保加利亚乳杆菌和嗜热链球菌，43℃发酵至 pH 值为 4.0；再经后发酵，添加适量的稳定剂等，最后调配、均质、灌装。

3）乳酸菌发酵玉米饮料

玉米经乳酸菌发酵后，不仅含有氨基酸如赖氨酸、蛋氨酸等，维生素如 B 族维生素、烟酸、叶酸等，寡糖及多种矿物质等多种营养保健成分，而且增加了乳酸菌代谢分解的多种生物活性物质，是一种具有多种保健功能的饮料。

乳酸菌发酵玉米饮料的工艺流程为：玉米去皮、去胚芽后与 5 倍质量的水混合，粉碎研磨后过滤，添加 0.3% 的淀粉酶，85℃液化 30min，再在 70℃、15~20MPa 的压力下均质，然后加热至 100℃保持 15min，冷却至 42℃后接种乳酸菌发酵至 pH 值为 4.2 时即可。发酵菌种一般为保加利亚乳杆菌和嗜热链球菌或双歧乳杆菌和嗜酸乳杆菌。

3.5 乳酸菌在畜禽养殖中的应用

我国是世界畜禽养殖大国，畜禽养殖有着悠久的历史。在大规模养殖场，畜禽容易受到应激、疾病和环境等影响而造成一系列经济损失。近年来，为了控制疾病而大量使用抗生素所带来的弊端日益暴露，因此乳酸菌替代抗生素作为绿色饲料添加剂应用于畜禽养殖业是未来发展趋势。

1. 乳酸菌在养猪中的应用

动物通常容易受到环境应激，导致动物肠道微生态紊乱，增加病原体感染的风险。商业化养猪过程中，最大的应激发生在断奶及断奶后的一段时期。这一时期的显著特点是猪的采食量降低，生产性能受到影响，进而免疫功能和肠道微生物平衡遭到破坏，感染和腹泻发生的概率提高。

研究表明，乳酸菌在降低病原体数量和改善肠道疾病方面有一定作用。Genovese 等发现乳酸菌培养物能降低新生仔猪死亡率和粪便中肠毒性大肠杆菌的数量。肠炎沙门氏菌感染仔猪用乳酸杆菌处理后，显著降低了后肠段及粪便中病原体的数量。仔猪日粮中添加植物乳杆菌能够增加断奶仔猪整个肠道乳酸杆菌的菌群数量（Takahashi）。*L. sobrius* 能显著降低空肠肠毒素性大肠杆菌的水平，提高了日增重（Konstantinov）。鼠李糖乳酸杆菌 GG 能有效缓解 *E.coli* K88 引起断奶后仔猪的腹泻，这种作用可能通过调节肠道微生物区系和细胞因子水平，以及提高抗体而产生（Zhang）。给仔猪灌服乳酸杆菌与双歧杆菌能促进益生微生物菌群的定殖，有助于预防早产仔猪的黏膜萎缩，降低病原体数量和坏死性小肠结肠炎的发生率及潜在的病原体产气荚膜梭菌的定殖密度（Siggers）。

2. 乳酸菌在养牛中的应用

乳酸菌作为单一菌剂或复合菌剂能够促进反刍动物的生长，提高其生产性能。叶锋等研究发现，微生态制剂牛犊康能够提高牛犊增重速率，有利于牛犊对营养物质的消化吸收，促进瘤胃的发育，同时降低牛犊死亡率。王长文等给牛犊口服植物乳杆菌和屎链球菌，不仅显著提高了牛犊的生长率，而且明显降低了牛犊腹泻的发生。Lee 等研究表明，给牛犊饲喂乳酸杆菌可以增加牛犊日粮采食量，并且对平均日增重有显著提高。Svozil 等采用粪链球菌饲喂牛犊，可明显提高断奶前牛犊的体增重。蔡一鸣等采用乳酸菌、粪链球菌等混合活菌制剂对黄牛进行育肥试验，结果表明试验组比对照组的增重提高 13% 以上。

乳酸菌除了促进生长、提高生产性能外，对调节消化道微生态环境、维持肠道菌群平衡、预防和治疗腹泻方面也有重要作用。何昭阳等给新生牛犊饲喂复合产酸菌，实验表明饲喂复合产酸菌的牛犊直肠中的大肠杆菌低于对照组，而双歧杆菌、乳杆菌高于对照组。当采用致病性大肠杆菌进行攻毒实验时，饲喂复合产酸菌组的牛犊未出现腹泻，没有饲喂复合产酸菌组的牛犊则出现腹泻。Tournut 给初生牛犊饲喂粪链球菌和乳杆菌的复合菌剂后，出生 5 日内牛犊的腹泻率降低了 70%，而由腹泻疾病导致的死亡率降低了 99%。Peterson 等实验发现嗜酸乳杆菌可以有效减少大肠杆菌 O157 ∶ H7 在牛犊肠道内的定殖。王长文等将产酸型活菌剂饲喂初生牛犊，发现其有助于初生牛犊小肠微绒毛的发育。张和平等将乳酸杆菌饲喂小鼠后，用 *E.coli* O157 和 K88 攻毒观察发病情况，发现饲喂乳酸杆菌可以降低攻毒后小鼠的死亡率和小鼠肠道中大肠杆菌总数。

3. 乳酸菌在肉鸡养殖中的应用

肉鸡养殖中，由于日粮因素、运输和高密度饲养方式等各种应激弱化了肉鸡的免疫功能，导致细菌病原体易于定殖于胃肠道，对肉鸡的健康和食品安全造成威胁。在各种病原体中，沙门氏菌最易于感染肉鸡，增加了通过食物链引起的污染风险。乳酸菌可控制病原体，维持肠道固有微生物菌群。将乳酸菌应用于雏鸡，可成功控制和降低沙门氏菌的定殖；乳酸菌也可保护雏鸡抵抗空肠弯曲杆菌、单核细胞增生李斯特菌、致病性大肠杆菌、小肠结肠炎耶尔森菌和产气荚膜梭菌等。Higgins 发现乳酸杆菌能显著降低肉鸡肠炎沙门氏菌。La Ragione 等研究 *L. johnsonii* F19185 的作用效果时，发现该菌株并没有降低肠炎沙门氏菌的定殖和数量，但可以降低 *E. coli* O78K80 和产气荚膜梭菌的定殖能力。在攻毒试验中，乳酸杆菌可降低坏死性肠炎的死亡率。

此外，乳酸菌对增加家禽生长率、提高饲料转化率及肉品质具有重要作用。Kalabathy 在日粮中添加 12 种乳酸杆菌混合菌剂，提高了肉鸡体增重和饲料转化率并降低了腹脂的沉积。Mountzouris 从健康的肉鸡肠道分离出罗伊乳酸杆菌、唾液乳酸杆菌、动物双歧杆菌及粪球菌等菌株，通过饮水及饲料中添加，结果发现这些菌株不仅具有生长促进作用，而且还可调节盲肠微生物的组成和酶的活性，从而产生显著的益生效果。乳酸杆菌也被用于蛋鸡生产中。Davis 和 Anderson 将嗜酸乳酸杆菌、干酪乳酸杆菌及嗜热双栖杆菌的混合菌剂饲喂蛋鸡后可以使产蛋增大，并降低饲料消耗。

3.6 乳酸菌在医疗保健中的应用

1. 乳酸菌在胃肠道疾病中的应用

据统计，人体中微生物数目达 $10^{13} \sim 10^{14}$ 个，超过了人体细胞总数，其中胃肠道中微生物在人体微生物中具有最重要的作用，目前已被分离、鉴定的胃肠道微生物菌种有 400 多种，大多为厌氧菌。健康人胃肠道中乳酸菌的分布见表 3-11。乳酸菌通过自身及其代谢产物与其他细菌相互作用，调整菌群间的关系，维持和保证菌群的稳定。乳酸菌因具有黏附、占位、竞争排斥和产生抑制物等特性，故在胃肠道微环境中占有优势；此外，乳酸菌也可通过产酸、产生过氧化氢、产生酶类、产生细菌素、合成维生素、分解胆盐来改善胃肠道功能。

表 3-11 正常人胃肠道中乳酸菌的分布

部位	组成	菌数 / (CFU/mL)	总菌数 / (CFU/mL)
胃	链球菌（*Streptococcus*）	$0 \sim 10^3$	$0 \sim 10^3$
	乳杆菌（*Lactobacillus*）	$0 \sim 10^3$	
	肠球菌（*Enterobacteria*）	$0 \sim 10^2$	
十二指肠、空肠	类杆菌（*Bacteriodes*）	$0 \sim 10^3$	$0 \sim 10^5$
	双歧杆菌（*Bifidobacterium*）	$0 \sim 10^4$	
	乳杆菌（*Lactobacillus*）	$0 \sim 10^3$	
	链球菌（*Streptococcus*）	$0 \sim 10^4$	
	肠球菌（*Enterobacteria*）	$0 \sim 10^3$	

续表

部位	组成	菌数 /（CFU/mL）	总菌数 /（CFU/mL）
回肠	类杆菌（*Bacteriodes*）	$0\sim10^3$	$10^3\sim10^9$
	双歧杆菌（*Bifidobacterium*）	$0\sim10^9$	
	乳杆菌（*Lactobacillus*）	$0\sim10^5$	
	链球菌（*Streptococcus*）	$0\sim10^6$	
	肠球菌（*Enterobacteria*）	$0\sim10^7$	
结肠	类杆菌（*Bacteriodes*）	$0\sim10^7$	$10^{10}\sim10^{12}$
	双歧杆菌（*Bifidobacterium*）	$0\sim10^{11}$	
	乳杆菌（*Lactobacillus*）	$0\sim10^9$	
	链球菌（*Streptococcus*）	$0\sim10^{12}$	
	肠球菌（*Enterobacteria*）	$0\sim10^9$	

许多临床试验证实,日常服用乳酸菌能够有效预防与治疗肠胃疾病。目前,乳酸菌在治疗腹泻（病毒性腹泻、抗生素诱导型腹泻）、便秘、肠炎和再发性结肠炎等方面具有良好效果。

病毒性腹泻是由轮状病毒或食物中的一些病菌（如沙门氏菌、大肠埃希氏菌等）引起的。轮状病毒侵入肠道后,首先在小肠上皮细胞上进行复制,然后再破坏肠壁黏膜上的绒毛组织,使得肠道通透性提高而造成腹泻。而沙门氏菌等致病菌入侵胃肠道后,会破坏胃肠道菌群平衡,组建有害菌微生态,从而引起腹泻。研究表明,许多乳酸菌（如嗜酸乳杆菌、植物乳杆菌、干酪乳杆菌等）都能有效缩短腹泻持续时间,重建健康胃肠道微生态系统。

2. 乳酸菌在增强机体免疫中的应用

许多研究表明,乳酸菌的细菌成分具有免疫刺激作用,且活菌与死菌在免疫调节方面几乎没有差异。乳酸菌在进入胃肠道后可激活胃肠内相关淋巴组织的特异性和非特异性免疫以及机体的系统免疫。乳酸菌的细胞壁中含有肽聚糖、多糖和磷壁酸,具有免疫刺激特性;乳酸菌的代谢产物（如维生素、游离氨基酸、游离脂肪酸等）也能增强免疫反应。

老年人因淋巴细胞活性降低从而造成免疫力下降,会引发各种疾病。Madsen 等将长双歧杆菌、短双歧杆菌、婴儿双歧杆菌、嗜酸乳杆菌、干酪乳杆菌、德氏乳杆菌保加利亚亚种和植物乳杆菌、唾液链球菌嗜热亚种制成复合乳酸菌制剂进行试验,证明复合乳酸菌制剂能改善大肠的生理功能,促进肠黏膜分泌干扰素,提高病变机体免疫功能。Arunachalam 和 Gill 等给老年志愿者服用鼠李糖乳杆菌和乳酸双歧杆菌等乳酸菌，3周后发现服用者血液中的淋巴细胞比例升高，巨噬细胞杀菌能力提高。

乳酸菌能增加血液中免疫球蛋白的含量，从而提高机体抵抗各种病菌的能力。Dalloul 等试验表明，服用乳酸菌可以提高重组球孢抗原产生抗体的水平；Solist 等给营养不良的儿童和厌食症病人服用乳酸菌发酵奶，结果表明，乳酸菌的摄入能诱导体内干扰素的产生；Lykova等给儿童服用双歧杆菌等乳酸菌制品，证明乳酸菌能提高 B 细胞和 T 细胞免疫指数，刺激 NK 细胞并诱导产生 α 干扰素和 γ 干扰素。

3. 乳酸菌在降低胆固醇中的应用

胆固醇在人体内具有重要的生理作用，但血清中胆固醇含量过高易诱发动脉硬化，从而导致一系列心血管疾病，降低血清胆固醇含量将有助于降低心血管疾病的发生。许多研究表明，适量服用乳酸菌及其发酵产品能有效降低血清中的胆固醇含量，从而减少心血管疾病的发病率。许多乳酸菌都能去除食品及培养基中的胆固醇（表 3-12），但乳酸菌降低血清中胆固醇的作用机理到目前为止还未有定论。

表 3-12　具有降低胆固醇功效的乳酸菌菌株

乳酸菌	菌株	作者
嗜酸乳杆菌（*L. acidophilus*）	ATCC43121, RP42, P47, RP43, RP34, ATCC4356 MUH41, MUH79, NCFM	S. E. Gilliland等 D. K. Walker等
干酪乳杆菌（*L. casei*）	MUH117, MUH79, MUH41, CH1, KM-16	F. A. K. Klaver等
保加利亚乳杆菌（*L. bulgaricus*）	ATCC33409	S. Y. Lin等
食淀粉乳杆菌（*L. amylovoorus*）	DN-112053	P. Grill J等
罗伊士乳杆菌（*L. reuteri*）	CRL1098	M. P. Taranto等
短双歧杆菌（*B. breve*）	ATCC15700	J. P. Grill等
两歧双歧杆菌（*B. bifidum*）	MUH80	F. A. K. Klaver等
发酵乳杆菌（*L. fermentum*）	ATCC14931	M. E. Cardoan等
植物乳杆菌（*L. plantum*）	299V	M. E. Cardoan等
鼠李糖乳杆菌（*L. rhamnosus*）	ATCC7469	M. E. Cardoan等
粪肠球菌（*Ec. faecalis*）	AD1001	顾瑞霞等

国外对乳酸菌降低胆固醇的作用机理研究较早。1977 年，Gilliland 等提出并证明嗜酸乳杆菌对胆固醇具有良好的同化作用；H.J. 等 Lim 从人体肠道中分

离得到 7 株链球菌、11 株乳杆菌和 7 株双歧杆菌，均证实具有降低胆固醇的作用；Klaver 等研究证明在低 pH 值时，乳酸菌的胆盐共轭活性增加，使胆固醇与胆盐形成了沉淀，从而降低了溶液中胆固醇的含量；Marshall 等也证实了乳酸菌与胆固醇的共沉淀作用的存在。尽管大量的体内和体外实验都证实了乳酸菌具有降低胆固醇的作用，但其作用机理至今尚无定论，通常认为是几种理论协同作用的结果。

4. 乳酸菌在抗肿瘤中的应用

通常认为，乳酸菌菌体本身及其代谢产物具有抗肿瘤作用，但乳酸菌抑制肿瘤的真正机制目前并不十分清楚。一般可归纳为 6 项可能的作用机理，包括：①降解或吸附致癌物；②改善肠道菌群，阻止肠内致癌物形成；③增强宿主免疫系统；④产生抗突变的物质；⑤改变肠道的生理生化环境；⑥影响宿主的生理机能。乳酸菌的抗肿瘤作用主要包括预防肿瘤的发生和抑制已产生的肿瘤。

保加利亚科学家契夫斯基等在 Vister 雄性大鼠饲料中加入不同的保加利亚乳杆菌菌株，结果显示保加利亚乳杆菌对 DMH 引起的结肠肿瘤有很好的预防和抑制作用。Mizutani 等用嗜酸乳杆菌和双歧杆菌单独喂养肝癌多发系小鼠，发现嗜酸乳杆菌和双歧杆菌能明显降低小鼠肝癌发生率，且死菌或活菌都具有抗肿瘤作用。

5. 乳酸菌在其他医疗保健方面的应用

1）乳酸菌在泌尿生殖系统的应用

一般认为，健康妇女阴道菌群包括常住菌、过路菌及偶见菌种，并随着年龄增长、妊娠等而变化，在常住乳酸菌中数量最多的是嗜酸乳杆菌、唾液乳杆菌和发酵乳杆菌。乳酸菌是维持女性阴道 pH 值，保持酸性环境最重要的因素，其定殖一般是在阴道内形成酸性环境之后，乳杆菌细胞外的纤维状结构——糖须，就黏附在无腺体的阴道黏膜上皮细胞上。而最初阴道环境的形成与宿主阴道组织细胞里的一些酶分解糖原后产酸有关，比如表皮葡萄球菌等与乳杆菌处于共生关系的一些正常菌，均参与了这种作用。定殖后的乳杆菌，如嗜酸乳杆菌、莱氏乳杆菌、唾液乳杆菌等，能分解阴道上皮的糖成为单糖，进而发酵产生乳酸、乙酸等酸性物质，从而保证女性阴道的酸性环境，增强阴道的自净作用。

1915 年，就有人提倡用乳杆菌培养物进行膀胱灌洗治疗重度膀胱炎，并获得较好的疗效。20 世纪 70 年代和 80 年代英国、美国等发达国家也相继有了关于使用乳杆菌治疗阴道炎的报道。1999 年北京协和医院用乳杆菌活菌胶囊治疗细菌性阴道炎，其治疗效果与甲硝唑相比无显著性差异。

2）乳酸菌在美容中的应用

有文献报道指出，将乳酸菌发酵液直接或调和护肤营养粉涂抹在面部皮肤上，可以起到美容的作用。乳酸菌的代谢产物（乳酸等）不仅能帮助皮肤恢复弱酸环境，而且富含多种极易被皮肤吸收的营养成分（维生素等），能补充皮肤所失营养，此外,乳酸菌能有效抑制皮肤表面寄生微生物（如螨虫）的生长繁殖。

服用乳酸菌制剂能调节肠内菌群平衡，将体内毒素及时排泄出，保证体内清洁健康环境；乳酸菌制剂还能完善人体营养代谢，抑制有害菌的繁殖，防止因吸收毒性物质引起的皮肤老化和色素沉积，从而起到美容的作用。

3）乳酸菌在抗辐射中的应用

研究证明，口服乳杆菌或双歧杆菌的小鼠经 γ 射线照射后比未服乳酸菌的小鼠存活时间长。其机理可能与乳酸菌的抗突变作用有关。

3.7 乳酸菌的其他应用

1. 乳酸菌在青贮饲料中的应用

青贮饲料是利用乳酸菌的发酵机能，将新鲜的牧草或饲料作物切短装入密封的青贮设施，如窖、壕、塔、袋等中，经过微生物发酵作用，制成一种具有特殊芳香气味、营养丰富的多汁饲料。它能够长期保存青绿多汁的特性，具有家畜嗜口性好、营养价值高的特点，可扩大饲料资源，保证家畜均衡供应，因此已被世界许多国家广泛利用。

青贮饲料的品质与发酵过程中的多种微生物相关，但起主要作用的还是乳酸菌。与青贮饲料发酵相关的乳酸菌包括多个属：乳杆菌属（*Lactobacillus*）、明串珠菌属（*Leuconostoc*）、乳球菌属（*Lactococcus*）、肠球菌属（*Enterococcus*）、片球菌属（*Pediococcus*）和魏斯氏菌属（*Weissella*）。饲料作物上附着的乳酸细菌种类、菌的数量、发酵形式和生成的乳酸，都对青贮饲料的发酵品质、营养价值、反刍家畜的生理代谢有影响。

乳酸菌是青贮饲料的发酵剂，但不是任何乳酸菌都可作为种子使用，应认真区分良莠，选优弃劣，保证质量。优良的菌种应该具有以下特点：代谢产物对植物附生微生物抑菌谱宽，能产生大量的乳酸，很快能降低被发酵牧草的 pH 值，对蛋白质等营养物分解少，生成的氨氮不多，营养物质损失小，青贮过程中释放气体不多，饲料重量损失少，乳酸菌生物量多，产物中杂菌少等。

2. 乳酸菌在水产养殖中的应用

乳酸菌是鱼肠道内的正常菌群，其数量与营养、环境因素有关，如不饱和脂肪酸摄入量、盐分、氧化铬等均会影响肠道内乳酸菌的存在数量，饲料的种类和季节因素也会影响鱼肠道内乳酸菌的数量。乳酸菌在鱼肠道内定殖，可以抑制革兰氏阴性致病菌，增强鱼的抗感染能力，增强机体肠黏膜的免疫调节活性，促进生长。Gatesoupe 给大菱鲆幼鱼饲喂利用保加利亚乳酸杆菌饲养的轮虫与卤虫，发现其存活率较对照组有显著提高。Nikoskelainent 等研究表明，给虹鳟饲喂含有乳酸杆菌的饵料，可以提高它们的免疫力。

3. 乳酸菌在农药方面的应用

乳酸菌作为绿色生物农药，具有改良土壤、提高作物品质的作用。日本京都府农业资源研究中心研制出了防治两种农作物病害的"乳酸菌农药"。但乳酸菌在农药方面的应用尚少，还有待进一步的研究开发。

4. 乳酸菌胞外多糖

乳酸菌胞外多糖（LAB EPS）是乳酸菌在生长代谢过程中分泌到细胞壁外的黏液多糖或荚膜多糖。乳酸菌胞外多糖具有拮抗作用，能抵抗有害的限制性的环境，也能隔离阳离子等。胞外多糖优良的持水特性使其可以在低湿度环境中保护菌体，并且可以抑制噬菌体的侵蚀。乳品工业中，噬菌体的存在可以导致发酵的全面失败。有研究表示，胞外多糖能够保护细胞抵制有害环境条件，厚的荚膜胞外多糖可以保护菌体免受噬菌体侵染，但其对乳酸菌的保护机理并不是很清楚。在乳制品中，胞外多糖和胞外多糖产生菌株所具有的黏性、稳定性和持水性功能，可以改善发酵乳制品的口感、质地和风味。许多年来，欧洲的生产厂商已经运用产胞外多糖的乳酸菌，生产出具有独特性状的多种多样的发酵乳制品。随着生物技术的发展，乳酸菌胞外多糖在医疗、化妆品、细胞和酶技术等方面具有非常高的潜在开发价值。

5. 乳酸链球菌素

乳酸链球菌素（nisin）亦称乳酸链球菌肽或音译为尼辛，是乳酸链球菌产生的一种多肽类细菌素，由 34 个氨基酸残基组成，相对分子质量约为 3500。由于乳酸链球菌素含有多种脱水或羊毛硫氨基酸残基，可抑制大多数革兰氏阳性细菌，如葡萄球菌、肠球菌、片球菌、明串球菌、李斯特菌，并对芽孢杆菌的孢子——如芽孢杆菌、梭状芽孢杆菌——有强烈的抑制作用，因此被作为食品防腐剂广泛应用于食品行业。Nisin 被食用后在人体的生理 pH 条件和 α - 胰凝乳蛋白酶作用下水解为氨基酸，不会改变人体肠道内正常菌群以及产生如其他抗生素所出现的抗性问题，更不会与其他抗生素出现交叉抗性，是一种高效、无毒、安全、无副作用的天然食品防腐剂。Nisin 是迄今为止这些细菌素中唯一被用于食品防腐保鲜的品种，目前被美国、欧盟在内的 50 多个国家用于食品保鲜剂。

本章要点

　　乳酸菌是一类能分解糖类产生大量乳酸的革兰氏阳性细菌的通称。它一般具有以下基本特性：细胞形态为杆状或球状，革兰氏阳性，不形成芽孢，不运动或少运动，不形成色素，不耐高温，但耐酸，过氧化氢酶阴性、厌氧或兼性厌氧；可分解蛋白质，脂肪分解能力较弱；乳酸发酵类型分为同型发酵和异型发酵；营养要求较复杂，除了碳水化合物，还需要多种氨基酸、维生素和肽等生长因子，不能利用复杂的碳水化合物，能利用乳糖等。乳酸菌的生理功能与机体的生命活动息息相关，乳酸菌能调节机体胃肠道正常菌群、保持微生态平衡，提高食物消化率和生物价，降低血清胆固醇和体内毒素，抑制肠道内腐败菌的生长繁殖和腐败产物的产生，制造营养物质，刺激组织发育，从而对机体的营养状态、生理功能、细胞感染、药物效应、毒性反应、免疫反应、肿瘤发生、衰老过程和突然的应急反应等产生作用。乳酸菌在食品、医药、饲料、畜禽和水产养殖，以及微生物肥料、环境卫生、工业等领域有广泛的应用。

习题

3-1 乳酸菌的定义及其特性是什么？

3-2 乳酸菌微生态制剂的作用机理主要是什么？

3-3 影响乳酸菌生长的因素有哪些？

3-4 乳酸菌微生态制剂的发酵生产工艺流程是怎样的？

3-5 如何从健康动物肠道中分离和培养乳酸菌？

参考文献

[1]　康白. 微生态学 [M]. 大连：大连出版社，1988.

[2]　周德庆. 微生物学教程 [M]. 2 版. 北京：高等教育出版社，2002.

[3]　SCHLEGE H G. 普通微生物学 [M]. 陆卫平，周德庆，郭杰炎，等译. 上海：复旦大学出版社，1990.

[4]　PRESCOTT L M，等. 微生物学 [M]. 5 版. 沈萍，彭珍荣，等译. 北京：高等教育出版社，2003.

[5]　闻玉梅，陆德源. 现代微生物学 [M]. 上海：上海医科大学出版社，1991.

[6]　焦瑞身. 微生物工程 [M]. 北京：化学工业出版社，2003.

[7]　顾瑞霞. 乳酸菌与人体保健 [M]. 北京：科学出版社，1995.

[8]　张刚. 乳酸细菌——基础、技术和应用 [M]. 北京：化学工业出版社，2007.

[9]　霍贵成. 乳酸菌的研究与应用 [M]. 北京：中国轻工业出版社，2007.

[10]　郭兴华. 益生乳酸菌——分子生物学及生物技术 [M]. 北京：科学出版社，2008.

[11]　杨洁彬，郭兴华，等. 乳酸菌——生物学基础及应用 [M]. 北京：中国轻工业出版社，1996.

[12]　凌代文. 乳酸细菌分类鉴定及实验方法 [M]. 北京：中国轻工业出版社，1999.

[13]　郭兴华，凌代文. 乳酸细菌现代研究实验技术 [M]. 北京：科学出版社，2013.

[14]　顾瑞霞. 乳与乳制品的生理功能特性 [M]. 北京：中国轻工业出版社，2000.

[15]　孟祥晨，杜鹏，李艾黎，等. 乳酸菌与乳品发酵剂 [M]. 北京：科学出版社，2009.

[16]　郭兴华. 益生菌基础与应用 [M]. 北京：北京科学技术出版社，2002.

[17]　郭本恒. 益生菌 [M]. 北京：化学工业出版社，2004.

[18]　东秀珠，蔡妙英，等. 常见细菌鉴定手册 [M]. 北京：科学出版社，1998.

第 4 章

芽孢类益生菌

芽孢杆菌是自然界中广泛存在的一类细菌，大多数为腐生菌。同其他微生物相比，芽孢杆菌最主要的特性之一是能产生对热、紫外线、电磁辐射和某些化学药品有很强抗性的芽孢，具有非凡的抗逆能力，因此可以耐受各种极端的环境，既可在 75~80℃的高温环境下生存，也可在南极寒冷的冰雪中找到它们的踪迹。除极少数有毒的致病菌（如炭疽芽孢杆菌）之外，绝大多数芽孢杆菌对人类没有危害性。

除了抗逆性强之外，许多芽孢杆菌还能产生多种生物活性物质，它们是一大类重要的有益微生物，在人们的生活中、工农业生产中发挥着越来越重要的作用。原农业部发布的《饲料添加剂品种目录（2013）》中包含了六种芽孢杆菌：地衣芽孢杆菌、枯草芽孢杆菌、迟缓芽孢杆菌和短小芽孢杆菌这四种芽孢杆菌可用于动物养殖；凝结芽孢杆菌可用于肉鸡、生长育肥猪和水产养殖动物；侧孢芽孢杆菌（*Bacillus laterosporus*）用于肉鸡、肉鸭、猪、虾养殖。以前颁布的目录中还列有纳豆芽孢杆菌，但考虑其属于枯草芽孢杆菌的一个亚种，应统一归入枯草芽孢杆菌，自原农业部 658 号文件《饲料添加剂品种目录（2006）》以后就没有单列纳豆芽孢杆菌了。但从作用效果方面来讲，纳豆芽孢杆菌仍有许多独到之处。

芽孢杆菌作为益生菌的重要来源之一，有许多优势，如稳定性好、抗逆性强、复活率高，通过与病原菌竞争营养物质，抑制病原菌，并通过提供营养物质等保障消化道健康，增强动物体的免疫功能，达到促进目标动物的生长、提高饲料转化率的目的。

4.1　芽孢杆菌的由来与分类

4.1.1　芽孢杆菌属的由来

芽孢杆菌属于细菌，形态为杆菌，即杆状的细菌（*Bacillus*，复数为 *Bacilli*），形态多种多样。微生物分类上，芽孢杆菌大多属于芽孢杆菌属，革兰氏阳性，严格需氧或兼性厌氧的有荚膜的杆菌。该属细菌的重要特性是能够产生对不利条件具有特殊抵抗力的芽孢。

早在 1835 年，Ehrenberg 首先发现并描述了枯草芽孢杆菌，但他错误地认为弧状是该菌的特征，故将其命名为 *Vibrio subtilis*（枯草弧菌）。1872 年，德国植物学家 Cohn 建立了第一个细菌分类系统。他发现弧状不是 *Vibrio subtilis* 菌的特征，该菌的实际形态是杆状并能形成芽孢，他称其为枯草芽孢杆菌（*Bacillus subtilis*），并创建了芽孢杆菌属。枯草芽孢杆菌成为芽孢杆菌属最早发现和命名的种，也是芽孢杆菌属的模式菌株。该属最明显的特征就是产生芽孢（endospore），芽孢是在菌体细胞内形成的折光率高的休眠体。1877 年，Cohn 证明了枯草芽孢杆菌的芽孢有耐热性。同年，Koch 证实了炭疽芽孢杆菌的生活史是从营养体到抗性芽孢再到营养体。

Cohn 创立芽孢杆菌属之后很长时间，该属的种类很少，随着研究方法及技术的发展，越来越多的种才被科学家发现，尤其是 20 世纪 70 年代的分子分类法和 80 年代的化学分类法的应用，使芽孢杆菌种的鉴定数量日益增多，从 2004 年 5 月至 2007 年 5 月发现的芽孢杆菌属的新种就有 49 个。随着细菌分类手段的发展和芽孢杆菌新种的发现，芽孢杆菌的描述和定义也将不断发生变化。

4.1.2　芽孢杆菌的分类

从微生物分类领域比较权威的分类系统《伯杰氏细菌鉴定手册》的不同版本中关于芽孢杆菌属的描述，我们可以看到芽孢杆菌属分类的大致发展过程。

《伯杰氏细菌鉴定手册》（*Bergey's Manual of Determinative Bacteriology*）1923 年出版的第 1 版中，芽孢杆菌属含 75 种菌，描述为：好氧，大多数腐生，通常能液化明胶，常为链状或假根状，在产生孢子时菌体不发生大变化。在此之后的第 2、3 版和第 4 版中，该属的菌种分别为 75 种、93 种和 93 种，该属菌特征的描述和第 1 版相比没有变化。

1939 年出版的第 5 版中，芽孢杆菌属种数大幅增加到 146 种，菌特征描述为：杆状细胞，有时成链，好氧，不运动或靠周生鞭毛游动，内生孢子，通常革兰氏反应阳性，化能异养型。到 1948 年出版的第 6 版时芽孢杆菌属已开始分化出多个芽孢杆菌近缘属，芽孢杆菌属只含有 33 种菌。之后的第 7 版和第 8 版，芽孢杆菌属种分入相近缘属，记入芽孢杆菌属的细菌种数分别减为 25、22。美、英、德、法等 14 个国家的细菌学家参加了第 8 版的编写工作，对系统内的每一属和种都做了较详细的属性描述，芽孢杆菌属的描述：细胞为直的或接近直的杆状，大小为（0.3~2.2）μm×（1.2~7.0）μm；大多数能够运动，鞭毛侧生，能形成抗热内生芽孢，孢囊中仅有一个孢子，暴露于空气中不会阻碍孢子的形成；革兰氏阳性或仅在生命早期革兰氏阳性；化能异养，能利用各种基质；氧化型或发酵型代谢，氧化型代谢的末端电子受体是分子氧，有的种以硝酸盐代替氧；大多数产过氧化氢酶；严格好氧或兼性厌氧；而且还有补充评注说明芽孢杆菌内种之间特性差异大等。

1984 年后《伯杰氏细菌鉴定手册》更名为《伯杰氏系统细菌学手册》。1986 年出版的《伯杰氏系统细菌学手册》中，*Bacillus* 被描述为产生芽孢的革兰氏阳性杆菌或球菌，其分类见表 4-1。

表 4-1　芽孢杆菌属菌名

序号	拉丁学名	中文名
1	*B. subtilis*	枯草芽孢杆菌
2	*B. acidocaldarius*	酸温芽孢杆菌
3	*B. alcalophius*	嗜碱芽孢杆菌
4	*B. alvei*	蜂房芽孢杆菌
5	*B. anthracis*	炭疽芽孢杆菌
6	*B. azotoformans*	产氮芽孢杆菌
7	*B. badius*	粟褐芽孢杆菌
8	*B. brevis*	短芽孢杆菌
9	*B. cereus*	蜡状芽孢杆菌

续表

序号	拉丁学名	中文名
10	*B. circulans*	环状芽孢杆菌
11	*B. coagulans*	凝结芽孢杆菌
12	*B. fastidiosus*	挑剔芽孢杆菌
13	*B. firmus*	坚强芽孢杆菌
14	*B. globisporus*	圆孢芽孢杆菌
15	*B. insolitus*	异常芽孢杆菌
16	*B. larvae*	幼虫芽孢杆菌
17	*B. laterosporus*	侧孢芽孢杆菌
18	*B. lentimorbus*	缓病芽孢杆菌
19	*B. lentus*	缓慢芽孢杆菌
20	*B. licheniformis*	地衣芽孢杆菌
21	*B. macerans*	浸麻芽孢杆菌
22	*B. macquariensis*	马阔里芽孢杆菌
23	*B. marinus*	海洋芽孢杆菌
24	*B. megaterium*	巨大芽孢杆菌
25	*B. mycoides*	蕈状芽孢杆菌
26	*B. pantothenticus*	泛酸芽孢杆菌
27	*B. pasteurii*	巴氏芽孢杆菌
28	*B. polymyxa*	多黏芽孢杆菌
29	*B. popilliae*	日本金龟子芽孢杆菌
30	*B. pumilus*	短小芽孢杆菌
31	*B. schlegelii*	施氏芽孢杆菌
32	*B. sphaericus*	球形芽孢杆菌
33	*B. stearothermophilus*	嗜热脂肪芽孢杆菌
34	*B. thuringiensis*	苏云金芽孢杆菌
35	*B. acidoterrestris*	酸土芽孢杆菌
36	*B. agaradhaerans*	黏醇芽孢杆菌
37	*B. agri*	农田芽孢杆菌
38	*B. alginolyticus*	溶藻芽孢杆菌
39	*B. amyloliquefacien*	解淀粉芽孢杆菌
40	*B. aneurinolyyicus*	溶维生素B1芽孢杆菌
41	*B. acillusfirmus*	假坚强芽孢杆菌

　　而自 20 世纪 90 年代以来，由于 16S rRNA 及 16S rDNA 序列分析测试技术的迅速发展和应用，芽孢杆菌的分类研究取得了重大突破。人们根据核酸研究的结果陆续将芽孢杆菌中的部分菌株另立为新属，而且不断发现了新种和新属。

　　进入 21 世纪后，核酸研究成为分类学中的重中之重。在 2001 年版《伯杰氏系统细菌学手册》的各级分类单位中，在表型特征的基础上，主要以 DNA 信息最终决定菌株的分类地位，使人为的分类体系逐步向自然体系过渡。芽孢杆菌被重新划分，原来的类芽孢杆菌属、芽孢乳杆菌属和脂环酸芽孢杆菌属上升为科，而芽孢杆菌科分为 7 个属：芽孢杆菌属（*Bacillus*）、兼性芽孢杆菌属（*Amphibacillus*）、厌氧芽孢杆菌属（*Anoxybacillus*）、细长（薄壁）芽孢杆菌属（*Gracilibacillus*）、喜盐芽孢杆菌属（*Halobacillus*）、需盐芽孢杆菌属（*Salibacillus*）和分支（枝）芽孢杆菌属（*Virgibacillus*）。这样芽孢杆菌目分为 4 个科，共 14 个属。在《伯杰氏系统细菌学手册》（2004）中则列述了 22 个属 212 个种的芽孢杆菌，其中芽孢杆菌科就收录了 15 个属，芽孢杆菌属内有 92 个种，其他属内芽孢杆菌共有 120 个种。

4.2　芽孢杆菌的形态特征

尽管芽孢杆菌形态比较简单，不同种细胞的大小差异也不是很大，然而，芽孢杆菌的形态特征和细胞大小仍然是分类学的重要特征，是芽孢杆菌分类单元的实物载体，也是芽孢杆菌鉴定的主要依据之一，是研究芽孢杆菌生物学必须描述的内容。芽孢杆菌的形态特征包括菌落形态特征和个体形态特征两个方面。

4.2.1　芽孢杆菌的菌落形态

芽孢杆菌菌落特征是种的一个重要指标，不同种的芽孢杆菌在一定的培养基上生长时，由于菌体分裂方式的差异，根据是否分泌色素，根据是否运动及运动方式和能力是否相同，会形成不同的菌落特征。菌落特征可用来初步鉴定芽孢杆菌的种类。芽孢杆菌菌落特征包括特定培养条件下的菌落大小、单菌落形状、颜色、菌落表面特性、菌落表面光滑度、菌落光学特性和菌落边缘整齐度等。菌落形态观察可采用平板培养菌株 24~36h。如枯草芽孢杆菌在 LB 琼脂平板上 37℃培养 48h 形成的菌落为圆形；直径 3.0~10.0mm，浅黄色，中间凹陷，表面平整不光滑，无光泽，边缘不整齐（图 4-1）。

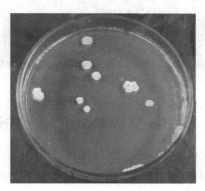

图 4-1　枯草芽孢杆菌（*Bacillus subtilis*）的菌落特征

芽孢杆菌的繁殖方式主要以二分裂为主。适宜条件下，分裂一次所需的时间即代时，不同菌种会有所不同。例如枯草芽孢杆菌的代时为 26~32min，蕈状芽孢杆菌的代时为 28min，而蜡状芽孢杆菌代时则相对较短，只有 18min。

芽孢杆菌多数具有鞭毛，能运动，故菌落边缘形状不规则，常呈波形、齿状。细胞分裂后常呈链状排列，因此菌落表面粗糙，有环状或放射状的皱褶。而且芽孢杆菌生长后期会产生芽孢，菌落因折光率的变化变得不透明或有干燥的感觉。例如枯草芽孢杆菌由于侧生鞭毛，能运动，菌落特征是边缘不整齐，表面皱褶状。地衣芽孢杆菌边缘常形成毛发状，且和培养基结合紧密。芽孢杆菌的运动情况可用穿刺接种的办法来进行判断。在琼脂半固体培养基上穿刺接种，如果芽孢杆菌只沿穿刺接种部位生长，则其为不运动杆菌；如果向穿刺线四周扩散生长，则为运动细菌。

4.2.2　芽孢杆菌的细胞形态与结构

芽孢杆菌为单细胞个体，只在快速分裂时可以暂时呈现链状。芽孢杆菌最明显的特征之一是能形成芽孢，细胞存在两种形态：芽孢和营养体。营养体的细胞基本形态有杆状和椭圆状。杆状中有长杆状、短杆状，椭圆状中有长椭圆和短椭圆，如图 4-2 所示。

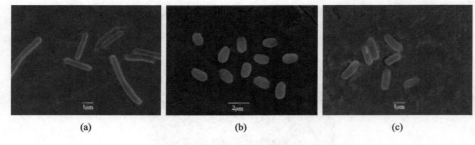

图 4-2　芽孢杆菌细胞形态
（a）长杆状；（b）椭圆状；（c）短杆状

1. 芽孢杆菌细胞的表面结构

与大多数革兰氏阳性菌一样，芽孢杆菌具有复杂的表面结构，这种复杂结构与其能耐酸、耐盐、耐高温等抗性有关。芽孢杆菌营养细胞表面是一种片状结构，由荚膜、S层（slime layer，黏液层）以及几层肽聚糖片层和质膜外表蛋白质等组成。

1）S层

S层是许多古细菌和真细菌中都具有的细胞表面结构，在芽孢杆菌的很多菌属成员中都有发现。S层是由糖蛋白组成的晶格状结构，是生物进化过程中最简单的一种生物膜，其厚度为 5~20nm。与其他细菌的S层一样，芽孢杆菌的S层结构的具体功能目前尚不完全清楚，但是已知S层可以防止细菌的自聚。S层还与细胞的附着性能相关。芽孢杆菌中S层可作为胞外酶的吸附位点，如胞外淀粉酶可在S层紧密排列，而不干扰其他物质穿过。某些细菌的S层具有抵御有害物质侵袭、防止细胞黏合的功能。

2）荚膜

细菌的荚膜由多糖或多肽组成，许多芽孢杆菌的荚膜都含有D型或L型谷氨酸的多肽，如枯草芽孢杆菌、巨大芽孢杆菌、地衣芽孢杆菌等；而有些可以形成多糖荚膜（其中葡萄糖和果聚糖比较常见，但有时也产生更复杂的多糖），如短小芽孢杆菌、环状芽孢杆菌、巨大芽孢杆菌、蕈状芽孢杆菌等。一些芽孢杆菌的多聚糖能与其他一些种属细菌（包括人类病原体）的抗血清产生交叉反应。用透射电子显微镜可以观察到，在细胞表面有呈纤丝状排列的一些多肽和复杂的多糖荚膜。这种荚膜在光学显微镜下也容易观察到。巨大芽孢杆菌的荚膜由多肽和多糖组成，多肽分布在沿着细胞轴的侧位，多糖则分布在细胞的两极和赤道面上。炭疽芽孢杆菌的芽孢囊由多聚 D-谷氨酸组成，芽孢囊是其毒力的主要决定因素。与炭疽芽孢杆菌亲缘关系最近的蜡状芽孢杆菌和苏云金芽孢杆菌则不产生芽孢囊，也就是说，可以用是否产生芽孢囊这个标准来区别炭疽芽孢杆菌和苏云金芽孢杆菌。

2. 细胞壁

芽孢杆菌是革兰氏阳性菌，细胞壁的主要成分是肽聚糖和胞壁酸。但与多数革兰氏阳性菌中的肽聚糖结构变化很不一样。几乎所有芽孢杆菌营养细胞的细胞壁都是由含有内消旋二氨基庚二酸的肽聚糖组成的，但 *B. sphaericus* 及相关种 *B. pasteurii* 和 *B. globisporus* 则例外，它们含有赖氨酸。

芽孢杆菌的细胞壁除了含有肽聚糖之外，还含有大量磷壁酸。芽孢杆菌磷壁酸的种类非常多，种间和种内有很大区别。根据结合部位不同分为壁磷壁酸和膜磷壁酸。壁磷壁酸是与肽聚糖分子间共价结合，可用稀酸或稀碱进行提取，含量可达壁重的 50%；而膜磷壁酸是与细胞膜的磷脂连接在一起的，可用 45% 的热酚水提取。

3. 鞭毛

大多数芽孢杆菌有鞭毛，能运动。细菌的鞭毛主要由微丝组成，其蛋白质成分是鞭毛蛋白，通常没有质膜包被。枯草芽孢杆菌周生鞭毛，依靠鞭毛来实现趋化性。由于坚强芽孢杆菌鞭毛纤丝的嗜碱性以及氨基酸含量偏低，它在 pH 值为 11 时还很稳定。芽孢杆菌的许多社会行为都需要借助鞭毛的完整功能来实现，如集群运动以及生物被膜的形成过程等。细菌鞭毛运动的能量一般认为是来自细胞膜的电子产生系统产生的电化学梯度。

4.2.3　芽孢杆菌的芽孢形态

芽孢杆菌最主要的特性之一是能产生芽孢。对于有益的芽孢杆菌来说，由于芽孢具有很强的抗逆性，使得该类益生菌在应用过程中有许多优势，如能耐高温、耐储存、稳定性好，等等。甚至一些芽孢类益生菌的应用效果只取决于其芽孢的萌发与生长。而一些有毒或有害的芽孢杆菌，因为芽孢很难被杀灭，会给人们带来很大危害，如炭疽芽孢杆菌，它在干燥的室温环境中可存活 20 年以上，在皮毛中可存活数年。炭疽芽孢杆菌的芽孢经直接日光暴晒 100h、煮沸 40min、140℃干热 3h、110℃高压蒸汽中放置 60min，或浸泡于 10% 甲醛溶液

15min、新配苯酚溶液（5%）和20%含氯石灰溶液数日以上等才能被杀灭。正因如此，人们对芽孢杆菌的芽孢进行了大量研究，目前对芽孢的结构、形态和抗性等已经有了充分的了解，但是对芽孢的形成机制和抗性相关机理仍然未完全了解。

1. 芽孢的定义

在芽孢杆菌生长发育后期，细胞质高度浓缩脱水所形成的一种抗逆性很强的球形或椭圆形的休眠体称为芽孢。由于芽孢是在细胞内形成的，所以也常称之为内生孢子。不同的芽孢杆菌芽孢形成位置不一样，有的在细胞一端，有的在细胞中部，但一个细菌细胞只形成一个芽孢，故形成芽孢是个体进入休眠状态而不是一个繁殖过程。

2. 芽孢的形态

芽孢在营养体细胞形成的位置有中生、端生和次端生。芽孢一般呈圆形、椭圆形、圆柱形。有些细菌芽孢的直径小于菌体直径，这些细菌称为芽孢杆菌，为好氧细菌；另一些细菌芽孢的直径大于菌体直径，使整个菌体呈梭形或鼓塑形，这些细菌称为梭状芽孢杆菌，为厌氧菌，梭状芽孢杆菌的芽孢位于菌体中间。破伤风杆菌的芽孢位于菌体的一端，使菌体呈鼓槌状。好氧的芽孢杆菌属（*Bacillus*）和厌氧的梭状芽孢杆菌属（*Clostridium*）的所有细菌都具有芽孢。

3. 芽孢的形成过程

芽孢的形成过程非常复杂，包括形态结构、化学成分等多方面的变化。芽孢的形成在结构上主要经历以下几个阶段：①核物质融合成轴丝状（杆状）。②在细胞中央或一端，细胞膜内陷形成隔膜包围核物质，产生一个小细胞。③小细胞被原来的细胞膜包围，生成前孢子。前孢子实质上是一个被两层同心膜包围着的原生质体。④前孢子再被多层膜包围，如皮层、孢子衣等，最后成为成熟的芽孢，随着细胞壁的溃溶而释放出来。在芽孢形成过程中形态发生变化的同时，化学成分也发生很大变化。生芽孢的细胞大量吸收钙离子并大量合成营养细胞中没有的吡啶二羧酸。在成熟的芽孢中，芽孢原生质体含有极高的吡啶二羧酸钙，在新合成的皮层和孢子衣，有时还有芽孢外壁中也有这种物质。芽孢壁中含有一种特殊的肽聚糖，所有芽孢基本上都一样，这种肽聚糖与营养细胞的细胞壁肽聚糖不同。同时，芽孢中还含有一些特殊的蛋白质。

4. 芽孢的特性

芽孢在结构和化学成分上都与其营养体不同，也具有许多不同于营养体的特性。芽孢最主要的特点就是抗逆性强，对高温、紫外线、干燥、电离辐射和很多有毒的化学物质都有很强的抗性。同时，芽孢还有很强的折光性。在显微镜下观察染色的芽孢细菌涂片时，可以很容易地将芽孢与营养体区别开来，因为营养体染上了颜色，而芽孢因抗染料且折光性强，表现出透明而无色的外观。芽孢具有对不良环境因子的抗性，主要原因是由于其含水量低（40%），且含有耐热的小分子酶类，富含大量特殊的吡啶二羧酸钙和带有二硫键的蛋白质，以及具有多层次厚而致密的芽孢壁等。自由存在的芽孢无任何代谢活力，但保持潜在的萌发力，称为隐藏的生命。一旦环境条件合适，芽孢便可以萌发成营养体。可以说细菌芽孢是整个生物界中抗逆性最强的生命体，是否能消灭芽孢是衡量各种消毒灭菌手段最重要的指标。芽孢是细菌的休眠体，在适宜的条件下可以重新转变成为营养态细胞；产芽孢细菌的保藏多用其芽孢。产芽孢的细菌多为杆菌，也有一些球菌。芽孢的有无、形态、大小和着生位置是细菌分类和鉴定中的重要指标。

芽孢与营养体的化学组成存在较大差异，容易在光学显微镜下观察到（相差显微镜直接观察；芽孢染色）。芽孢的含水率低，为38%~40%。芽孢具有层状结构，从外到内依次是胞外壁、芽孢衣、皮层和芽孢核心（图4-3）。

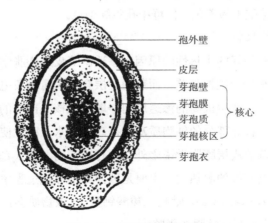

图4-3 细菌芽孢模式图

芽孢核心外分为三层。外层是芽孢外壳，也称为胞外壁（exosporium）。胞外壁由蛋白质和脂类组成，重量占芽孢干重的 2%~10%，可分为内外两层（外层厚约 6nm，内层厚 19nm 左右）。胞外壁通透性差，一般认为它是母体细胞的残留物。并不是所有的芽孢都有明显的胞外壁结构。胞外壁外还有一个母体细胞的空壳，称为芽孢囊（sporangium）。

芽孢衣位于胞外壁的内侧，厚度为 3nm，主要由蛋白质构成，其含量大约占整个芽孢蛋白质的 50%。芽孢衣蛋白主要为疏水性的角蛋白，占其总蛋白的 50%~80%。芽孢衣由肽聚糖构成，含大量 2,6- 吡啶二羧酸（dipicolinicacid，DPA），对蛋白酶、溶菌酶和表面活性剂具有很好的抗性。

内层为孢子壁，由肽聚糖构成，包围芽孢细胞质和核质。芽孢萌发后孢子壁变为营养细胞的细胞壁。芽孢中的 2,6- 吡啶二羧酸含量高，为芽孢干重的 5%~15%。吡啶二羧酸以钙盐的形式存在，钙含量高。在营养细胞和不产芽孢的细菌体内未发现 2,6- 吡啶二羧酸。在芽孢形成过程中，2,6- 吡啶二羧酸随即合成，芽孢就具有耐热性；芽孢萌发形成营养细胞时，2,6- 吡啶二羧酸就消失，耐热性随即丧失。含水率低，芽孢壁厚而致密，DPA 含量高而且还含有耐热性酶等四个特点使芽孢对不良环境如高温、低温、干燥、光线和化学药物有很强的抵抗力。细菌的营养细胞在 70~80℃时 10min 就死亡，而芽孢在 120~140℃还能生存几小时；营养细胞在 5% 苯酚溶液中很快就死亡，芽孢却能存活 15 天。芽孢的大多数酶处于不活动状态，代谢活力极低。所以，芽孢是抵抗外界不良环境的休眠体。芽孢不易着色，但可用孔雀绿染色。

5. 芽孢的耐热机制

对于芽孢具有很好的耐热性的原因，渗透调节皮层膨胀学说认为，芽孢衣对多价阳离子和水分的透性很差，而芽孢皮层含有大量带负电荷的肽聚糖，具有很高离子强度，会产生极高的渗透压而夺取芽孢核心部位的水分，结果造成皮层的充分膨胀。核心部分的细胞质却变得高度失水，因此使其获得极强的耐热性。除了渗透调节皮层膨胀学说之外，还有所谓的"DPA-Ca 学说"，该学说认为芽孢之所以具有好的耐热性，主要是因为芽孢形成过程中会合成大量的营养细胞所没有的 DPA-Ca（2,6- 吡啶二羧酸钙盐），该物质会使芽孢中的生命大分子物质形成稳定而耐热性强的凝胶。

6. 芽孢的萌发

芽孢在休眠状态可以保持活力数年至数十年之久，只要条件合适，芽孢就会萌发、生长，恢复到营养体状态。芽孢萌发后就失去了抗逆性。热处理（如65℃温度下放置数十分钟）可以刺激芽孢加速活化，低温状态下芽孢也能活化，但速度较慢。芽孢萌发时首先发生吸胀，同时其折光性和抗性丧失，接着产生呼吸作用，芽孢物质（干重）的30%变为可溶物释出，营养细胞壁迅速合成，最后，新形成的营养细胞从孢子衣里萌发出来。

7. 芽孢的本质

传统上认为，芽孢是细菌在生长后期适应不良环境的产物。但有人追踪观察枯草芽孢杆菌芽孢的形成过程发现，枯草芽孢杆菌生长初期（接种培养4h）就有芽孢生成，而且随着培养时间延长，芽孢数呈正比例增长，24h时芽孢数大约占50%，48h则全部变成芽孢。这说明芽孢开始形成不是要等到细菌生长后期，更不是必等到细菌生长完全停止后。所以说，芽孢形成不是细菌的一种对环境的消极反应，而是一个新器官的主动生成。决定芽孢形成的根本原因在于细菌内部，细菌染色体上有控制芽孢形成的基因。细菌在营养生长中，这些基因通常不表达，它们可能被一个阻遏体系所控制，一旦这一阻遏消除，就可导致芽孢形成。但也不能把芽孢当成细菌的特殊结构，与荚膜、鞭毛等并列。因为正常生长中的营养体细胞本身并没有芽孢，而当芽孢形成后，营养体细胞就不复存在。而荚膜和鞭毛则与之不同，它们不影响细菌的生命活动，伴随着营养体细胞的生存而存在。因此，芽孢的本质是一种独立的休眠体，是一种积极产生的新的生命形式或新器官。

8. 芽孢的作用

产芽孢是芽孢杆菌的主要特性之一。芽孢在芽孢杆菌的筛选、鉴定、科研和生产应用等过程中都有很多作用。

1）菌种分类鉴定

不同芽孢杆菌的芽孢具有不同的特点，从形状、大小、表面特征，直到与菌体的关系等都有不同的表现，因此它可以作为芽孢杆菌分类鉴定的依据或参考。

2）科研材料

芽孢在科学研究中有许多用途，如芽孢独特的产生方式是研究细菌形态发生和遗传控制的好材料。芽孢对不良环境有很强的抗性，可以保持生命力达数十年之久，在自然界可以使细菌度过恶劣的环境，在实验室中则是保存菌种的好材料。

3）筛选分离菌种

芽孢的耐热性有助于芽孢细菌的分离。将含菌悬浮液进行 75℃左右热处理数十分钟，可以杀死营养细胞，便于筛选出形成芽孢的细菌种类。

4）生产应用

芽孢具有很强的抗逆性，对高温、紫外线、干燥、电离辐射和很多有毒的化学物质都有很强的抗性。芽孢的抗性使芽孢杆菌类益生菌在生产应用过程中有许多优势，如加工造粒、压片中耐高温，存活率高，稳定性好，耐储存等，而且一些益生菌微生态制剂的效果只归结于芽孢或其在肠道内的营养生长。所以在生产芽孢杆菌类产品时，需要得到尽量高的芽孢率，质量标准一般也是以产品中芽孢数量为依据，而不是以活菌总数来计量。

除以上四种作用之外，芽孢还与某些芽孢细菌具有杀虫作用相关，最有代表性的是苏云金杆菌（Bt）。这些芽孢细菌在产生芽孢的同时，可以产生一种菱形、方形或不规则形的碱溶性蛋白质晶体，称为伴孢晶体（图 4-4）。这是一种蛋白质毒素，可以杀死 200 多种昆虫，尤其对鳞翅目的幼虫有毒杀作用，而且这种毒性是有高度专性的，对其他动物与植物完全没有毒性。因此这类芽孢杆菌是理想的生物杀虫剂。

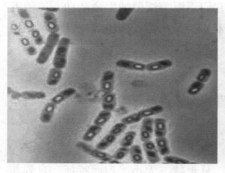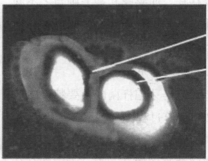

伴孢
晶体

芽孢

图 4-4　芽孢与伴孢晶体

9. 芽孢的危害

芽孢的抗逆性很强，有的能忍耐 –253℃的低温，有的在沸水中煮 30h 后仍有生命力。芽孢的存在是导致食品、医药，以及发酵工业中常需的灭菌操作失败的主要原因之一。如用加热法保存食品时，芽孢的存在往往会造成保存的失败。这是因为芽孢极耐热，采用一般加热法不能把它杀死，它萌发成营养体细胞后大量繁殖，会导致食品腐败变质。因此需要用高温灭菌法（121℃，30min）把芽孢杀死，才能使食品长期保存。医疗器械也需经高温灭菌后才能保证安全。

4.2.4　益生芽孢杆菌典型种的特征

1. 枯草芽孢杆菌

早在 1835 年，Ehrenberg 就发现并命名了枯草芽孢杆菌，它是芽孢杆菌属的模式菌株。枯草芽孢杆菌（*B. subtilis*）的单细胞为杆状，菌体表面生有鞭毛，能运动，是一种嗜温性的好氧的革兰氏阳性细菌，芽孢普遍存在，常呈椭圆形或柱形，中生。枯草芽孢杆菌菌落为圆形，表面粗糙不透明，有皱褶，呈乳白色或微黄色。枯草芽孢杆菌可在不加生长因子的合成培养基上生长，生长在葡萄糖营养琼脂上的幼龄细胞，美蓝染色均匀；能生成乙酰甲基甲醇；能水解淀粉；还原 NO_3^- 成 NO_2^-；生长 pH 值为 5.5~8.5；DNA G+C 含量为 42%~43%。枯草芽孢杆菌为好氧菌，但在有 NO_2^- 或 NO_3^- 存在时或发酵条件下，可以厌氧生长。

枯草芽孢杆菌不仅仅是土壤微生物，而且是一种肠道共生菌。Hong 从人体胃肠道分离并描述了枯草芽孢杆菌，并发现某些菌株可以形成生物膜、在厌氧条件下形成孢子、分泌抗菌物质等，这些特点有利于其在胃肠道的生存。

枯草芽孢杆菌是研究最多的一类典型的革兰氏阳性细菌，革兰氏阳性菌的细胞学、生化、遗传学知识都来自枯草芽孢杆菌的相关研究。枯草芽孢杆菌的分泌功能非常发达，根据基因组的研究，大概可合成 4017 种蛋白，其中 25% 可能为外分泌蛋白。

枯草芽孢杆菌含有丰富的产酶系统，是当今工业酶生产最广泛的菌种之一。由于其具有产酶量高、种类多、安全性好和环保等优点，因此在现代酶制剂工业生产中被广泛用作生产菌种，其发酵生产的酶已在食品、饲料、洗涤、纺织、皮革、造纸和医药等领域发挥十分重要的作用。据不完全统计，枯草芽孢杆菌所产的酶占整个酶市场的 50%。

枯草芽孢杆菌能够产生蛋白酶、淀粉酶、纤维素酶、葡聚糖酶、植酸酶、果胶酶和木聚糖酶等十几种酶。利用基因工程技术，枯草芽孢杆菌几乎可以在短期内大量生产任何种源的新酶。除了产生多种酶以外，枯草芽孢杆菌还产生许多其他代谢产物，如肌苷、D-核糖、抗菌蛋白等。枯草芽孢杆菌产生的细菌素（Subtilin 和 Subtilosin）对革兰氏阳性菌具有很强的抑制活性。活菌制剂"白天鹅气雾剂"以枯草芽孢杆菌作为有效成分，主要用于预防和治疗烧（烫）伤以及其他外伤引起的各种细菌感染。

2. 侧孢芽孢杆菌

侧孢芽孢杆菌（*B. laterosporus*）最初是由 White 等人在 1912 年从感染欧洲幼虫腐臭病的蜜蜂幼虫中分离得到的，当时命名为 *Bacillus Orpheus*。1916 年 Laubach 从水中分离得到了一株芽孢杆菌并命名为 *Bacillus laterosporus*，后来研究发现它与 *Bacillus Orpheus* 特征一致。1996 年 Shida 等通过 *Bacillus laterosporus* 的 16S rRNA 序列分析及系统发育树构建研究把其归类为短芽孢杆菌属，并更名为侧孢芽孢杆菌（*Brevibacillus laterosporus*）。

侧孢芽孢杆菌是芽孢杆菌的一种，革兰氏阳性菌，可变为阴性，是需氧或兼性厌氧菌。菌体为杆状，长 2~3μm，宽 0.8~0.9μm，无荚膜，周生鞭毛，能够运动。一般一个细菌产生一个芽孢，侧生、中生或近中生。菌无光泽，边缘不整齐，泛黄色。芽孢为椭圆形，孢囊膨大，游离芽孢一边比另一边厚（独木舟形）。侧孢芽孢杆菌在自然界分布极其广泛，在寒带、温带、热带均有分布，在某些昆虫的体内、鱼体内、土壤、淡水、海水及其他生境中广泛存在。

随着对侧孢芽孢杆菌的深入研究，人们认为它是一类具有杀虫、抗菌、抗肿瘤和降解污染物等多种生物功能的微生物。目前已经发现其能产生多种具有应用潜力的代谢产物。

侧孢芽孢杆菌对水产中的弧菌、大肠杆菌和杆状病毒等有害细菌有很强的抑制作用；可以改善有害蓝藻泛溢造成的水质浑浊问题，使水质由浑变清，具有很强的净化水质功能；可以减少水生动物病害发生，大大提高其产量，从而提高经济效益。侧孢芽孢杆菌可以产生功能强大的胞外酶，能有效地分解土壤中的有机物，给作物直接提供营养元素。侧孢芽孢杆菌可以将 4- 羟基苯甲酸丙酯转变为龙胆酸。美国利用侧孢芽孢杆菌开发出的保健类药物产品 BOD（商品名 Latero-FloraTM）可以代替抗生素，通过竞争除去胃肠致病微生物，这样可以避免使用抗生素而导致肠道菌群失衡。

3. 凝结芽孢杆菌

凝结芽孢杆菌既能够形成孢子，又能产生乳酸，是唯一能产生乳酸的芽孢杆菌，又称乳酸芽孢杆菌。它的细胞呈杆状，菌体大小为（0.7~0.8）μm×（3~5）μm，单个、成对，很少呈直链排列，形成内生孢子，革兰氏染色阳性（G+），兼性厌氧，15~40℃生长良好，同型发酵产生乳酸。

4. 地衣芽孢杆菌

地衣芽孢杆菌（*B. licheniformis*）与枯草芽孢杆菌的不同之处在于：兼性厌氧；能利用丙酸盐，有些菌种发酵葡萄糖弱产气；DNA G+C 含量为 37%~43%。其他特征有：葡萄糖厌氧发酵成各种产物，其中 2, 3- 丁二醇和甘油是其特征产物；在含有硝酸盐成分的培养基中培养，能产生 N_2 和 N_2O；大多数菌种经过精氨酸双水解酶解检验表现为阳性；在土壤中能产生孢子，经热处理后尚能存活，很多菌株产生红色素，能产生与炭疽芽孢杆菌一样的多聚 D-Glu 荚膜。地衣芽孢杆菌目前用于活菌制剂、耐高温的 α- 淀粉酶及多黏菌素的生产。1992 年问世的"整肠生"制剂的生产菌种是我国分离出来的地衣芽孢杆菌的新菌株，具有调节微生态平衡，治疗肠炎、腹泻等多种作用。

地衣芽孢杆菌能产生多种活性酶，如蛋白酶、淀粉酶、脂肪酶、果胶酶、葡聚糖酶、纤维素酶等，产生最多的两类酶是胞外蛋白酶和淀粉酶。

5. 短小芽孢杆菌

短小芽孢杆菌（*B. pumilus*）的特征与枯草芽孢杆菌相似，其与枯草芽孢杆菌的不同之处在于：不能水解淀粉；不能将 NO_3^- 还原成 NO_2^-；培养时要求有维生素 H，有些菌种还要加氨基酸；DNA 的 G+C 含量为 39%~43%，但血清学实验不能很可靠地把二者区分开来，可采用现代分子生物学的技术来鉴定菌种，如 16S rRNA 序列分析和核酸探针技术等。短小芽孢杆菌可用作基因工程受体菌，在耐碱木聚糖酶和碱性蛋白酶的生产上有应用。该菌的芽孢普遍存在，在土壤中该菌比枯草芽孢杆菌常见。

短小芽孢杆菌通常是水稻等作物的叶面附生菌，近年来发现其具有拮抗真菌和某些病菌的能力，是一种具有开发前途的生防菌。短小芽孢杆菌还可用来有效地治疗烧伤。

6. 巨大芽孢杆菌

巨大芽孢杆菌（*B. megaterium*）细胞比其他芽孢杆菌的细胞大，形成芽孢的细胞大小为（1.2 ～ 1.5）μm×（2.0 ～ 4.0）μm，芽孢为（1.0~1.2）μm×（1.5~2.0）μm，椭圆形，中生或偏端生。严格好氧，不能生成乙酰甲基甲醇；菌株能运动，但运动缓慢，需要游离氧；发酵葡萄糖产酸；DNA 的 G+C 含量为 36%~38%。巨大芽孢杆菌能依靠多种碳源生长，是常见的油中腐生菌，也是植物根系促生细菌。国内对巨大芽孢杆菌的研究始于 20 世纪五六十年代，用于生产解磷细菌肥料，别名"有机磷细菌"。巨大芽孢杆菌能产生大量的有机酸，将土壤中难溶的含磷物质分解或溶解，并产生大量胞外磷酸酶，催化磷酸酯或磷酸酐等有机磷水解为有效磷。

巨大芽孢杆菌对植物还有良好的促生长作用，可产生 IAA（生长素）和嗜铁素等促进生长，产生的聚麸胺酸具有较强的保水、保肥能力。

巨大芽孢杆菌可用于无公害蔬菜种植，降低硝酸盐含量，避免人体过量吸收。巨大芽孢杆菌与球形芽孢杆菌混合培养时具有固氮增效作用，非常适合制成微生物肥料。

7. 纳豆芽孢杆菌

纳豆芽孢杆菌（*Bacillus natto*）是从日本传统食品纳豆中分离出来的菌种，最早由东京大学的村教授于 1905 年筛选得到并命名纳豆芽孢杆菌（*Bacillusnat to Sawamura*），后来研究发现纳豆芽孢杆菌属于枯草芽孢杆菌属，为需氧型革兰氏阳性菌。枯草芽孢菌属的重要特点是能够分泌各种胞外酶，包括蛋白酶、淀粉酶、谷氨酸转肽酶（GTP）、脂肪酶、果聚糖蔗糖酶和植酸酶，并且纳豆芽孢杆菌分泌的酶比其他枯草芽孢杆菌分泌的同样活性的酶高几十倍。纳豆芽孢杆菌具有芽孢，因而能耐盐、耐碱、耐高温（100 ℃）及耐挤压，在酸性胃环境中均能保持高度的稳定性，在肠胃道中不增殖，只在肠道上段迅速发育转变成具有新陈代谢作用的营养体细胞。纳豆芽孢杆菌的营养要求不高，可以在人体肠道中定殖，对人体肠道中微生态的平衡具有很重要的作用。

纳豆芽孢杆菌不仅具有分解蛋白质、碳水化合物和脂肪等大分子物质的性能，使发酵产品中富含氨基酸、有机酸和寡聚糖等多种易被人体吸收的成分，而且在纳豆芽孢杆菌发酵纳豆的过程中能产生一些生理活性物质，使纳豆具有多种保健功能，如抗肿瘤、降血压和抗菌等，还可预防骨质疏松、提高蛋白质的消化率和抗氧化等。纳豆芽孢杆菌能产生具有溶栓活性的纳豆激酶，其芽孢能耐酸碱、耐高温（100 ℃）及耐挤压，在酸性胃环境中能保持高度的稳定性。1999 年纳豆芽孢杆菌就被原农业部列为 12 种可直接饲喂动物的饲料级微生物添加剂。体外试验研究表明，添加纳豆芽孢杆菌能使肠道酸化而有利于铁、钙及维生素 D 等的吸收，促进动物生长，缩短饲养周期，同时纳豆芽孢杆菌具有很强的蛋白酶、脂肪酶、淀粉酶活性，能降解植物性饲料中某些复杂的碳水化合物，从而提高饲料的转化率并增加饲料的可利用种类。因此，纳豆芽孢杆菌是一种较好的微生物饲料添加剂，目前在家畜及水产养殖中的应用日益扩大。

4.3 芽孢杆菌的分离与鉴定

芽孢杆菌在自然界中分布很广，在很多环境中经常能够找到。由于芽孢杆菌产生芽孢，能抗高热，因此比较容易从土壤或动物体内筛选分离得到。将采集到的样品制成悬浊液，加热沸腾杀死其他非耐热的微生物得以富集，然后采用平板涂布或直接划线分离得到纯种。

4.3.1 芽孢杆菌的来源

芽孢杆菌可从土壤中或动物胃肠道筛选分离。一般耕作土、菜园土和近郊土壤中有机质含量丰富，营养充足，且土壤成团粒结构，通气饱水性能好，这种土壤细菌、放线菌等微生物生长旺盛，数量多，适合用来筛选芽孢杆菌。由于受阳光照射且有紫外线的杀菌作用，表层土（1~5cm）很干燥，含有的微生物种类和数量很少，所以采集土壤时需去掉表层土而取 5~25cm 的土壤。

芽孢杆菌是动物胃肠道中正常菌群的重要组成成分，所以动物胃肠道也是益生芽孢杆菌的重要来源。而且动物胃肠道中的这些芽孢杆菌与相应宿主经过长期的相互选择，理论上更适应宿主肠道内环境，容易在肠道定殖或生长，以此研制的相应动物用益生菌制剂将具有更强的特异性和针对性。从动物胃肠道筛选益生菌，采样区域包括胃、十二指肠、空肠、回肠、盲肠、结肠和直肠等许多部位，不同部位含的微生物种类和数量差异很大。

4.3.2 芽孢杆菌的生理生化特征分析

芽孢杆菌个体微小，形态特征简单，单凭形态学特征难以达到对其进行鉴定的目的。但是不同种的芽孢杆菌具有的酶系常有差异，可用生理生化特征进行菌种鉴定。细菌的生理生化特征主要包括耐盐性试验、耐酸碱试验、温度梯度试验、酶系特征分析（接触酶、蛋白酶）、M.R试验、V.P试验、淀粉水解试验、明胶水解试验、吲哚试验、硝酸还原试验、卵磷脂水解试验、葡萄糖产酸产气试验、葡糖酸盐产气试验、苯丙氨酸脱氨酶试验、细胞壁的化学组成分析和醌类分析等。

芽孢杆菌耐盐性检测：分别制备不同质量分数比的 NaCl 肉汤液 1000mL，调节 pH 值至最适，用接种环沾取菌液接种，与不接种的对照管一起置于 30℃ 环境中培养 7~14d，观察其生长情况。

培养基的酸碱度不同，芽孢杆菌的生长可能会受到不同的影响。如选用 pH 值为 5.7 的细菌培养基，用接种环蘸取菌液接种，同时选 pH 值为 6.8 的培养基作对照，30℃培养 1~14d，观察不同酸碱度下芽孢杆菌的生长情况。

不同的生长温度对芽孢杆菌生长影响较大，分别于不同温度梯度水浴培养 5d，采用细菌培养基，用接种环沾取菌液接种。培养时培养液要十分清晰，水浴面要高于培养液面。肉眼观察生长情况，与未接种的对照管比较混浊度、沉淀物和悬浮物。

接触酶是需氧芽孢杆菌的典型特征。接触酶能催化过氧化氢分解成氧和水。将 5% 过氧化氢和培养物于载玻片上混合，如有气泡形成即表明菌株产生过氧化氢酶。需氧芽孢杆菌的过氧化氢酶均为阳性。实验操作中一定要注意清洗载玻片，不洁净的载玻片会导致假阳性结果。

多数芽孢杆菌能产生蛋白酶，分解酪素，可采用脱脂牛奶检验。牛奶中的主要成分为乳糖和酪素，将 50mL 脱脂牛奶放入一只三角瓶中，另取 1.5g 琼脂加入到 50mL 蒸馏水中，分别于 115℃进行 30min 灭菌，冷却至 45~50℃混匀倒平板。采用三点接种方式，30℃培养 1~14d，菌落周围或下面呈现透明状态，表明酪素已被分解，透明圈的大小与芽孢杆菌产酶能力呈正相关。

甲基红反应（M.R 反应）：培养基含有蛋白胨、葡萄糖、NaCl 和水等成分，调节 pH 值至 7.0~7.2 范围，121℃灭菌 20min。试剂为甲基红（甲基红 0.1g，95% 乙醇 300mL，蒸馏水 200mL）。接种实验菌于上述培养基中，每次 3 个重复，在 37℃下培养 2d 和 6d，观察结果。在培养液中加入一滴甲基红试剂，红色为甲基红阳性反应，黄色为阴性反应。

乙酰甲基甲醇试验（Voges-Proskauer test 或 V-P 试验）是测定芽孢杆菌发酵葡萄糖产酸，并将产生的酸进一步转化为中性化合物乙酰甲基甲醇的试验。反应原理是乙酰甲基甲醇在碱性环境中可被空气中的氧气氧化为二乙酰，二乙酰与蛋白胨中精氨酸所含胍基生成红色化合物。测试方法是将待测菌 30℃培养 4d 后，取培养液和等量 40%NaOH 相混合，充分振荡，若培养液呈红色即表示 V-P 试验阳性。有时需放置更长时间才出现红色。在培养 7d 后用精密 pH 试纸测 pH 值。

淀粉水解试验：芽孢杆菌产生的淀粉酶可将淀粉水解成无色糊精、麦芽糖或葡萄糖。淀粉水解后，遇碘不会变蓝。采用淀粉培养基培养后，在平板上滴加碘液，平板呈蓝黑色，菌落周围如有不变色的透明圈，表示淀粉水解阳性，如仍是蓝黑色则为阴性。

明胶水解试验：培养基为蛋白胨、明胶、水，调节 pH 值至 7.2~7.4，分装试管，121℃灭菌 15min。取 24h 的培养菌穿刺接种，并用 2 支作空白对照。30℃培养箱中培养 2d 后放在冰箱中，在不同时间段观察液化情况。

吲哚试验：培养基为胰胨水溶液，pH 值为 7.2~7.6，分装试管，121℃灭菌 20min。把新鲜的菌种接种于上述培养基中，37℃培养。培养数天后，沿管壁缓缓加入约 3~5mm 高的试剂（对二甲基氨基苯甲醛 8g，乙醇 760mL 和浓 HCl 160mL）于培养液表面，在液层界面出现红色，即为阳性反应。若颜色不明显，可加入 4~5 滴乙醚至培养液，摇动使乙醚分散，然后将培养液静置片刻，待乙醚浮于液面后再加吲哚试剂。

某些芽孢杆菌菌株能产生色氨酸酶，该酶可分解蛋白胨中的色氨酸生成无色吲哚，加入对氨基苯甲醛试剂（对二氨基甲醛 5g，异戊醛 75mL 和浓 HCl 25mL），与吲哚作用形成玫瑰吲哚。采用蛋白胨水溶液培养基接种，30℃培养 7d 和 14d。在每支试管中加入试剂后摇动，醇层变为粉红色为阳性反应，表明有吲哚产生；如呈黄色，则为阴性反应。

有些芽孢杆菌能把硝酸盐还原形成亚硝酸盐、氨和氮等。亚硝酸盐和对氨基苯磺酸发生重氮化作用，生成对重氮化苯磺酸，后者与 α - 萘胺作用，生成红色的 N-α 萘胺偶氮苯磺酸，使培养基溶液呈粉红色、玫瑰红色、橙色或棕色。试验方法是将待测菌接种于硝酸盐培养基中，30℃培养，分别在不同时间取部分培养液于一干净试管中，分别加格里斯试剂的 A 液和 B 液各一滴（A 液：对氨基苯磺酸 0.5g，10% 稀醋酸 150mL；B 液：α- 萘胺 0.1g，蒸馏水 20mL，10% 稀醋酸 150mL），不接种的对照培养基加入同样试剂。当培养基变为粉红色、玫瑰红色、橙色或棕色时为硝酸盐还原阳性。但是亚硝酸盐可能是终产物，也可能是中间产物。如无红色出现，则加 1~2 滴二苯胺试剂（二苯胺 0.5g，溶于 100mL 浓硫酸中，用 20mL 蒸馏水稀释），培养液变为蓝色，表示培养液中仍有硝酸盐存在，表明硝酸盐还原成阴性；如不成蓝色，表示硝酸盐和新形成的亚硝酸盐都还原成其他物质，故仍按硝酸盐还原阳性处理。注意，硝酸盐还原是在较为厌氧的条件下进行的，因此，培养基液层要厚些。有些反应迅速，测试要及时。

卵磷脂水解试验：卵磷脂酶可分解卵磷脂生成脂肪和水溶性的磷酸胆碱。培养基配制方法是在无菌操作下取出卵黄，加等量的无菌生理盐水摇匀后，取 10mL 的卵黄液加到已溶化并冷却至 50℃ 的 200mL 的肉汤琼脂中，摇匀、倒平板。采用三点接种，30℃ 培养 1~7d，菌落周围形成乳白色混浊环或透明环，表明卵磷脂已被分解。

产酸产生试验：芽孢杆菌能利用不同种类的碳水化合物并产酸。一般采用无机氮培养基测试葡萄糖的产酸能力。调节培养基 pH 值为 7.0 后加指示剂溴甲酚紫。采用 18~24h 菌种穿刺接种，30℃ 培养 7~14d 观察。如指示剂由紫色变黄，表示糖类发酵产酸，葡萄糖琼脂柱中有气泡出现表示产气。由于芽孢杆菌分解蛋白质的能力很强，在有机氮存在的情况下，可使培养基释放出的氨完全中和从碳水化合物产生的酸，从而造成假阴性。

能否利用柠檬酸盐是鉴别某些芽孢杆菌的重要方法。以磷酸铵作为氮源，能利用柠檬酸钠作为碳源生长并产生 CO_2，钠离子的存在可使培养基呈碱性。30℃ 培养 3~7d 指示剂呈蓝色或桃红色为阳性（变碱），说明芽孢杆菌能够产生分解柠檬酸钠的酶。

某些芽孢杆菌产生的苯丙氨酸酶能使苯丙氨酸氧化脱氨，形成苯丙酮酸。苯丙酮酸遇 $FeCl_3$ 呈蓝绿色。接待测菌于斜面培养基（酵母膏、Na_2HPO_4、NaCl、L- 苯丙氨酸、琼脂、蒸馏水，调节 pH 值为 7.3）表面划线接种，30℃ 培养 7~21d 后，取 10%$FeCl_3$ 水溶液 4~5 滴滴加斜面上，斜面和试剂液面呈蓝绿色时为阳性。

细菌细胞壁含有肽聚糖,能被溶菌酶分解,而很多芽孢杆菌对溶菌酶有抗性。将溶菌酶加入含无菌 HCl 的三角瓶中,用无菌棉塞塞住瓶口,小火煮沸后,冷却至室温,用无菌的 HCl 定容至 100mL。取部分与无菌肉汤混合,在含有 0.001% 溶菌酶的无菌肉汤及无溶菌酶的无菌肉汤各接种小环菌液。30℃培养 7~14d 观察生长情况。

细菌细胞膜上的醌有泛醌(ubquinone,辅酶 Q)和甲基萘醌(menaquinone, MK)。甲基萘醌的侧链由不同长度的异戊烯单位构成,根据侧链长度和双键氢化的程度可分为多种类型。不同类型甲基萘醌的有无与含量是属和种鉴定中的一个重要指标。

表 4-2 列出了常用芽孢类益生菌的生理特性,表 4-3 所示为其生化反应特性。

表 4–2　常用益生芽孢杆菌生理特性

种类	耐盐性（10%NaCl）	温度（最高）/℃	温度（最低）/℃	运动性
枯草芽孢杆菌	+	45~55	5~20	+
短小芽孢杆菌	+	45~50	5~15	+
地衣芽孢杆菌	+	50~55	15	+
苏云金芽孢杆菌	+	40~45	10~15	d
巨大芽孢杆菌	+	35~45	3~20	d
凝结芽孢杆菌	−	55~60	15~25	+

注:生长状况分为可以生长和不能生长,可以生长形状用"+"表示,不能生长形状用"−"表示。d:反应不同。

表 4–3　常见益生芽孢杆菌生化反应特性

种类	革兰氏反应	接触酶	水解酪素	分解酪氨酸	葡萄糖发酵产酸	葡萄糖发酵产气	VP	MR	柠檬酸盐	硝酸盐	淀粉水解	酪氨酸
枯草芽孢杆菌	+	+	+	−			+	+	+	+	+	−
短小芽孢杆菌	+	+	+	−	+	−	+	+	+	−	−	−
地衣芽孢杆菌	+	+	+	−	+	w或−	+	+	+	+	+	−

续表

种类	革兰氏反应	接触酶	水解酪素	分解酪氨酸	葡萄糖发酵产酸	葡萄糖发酵产气	VP	MR	柠檬酸盐	硝酸盐	淀粉水解	酪氨酸
苏云金芽孢杆菌	+	+	+	d	+	−	+	+	−	+	+	d
巨大芽孢杆菌	+	+	+	d	+	−	+		d	−	+	d
凝结芽孢杆菌	+	+	d		+	−	+/−		d	+	+	−

注：反应状态分为阳性和阴性，阳性形状用"+"表示，阴性形状用"−"表示。d：反应不同；w：弱阳性。

4.3.3　分子鉴定

仅凭菌落的形态特征和生理生化特征，很难保证鉴定的准确性。随着生物技术的迅速发展，16S rDNA 分析技术等分子鉴定方法在微生物分类鉴定及分子检测中得到了广泛应用。生物细胞的 DNA 分子的碱基序列同时存在保守的区域和变化的区域。其中保守序列区域反映了生物物种间的亲缘关系，而高变序列区域则能体现物种间的差异。这些保守的或变化的特征性核苷酸序列可作为分子基础鉴定生物的不同分类级别（如科、属、种），因此可根据 rDNA（核糖体 DNA）序列设计合适的探针，用于检测或鉴定某一种、属、科甚至更大类群范围的生物。细菌中 rRNA 高度保守，以 16S rRNA 为 PCR 扩增靶分子，现已成功建立细菌快速分类鉴定的标准方法，可应用该方法进行细菌菌种、属和科的鉴定以及系统进化分析等。

16S rRNA 基因核苷酸序列具有长度适宜及结构完整的特点，适于对芽孢杆菌等细菌进行各种研究。以 16S rRNA 为靶分子，设计一对引物，适当条件下对片段进行 PCR 扩增，然后基因测序，测序完成后，在 NCBI 上进行 BLAST 比对，利用软件进行多序列比对及系统发育树构建，即可确定菌株的分类地位。尤其当鉴定具有很高同源性的菌种时，16S rRNA 序列分析法是客观且可信度高的分类方法，生理生化实验或其他方法可作为补充。

4.4　芽孢杆菌的代谢与代谢产物

芽孢杆菌的益生功能主要与其代谢及代谢产物密切相关。芽孢杆菌是典型的肠道益生菌，与肠黏膜上皮细胞密切接触，积极参与肠道内的代谢过程，在宿主肠道细胞代谢中主要参与糖类和蛋白质的代谢，并能促进酶活及相关酶的合成。

芽孢杆菌在代谢过程中产生大量代谢产物，如各种酶类、维生素和多种抗菌物质。芽孢杆菌代谢中产生各种酶，具有很强的蛋白酶、脂肪酶及淀粉酶活性，同时还具有降解复杂碳水化合物的酶，如果胶酶、葡聚糖酶和纤维素酶等，这些酶能够破坏植物饲料细胞的细胞壁，促使细胞的营养物质释放出来，并能消除饲料中的抗营养因子，减少抗营养因子对动物消化利用的障碍。再加上芽孢杆菌能产生抗逆性很强的芽孢，耐高温、耐高压和耐酸（低 pH 值），不论在颗粒或液状饲料中都比较稳定，非常适合用作饲用微生态制剂，可以补充肠道内源酶的不足，促进饲料消化。芽孢杆菌代谢过程中还产生大量抗菌物质，Babad 和 Johnson 分别在 1952 年和 1954 年从枯草芽孢杆菌培养液中分离出抗菌物质，此后经过几十年的探索，人们发现芽孢杆菌在生命活动中产生多种拮抗物质，不同的菌株产生的抗菌物质有的相同，有的不同。芽孢杆菌属产生的拮抗物质有蛋白类、肽类、脂肽类、大环内酯类、酚类、多烯类和氨基糖苷类等，这些代谢产物表现出很强的抗菌、抗病毒和抗肿瘤等生物活性，在生物防治、医学应用方面有良好的应用前景。

4.4.1　芽孢杆菌的代谢

1. 芽孢杆菌对糖类的代谢

糖类是多羟基醛或多羟基酮及其缩合物和衍生物的总称，是微生物赖以生存的主要碳水化合物与能源物质。人和动物摄入的糖类大部分属于多糖，主要包括淀粉、糖原、纤维素、半纤维素、木质素和果胶，这些物质多数无法被人和动物直接消化，需要其肠内微生物来辅助降解。芽孢杆菌益生菌能分泌大量水解酶，使这些大分子物质变成小分子的葡萄糖后被宿主吸收。芽孢杆菌对糖类的分解主要通过以下途径中的一种或多种进行：①双磷酸己糖降解途径（糖降解，EMP 途径）；②单磷酸己糖降解途径（磷酸戊糖，HMP 途径）；③ 2- 酮 -3-脱氧 -6- 磷酸葡萄糖酸裂解途径（糖类厌氧分解，ED 途径）；④磷酸解酮酶途径。

1）淀粉的分解

淀粉是葡萄糖通过糖苷键连接起来的大分子物质，按糖苷键的类型不同分为 α-1,4 糖苷键构成的直链淀粉与由 α-1,4 糖苷键和 α-1,6 糖苷键构成的支链淀粉两种。自然淀粉中，支链淀粉一般约占 80%~90% 而直链淀粉占 10%~20% 左右。以淀粉作为生长碳源与能源的微生物能利用本身合成并分泌到胞外的淀粉酶，将淀粉水解生成二糖与单糖后吸收，然后再分解与利用。

芽孢杆菌产生的淀粉酶主要是 α- 淀粉酶。α- 淀粉酶为内切酶，可将淀粉大分子水解成易溶解的麦芽糖或其他双糖等中低分子量物质，有利于宿主的吸收利用。能够产生淀粉酶的芽孢杆菌有地衣芽孢杆菌、枯草芽孢杆菌、淀粉液化芽孢杆菌、巨大芽孢杆菌、多黏芽孢杆菌、蜡状芽孢杆菌和环状芽孢杆菌等。其中地衣芽孢杆菌和枯草芽孢杆菌已经被工业化应用于生产淀粉酶。

2）纤维素的分解

纤维素是自然界中分布最广、含量最多的一种多糖。纤维素是葡萄糖通过 β -1,4- 糖苷键连接形成的不溶于水的直链大分子化合物。纤维素是稳定、较难降解的多糖，只有在产生纤维素酶的微生物作用下，才能分解成简单的糖类。纤维素酶不是单一酶，而是一类能够将纤维素降解为葡萄糖的多组分酶系的总称，因此又称纤维素酶复合物，包括三类酶：第一类是葡聚糖内切酶（endo-1,4-β -D-glucanase,EC3.2.1.4），也称 Cx 酶，这类酶作用于纤维素分子内部的非结晶区，随机识别并水解 β -1,4- 糖苷键，将长链纤维素分子截断，产生大量带非还原性末端的小分子纤维素；第二类是外切葡聚糖纤维二糖水解酶（exo-1,4-β-D-glucanase,EC3.2.1.91），也称 C1 酶，这类酶作用于纤维素线状分子末端，水解 β-1,4- 糖苷键，每次切下一个纤维二糖分子；第三类酶是 β- 葡萄糖苷酶，又称为纤维二糖酶，这类酶将纤维二糖水解为葡萄糖分子。

这些酶相互协同，最终将纤维素水解为葡萄糖。一般认为协同作用是内切葡聚糖酶首先进攻纤维素的非结晶区，对纤维素进行初步的降解，并产生外切纤维素酶所需要的新游离末端，然后，外切纤维素酶再进攻多糖链的非还原端，逐个切下纤维二糖单位，最后 β- 葡萄糖苷酶再参与作用，水解纤维二糖单位，最终形成葡萄糖。

梭状芽孢杆菌是一种非常常见的纤维素分解菌，主要是经细胞外水解释放出木二糖，再由细胞内木二糖酶水解为木糖。

3）果胶质的分解

果胶是构成高等植物细胞间质的主要成分，它是由 D- 半乳糖醛酸以 α-1,4 糖苷键连接起来的直链高分子化合物。天然的果胶质是一种水不溶性的物质，通过果胶酶水解，切断 α-1,4- 糖苷键，最终生成半乳糖醛酸。果胶酶大多由霉菌产生，产果胶酶的芽孢杆菌较少。芽孢杆菌能将果胶分解成为半乳糖醛酸，并且进入糖代谢途径被分解成为挥发性脂肪酸并能释放出能量。枯草芽孢杆菌能产碱性果胶酶，短小芽孢杆菌也有产果胶酶的报道。

4）几丁质的分解

几丁质是一种由 β-1,4 氮乙酰葡萄糖胺聚合而成的多糖。几丁质稳定、不易被分解。它是真菌细胞壁、甲壳动物和昆虫体壁的主要组成成分，一般的生物都不能分解与利用它，只有某些细菌（如嗜几丁质芽孢杆菌）和放线菌（链霉菌）能分解与利用它进行生长。这些细菌能合成及分泌几丁质酶，使几丁质水解生成几丁二糖，再由几丁二糖酶进一步水解生成 N- 乙酰葡萄糖胺。N- 乙酰葡萄糖胺再经脱氨基酶脱氨基生成葡萄糖和氨。产几丁质酶的芽孢杆菌有短小芽孢杆菌、地衣芽孢杆菌、枯草芽孢杆菌和嗜几丁质类芽孢杆菌（*Paenibacillus chitinolyticus*）。

2. 芽孢杆菌对蛋白质的代谢

蛋白质是由 20 种基本氨基酸通过肽键组成的生物大分子。蛋白质分解过程是由蛋白酶和肽酶联合催化降解的，蛋白质先在蛋白酶作用下分解成多个多肽，然后多肽在肽酶作用下分解成各种氨基酸。肽酶分为氨肽酶和羧肽酶两种。氨肽酶只能作用于具有游离氨基端的多肽；羧肽酶只能作用于有游离羧基端的多肽。肽酶是一种胞内酶，它在细胞自溶后被释放到环境中。芽孢杆菌具有强烈的分泌功能，产蛋白酶的能力也比较强。绝大多数的芽孢杆菌都能够产生胞外蛋白酶，有十几个菌种具有较强的产酶能力，如枯草芽孢杆菌、短小芽孢杆菌、地衣芽孢杆菌、坚硬芽孢杆菌、蜡状芽孢杆菌和嗜热脂肪芽孢杆菌等。芽孢杆菌也能产氨肽酶，如嗜热脂肪芽孢杆菌、地衣芽孢杆菌、枯草芽孢杆菌和短小芽孢杆菌等。芽孢杆菌可分解存在于消化道的来自食物或来自宿主本身组织的所有氮化物，而且还可合成大量可被宿主再利用的含氮产物。大量研究证明，它们可进行使蛋白质降解的分解代谢过程，而且能够利用氨合成菌体蛋白质，这种代谢过程对反刍动物宿主的氮营养是相当重要的。

4.4.2 芽孢杆菌的代谢产物

芽孢杆菌在代谢过程中产生许多代谢产物，这些代谢产物与其益生功能直接相关，大致分为初级代谢产物和次级代谢产物。次级代谢产物指的是微生物在一定生长阶段，以初级代谢产物为前体合成的一些对微生物的生命活动无明确功能的物质。次级代谢产物大部分是分子结构相对复杂的化合物。芽孢杆菌的次级代谢产物有抗菌物质、维生素和生物碱等。

1. 酶类

1）淀粉酶

芽孢杆菌能产生大量淀粉酶，仅 *Bacillus* 属 48 个种中就有 32 个种能产生 α- 淀粉酶。早在 1955 年，Campbell 等首先从凝结芽孢杆菌（*B. coagulans*）纯化出高温 α- 淀粉酶，接着又从枯草芽孢杆菌（*B. subtilis*）、嗜热芽孢杆菌（*B. stearothermophilus*）和地衣芽孢杆菌（*B. licheniformis*）等菌株中提取出该酶。微生态制剂及饲料添加剂中常用的芽孢杆菌有地衣芽孢杆菌、蜡样芽孢杆菌、枯草芽孢杆菌和纳豆芽孢杆菌等，它们都有很好的产淀粉酶的能力。其中又以蜡样芽孢杆菌产生的淀粉酶较多。

2）几丁质酶和葡聚糖酶

芽孢杆菌能分泌几丁质酶和葡聚糖酶，它们在动物肠道中能促消化，用作生物防治则可以用来杀灭病原菌。芽孢杆菌分泌的几丁质酶有内切酶和外切酶两类，内切酶可以水解几丁质的 β-1,4- 糖苷键，产生几丁质寡糖，而外切酶产生几丁二糖、几丁三糖、几丁质单糖。能分泌几丁质酶的芽孢杆菌有枯草芽孢杆菌、凝结芽孢杆菌、巨大芽孢杆菌、地衣芽孢杆菌、苏云金芽孢杆菌、蜡状芽孢杆菌、环状芽孢杆菌、侧孢芽孢杆菌、蜂房芽孢杆菌、短短芽孢杆菌、缓慢芽孢杆菌、嗜热芽孢杆菌和浸麻芽孢杆菌等。芽孢杆菌产的葡聚糖酶有 β-1,3- 葡聚糖酶、β-1,4- 葡聚糖酶、β-1,6- 葡聚糖酶和 Endo-（1,3-1,4）-β- 葡聚糖酶等。

β-1,3- 葡聚糖酶能降解和重组真菌细胞壁，主要是通过水解 β-1,3- 糖苷键来降解真菌的细胞壁。产生葡聚糖酶的菌株有枯草芽孢杆菌、蜡状芽孢杆菌和解淀粉芽孢杆菌。很多芽孢杆菌能产生一种或多种几丁质酶甚至同时产生 β-1,3- 葡聚糖酶。几丁质酶的抑菌作用具有特异性，并不是对所有真菌都有抑制作用，而且对不同真菌的抑制程度不同。几丁质酶与 β-1,3- 葡聚糖同时使用具有协同增效作用，可以完全消解病原菌的细胞壁，更强烈地抑制病原真菌的生长，使得植物的抗病能力和抗病原菌的种类大大增加。几丁质酶和葡聚糖酶主要通过破坏病原菌的细胞壁而达到防病的作用。

3）蛋白酶

芽孢杆菌属是重要的蛋白酶生产菌株。产生蛋白酶的芽孢杆菌主要有地衣芽孢杆菌、短小芽孢杆菌、枯草芽孢杆菌、解淀粉芽孢杆菌、嗜碱芽孢杆菌和嗜热芽孢杆菌。蛋白酶根据其作用位点可分为内肽酶和外肽酶，根据作用机制，内肽酶分为丝氨酸蛋白酶、半胱氨酸蛋白酶、苏氨酸蛋白酶、天门冬氨酸蛋白酶、金属蛋白酶和谷氨酸蛋白酶，外肽酶分为氨肽酶和羧肽酶，可分别从肽链 N 端和 C 端切断肽链。按酶作用的最适 pH 值分类，蛋白酶可分为酸性蛋白酶、中性蛋白酶和碱性蛋白酶。很多芽孢杆菌能产生一种或多种蛋白酶。

枯草芽孢杆菌所产生的蛋白酶能抑制棉花枯萎病和芝麻立枯病，它是一种丝氨酸蛋白酶，可降解木霉素、绿僵菌、食线虫菌等的细胞壁或体壁，对尖孢镰刀菌和立枯丝核菌等多种植物病原真菌有很好的抑菌作用。

4）纤维素酶

多黏类芽孢杆菌能产生蛋白酶、纤维素酶，不产生几丁质酶。该菌株对烟草寄生病毒和辣椒病毒有较强抑制作用，可能与其能够分泌纤维素酶有关。

5）核糖核酸酶

从 *B. subtilis* 中分离出一种抗菌蛋白 Bacisubin，该蛋白的相对分子质量为41900，具有核糖核酸酶活性和使红细胞凝聚的活性，但没有蛋白酶活性和蛋白酶抑制剂活性。Bacisubin 对稻瘟病菌、油菜菌核病菌、立枯丝核病菌、甘蓝黑斑病菌、花椰菜黑斑病菌、白菜黑斑病菌和灰霉病菌具有抑制作用。山西师范大学从青海牦牛粪中分离出 *B. subtilis* QM3，其产生的抗真菌蛋白可能是Bacisubin，这种抗菌蛋白对温度、pH 值、紫外线及蛋白酶均表现出良好的稳定性，对番茄早疫病菌等 10 余种植物病原菌具有明显的抑制作用。

2. 维生素

芽孢杆菌能合成多种维生素，如叶酸、烟酸，维生素 B_1、B_2、B_6 和 B_{12} 等，从而提高动物体内干扰素和巨噬细胞的活性。

维生素 B_2 又叫核黄素，是 B 族维生素重要成员之一。核黄素的化学式为 $C_{17}H_{20}N_4O_6$，相对分子质量为 376.4，化学名为 7,8- 二甲基 -10-（1′-D- 核糖醇基）- 异咯嗪，其结构式见图 4-5。

维生素 B_2 为体内黄酶类辅基的组成部分（黄酶在生物氧化还原中发挥递氢作用），核黄素缺乏时，组织机体的生物氧化就会受到影响，使代谢发生障碍。其病变多表现为口、眼和外生殖器部位的炎症，如口角炎、唇炎、舌炎、眼结膜炎和阴囊炎等，它可用于上述疾病的防治。体内维生素 B_2 的储存是很有限的，因此每天都要由饮食提供。枯草芽孢杆菌合成核黄素的途径如图 4-6 所示。

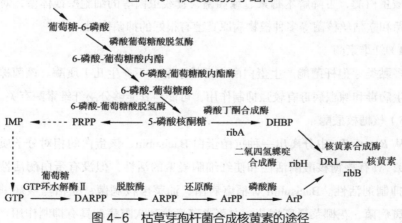

图 4-5　核黄素的分子结构

图 4-6　枯草芽孢杆菌合成核黄素的途径

芽孢杆菌可合成维生素 K。维生素 K（VK）是脂溶性维生素，是一切具有叶绿醌生物活性的 2- 甲基 -1,4 萘醌衍生物的统称，最早于 20 世纪 30 年代由丹麦生物化学家 HenrikDam 无意中发现。维生素 K 分天然产物和人工合成两大类。天然产物包括维生素 K_1、K_2 两种，均可由芽孢杆菌等微生物合成。人工合成的有维生素 K_3、K_4、K_5 和 K_7 等。VK 最重要的作用是参与几种凝血因子的合成，包括血浆的凝血因子 I、II、VII、IX、X，具有促进凝血的特性，因而又名凝血维生素，后来人们发现 VK 还可增强骨的矿化，对骨质疏松的预防和治疗具有重要作用；而且 VK 还与葡萄糖的磷酸化、细胞生长的调控和肝脏功能促进有关。VK 对热稳定，但易被光、酸、碱破坏，在有氧和强光的条件下易分解。VK 一直是被人忽略的维生素，饮食中 VK 摄入不足将导致血清维生素 K 浓度急剧下降。通常肠道内的细菌可以合成 VK，一般不会引起缺乏，但当大量使用抗生素，肠道细菌不能合成 VK 时，会引起 VK 缺乏症。

3. 抗菌物质

芽孢杆菌能产生多种抗菌物质。

1）细菌素

细菌素是由细菌合成的能特异性杀死竞争菌而对宿主本身无害的小肽或蛋白质，通常只作用于与产生菌相同的其他菌株或亲缘关系很近的种，其大多含有一些稀有氨基酸分子，而且一般是环肽。

细菌素先由核糖体合成线状的前体肽，再经过翻译后的修饰和酶切加工而成。含有羊毛硫氨酸的抗菌肽称为羊毛硫细菌素，如 Subtilosin、Sublancin、Ericin 和 Mersacidin 等，具有相对分子质量低、水溶性好、热稳定性好、碱性强和广谱抗菌等特点，在食品防腐方面应用较多。

TasA（translocation dependent antimicrobial spore protein）是枯草芽孢杆菌 PY79 在芽孢形成过程中产生的抑菌蛋白，相对分子质量为 31000，对动植物的革兰氏阳性和阴性细菌均具有广谱抑菌活性。其形成需要一种多肽 SipW 的调控。有研究者以枯草芽孢杆菌为 TasA 的表达宿主，构建了对番茄青枯病菌、烟草青枯病菌有拮抗作用的工程菌。

枯草杆菌素（subtilin）是迄今为止研究较深入的羊毛硫细菌素之一，它的前体是 56 个氨基酸小肽，其中 24 个氨基酸为信号肽，经酶切和一系列修饰可以形成五环的 32 个氨基酸的活性小肽，相对分子质量大约为 3317。有研究发现，泡桐内生成枯草芽孢杆菌 JDB-1 产生的枯草菌素对泡桐的赤霉病菌、白色念珠菌、大肠杆菌和假单胞杆菌有显著的抑制作用。

Sublancin168 是特殊的羊毛硫细菌素，其相对分子质量为 3877，含有一个 β-甲基羊毛硫氨酸键和两个二硫键，对革兰氏阳性菌作用效果显著。

2）脂肽类抗生素

脂肽类抗生素（lipopeptide antibiotic）也可称为抗菌脂肽，是芽孢杆菌在对数生长后期分泌的次级代谢产物，脂肽类抗生素的分子由亲水的肽键和亲油的脂肪烃链两部分组成，脂肽类抗生素除了具有抗菌活性之外，还具有生物表面活性剂的特性，在医药、农业、食品、化妆品、石油开采和环境治理等领域得到广泛应用。

脂肽类抗生素的相对分子质量一般较小，常在 1000（300~3000）左右，小的如杆菌溶素（bacilysin）的相对分子质量，只有 270，大的如地衣素（Lichenysin）的相对分子质量，为 4000 左右。这类物质具有相似的理化特性，对蛋白酶、pH 值和温度表现出较强的稳定性。

在农业中，研究和应用较多的有三大家族的脂肽类抗生素，即：① 伊枯草菌素（iturin）家族；② 表面活性素（surfactin）家族；③ 丰原素（fengycin）家族。另外还有制磷脂菌素（plipastatin）及地衣素（lichenysin）。由于脂肪链长度的差异等原因，各大类脂肽类抗生素均具有多种同系物。

（1）伊枯草菌素（Iturin）

Iturin 最早是由 Delcambe 和 Devigna 于 1957 年发现并命名的，Iturins 是脂肽类物质，都是环七肽 β- 氨基脂肪酸，由 7 个 α- 氨基酸残基和 1 个 β- 氨基脂肪酸（C14~C17）组成环状脂肽，并且这个环肽具有 LDDLLDL 的手性顺序（图 4-7）。伊枯草菌素是个大家族，包括 IturinA、IturinB、IturinC、IturinD、IturinE、Bacillomycin（芽孢菌素）D、BacillomycinF、BacillomycinL、Mycobacillin（环状十三肽）、Mycosubtilin 等。其中 IturinA 具有最强的抗真菌活性。

图 4-7　Iturin 结构示意图

伊枯草菌素可以作为表面活性剂，其中伊枯草菌素 A 是最早、最著名的抗微生物活性的生物表面活性剂之一。与化学表面活性剂相比，微生物表面活性剂除具有降低表面张力、稳定乳化液和增加泡沫等作用外，还具备一些表面活性剂所不具备的无毒、可生物降解和更强的表面和界面活性、对热的稳定性、对离子强度的破乳性和稳定性、在极端 pH 值下也有效等优点。微生物表面活性剂的这些特点尤其适用于石油工业和环境工程，如石油的降解、提高原油的采收率和重油污染土壤的生物修复等。

Iturin 在农业方面有很广泛的应用，该家族对大多数的致病酵母和霉菌具有强烈的抑菌能力，而且对于某些细菌也具有抑菌能力，但无抗病毒活性。Iturin A 一直被作为一种有效的抗霉菌使用，在治愈植物真菌病害方面表现出良好的活性。Iturin A 已成功应用于玉米、花生和棉花等农作物种子储存期的病害防治。

Iturin 之所以能抗真菌主要依赖于自身的膜渗透性，作用机制是通过疏水尾部插入到真菌质膜内，自动侵蚀形成一个孔洞，最后导致细胞内容物泄漏。Iturin A 通过形成小泡和聚集膜内离子破坏质膜，同时能释放电解质和高分子聚合物，并能降解磷脂，增加生物质膜的电导率和提高成孔活性，由此产生抑菌能力。

（2）表面活性素（Surfactin）

1968 年 Arima 首次发现了枯草芽孢杆菌产生的环状脂肽化合物 Surfactin。与 Iturin 家族一样，Surfactins 家族也有环七肽结构，是环七肽的 β- 羟基脂肪酸。Surfactin 是已知的最强的生物表面活性剂，其为大环内酯类脂肽抗生素，化学结构为一个 C13-15-3- 羟基 - 脂肪酸通过 β- 羟基和羧基与七肽 [Glu-Leu-D-Leu-Val-Asp（Asn）-D-Leu-Leu（Ile 或 Val）] 末端基团形成内酯（图 4-8）。Surfactin 被称为标准表面活性素，可显著降低水的表面张力，可将张力从 72mN/m 降低到 27mN/m。与化学合成的表面活性剂相比，Surfactin 除具有优异的乳化性和起泡性之外，还具有毒性低和可生物降解的优势，在工业、生物技术和医疗方面的应用备受关注。除具有表面活性剂的作用外，它还具有抗真菌、抗病毒、抗细菌、抗支原体、抗癌和降低胆固醇等作用，在诱导寄主植物的系统抗病性、促进生物膜形成和细菌定殖等方面也有重要作用。

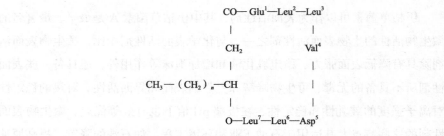

图 4-8 Surfactin 的结构示意图

Surfactins 家族成员包括枯草芽孢杆菌产生的表面活性素（Surfactin）、埃斯波素（Esperrin）和地衣芽孢杆菌产生的地衣素（Lichenysin）等。这些成员都是连接一条 β- 羟基脂肪酸链的环状七肽。其在水溶液中分子为"马鞍状"构象，其 2、4、7 位置上的氨基酸是可变的。

（3）丰原素

丰原素（Fengycin）也称作泛革素、丰宁苏或芬枯草菌素。Fengycin 是由 10 个氨基酸组成的环八肽的 β- 羟基脂肪酸。其包含一个由 8~10 个氨基酸组成的环状部分及一个长的脂肪酸支链。Fengycin 具有很强的抗真菌活性和广泛的抑菌谱，尤其是对丝状真菌。Fengycin 有多种同系物，现在研究较多的主要是 Fengycin A 和 Fengycin B。纯化后的 Fengycin 为白色的粉末，可溶于甲醇、70% 乙醇等极性溶液，不溶于水、氯仿及乙醇，其紫外吸收波长为 210~230nm 和 275nm。Fengycin 在 100℃加热 10min 仍然有活性，在酸性条件下比较稳定。*B. cereus* 产生的 Plipastatin 的结构与 Fengycin 基本相同，由 Tyr 和 Ile 与 C15~16（18）-3- 羟基 - 脂肪酸通过内脂键呈环，线状部分包两个氨基酸和脂肪酸链。

通常某一菌株可以产生一系列结构和功能紧密相关的肽类物质，而较少产生单一成分的抗菌物质，有的菌株甚至能同时产生三大家族的脂肽类抗生素。

4.5　芽孢杆菌的生长特性及培养条件

4.5.1　芽孢杆菌的生长特性

芽孢杆菌群体的生长繁殖与其他微生物一样可分为延迟期、对数期、稳定期和衰亡期这四个时期（图 4-9）。延迟期（lag phase）也称适应期，是芽孢杆菌接种至培养基后对新环境的一个短暂适应过程。此时期生长曲线平坦，细菌繁殖极少，数目基本没有变化。延迟期长短与菌种、接种菌量、菌龄以及培养基营养组成等多种因素有关，一般为 1~4h。此期中芽孢杆菌体积增大，代谢活跃，为即将进行的细胞分裂增殖合成和储备充足的酶、能量及中间代谢产物。对数期（logarithmic phase）又称指数期（exponential phage），该时期细胞代谢旺盛、酶系活跃，活细菌细胞数目以几何级数快速增长，该时期可持续几小时至几天不等，时间长短与培养条件及芽孢杆菌代时有关。处于此期的芽孢杆菌形态、染色和生物活性都具代表性，是研究芽孢杆菌性状的最佳时期。稳定期（stationary phase）的生长曲线处于平坦阶段，活菌数保持相对稳定，总细菌数达到最高水平，细胞代谢产物积累达到最高峰，是生产的收获期，芽孢杆菌开始形成芽孢。由于培养基中营养物质消耗、毒性产物（有机酸、H_2O_2 等）积累和 pH 值下降等不利因素的影响，芽孢杆菌繁殖速度渐趋下降，相对死亡数开始逐渐增加，此期芽孢杆菌增殖数与死亡数渐趋平衡。芽孢杆菌形态、染色和生物活性可出现改变，并产生相应的代谢产物如外毒素、内毒素、抗生素和芽孢等。衰亡期（decline phase）：随着稳定期发展，芽孢杆菌繁殖越来越慢，细菌死亡速度大于新生成的速度，整个群体出现负增长，细胞开始畸形、死亡和出现自溶现象。

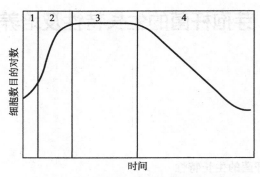

图 4-9　芽孢杆菌生长曲线
1- 延迟期；2- 对数期；3- 稳定期；4- 衰亡期

芽孢杆菌属大部分的细菌为化能异养型，菌落形态和大小多变，生理特征广泛多样，大多数以周生鞭毛或退化的周生鞭毛运动，有的无鞭毛，不运动。菌落表面粗糙、不透明，有皱褶，呈乳白或褐色，产色素；肉汤培养有菌膜生长，稍有混浊或不混浊，在有葡萄糖、铵盐和无维生素的条件下可生长；生长 pH 值为 5.5~8.5；G+C 含量为 41.5%~47.5%；可以利用各种各样的简单有机化合物（如糖类、氨基酸、有机酸等）进行有氧呼吸等能量代谢。在某些情况下，芽孢杆菌也可以从糖类物质出发，经过一系列的反应，产生甘油以及丁二醇等物质。其中少数菌株，如巨大芽孢杆菌不需要有机酸作为生长因子，而其他菌株的生长则需要氨基酸和维生素 B 等物质。大多数芽孢杆菌为嗜温性微生物，最适生长的温度范围为 30~45℃，但是也有一些嗜热菌的最适温度高达 65℃。芽孢杆菌生长的 pH 值范围为 2~11，在实验室的最佳培养条件下，芽孢杆菌的世代时间大约为 25min。

在微生物学实验室里，芽孢杆菌很容易分离并生长。富集需氧芽孢杆菌的最简单方法是：首先将稀释的土壤样品在 80℃下处理 15min，然后涂布于琼脂培养基上，37℃培养 1~3d 后仔细检查平板，寻找那些触酶反应阳性、革兰氏染色阳性、产圆形芽孢的典型芽孢杆菌菌落。虽然很多芽孢杆菌培养 24h 就有大量芽孢产生，但是有一些芽孢杆菌需要培养 5~7d 才能观察到典型的芽孢产生。

4.5.2　芽孢杆菌的培养条件

1. 温度

不同的芽孢杆菌生长温度差异很大，营养体最高生长温度可达 75℃以上，最低生长温度大约低至 5℃。将芽孢杆菌涂布于牛肉蛋白胨培养基平板上，分别置于不同温度下恒温培养，观察菌株的生长状况，便可了解菌株的生长适宜温度。

表 4-4 所示为从鸡肠道中筛选得到的两种芽孢杆菌 BS03 与 BS18 的生长适宜温度情况。芽孢杆菌 BS03 的最高生长温度为 55℃，在 37~45℃之间生长良好，生长速度较快；而芽孢杆菌 BS18 的最高生长温度为 50℃，在 37~40℃之间生长良好。

表 4-4　温度对 BS03 和 BS18 生长的影响

温度 /℃	30	35	37	40	45	50	55	60
BS03	+	++	+++	+++	+++	++	+	−
BS18	+	++	+++	+++	++	+−	−	−

注："−"表示不生长；"+−"表示生长很差或几乎不生长；"+"表示生长一般；"++"表示生长较好；"+++"表示生长很好。

2.pH 值

芽孢杆菌生长的最低 pH 值可达到 2。通过观察芽孢杆菌在不同初始 pH 值的牛肉蛋白胨培养平板上的生长情况，可确定适宜生长 pH 值，如表 4-5 所示，芽孢杆菌 BS03 与 BS18 的起始 pH 值最低为 5，最高为 10，在 pH 值为 7.0~8.0 之间生长良好，其生长 pH 值范围偏弱碱性。

表 4-5　不同 pH 值下菌株的生长情况

pH 值	4.0	5.0	6.0	7.0	7.5	8.0	8.5	9.0	10	11
BS03	−	+	++	+++	+++	+++	++	+	+	+−
BS18	−	+	++	+++	+++	+++	++	+	+	+−

注："−"表示不生长；"+−"表示生长很差或几乎不生长；"+"表示生长一般；"++"表示生长较好；"+++"表示生长很好。

3. 生长曲线

芽孢杆菌等单细胞微生物接种到均匀的液体培养基后，根据不同培养时间菌量的变化，可以作出一条反映微生物在整个培养期间菌数变化规律的曲线，这种曲线称为生长曲线（growth curve）。一条典型的生长曲线至少可以分为延迟期、指数期、稳定期和衰亡期等四个生长时期。这四个时期的长短因菌种的遗传性、接种量和培养条件的不同而有所改变。因此通过测定微生物的生长曲线，可了解各菌的生长规律，对于科研和生产都具有重要的指导意义。因为细菌悬液的浓度与光密度（OD值）成正比，生长曲线的测定常采用比浊法，利用分光光度计测定菌悬液的光密度来推知菌液的浓度，并将所测的OD值与其对应的培养时间作图，即可绘出该菌在一定条件下的生长曲线，此法快捷、简便。测定生长曲线可用来确定细菌接种及发酵所需的时间。

如图4-10所示，实验结果表明：芽孢杆菌BS03的延迟期在1~6h，对数期在6~14h，稳定期在14~24h，衰亡期在24h以后。这说明种子培养时间应在其生长的对数期即在14h左右，发酵的时间在24h左右为最佳，因为等到了衰亡期，细菌死亡，菌体破裂，会给胞外物质分析带来困难。

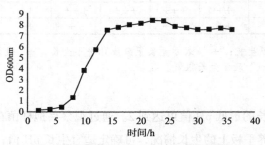

图4-10　芽孢杆菌BS03的生长曲线

4. 液体培养基的筛选与优化

培养基的营养组成必须满足微生物生长繁殖或产生代谢产物的需要。

1）碳源

不同种的芽孢杆菌的营养要求不同，一个极端是仅仅需要一个简单的碳源和无机氮源，不需要生长素。另一个极端是需要至今还没有确定的非常复杂的化合物。普通益生芽孢杆菌对碳源要求不高，常用的碳源有蔗糖、乳糖、麦芽糖、葡萄糖和可溶性淀粉。碳源的组成需要考虑菌株生长的需要，还要考虑对芽孢形成的影响。当然对于具体的菌株，还需要进行优化。一般来说与葡萄糖、麦芽糖等速效碳源相比，可溶性淀粉等长效碳源的芽孢形成较缓慢。在速效碳源中，菌体生长较快，而利用可溶性淀粉等长效碳源的地衣芽孢杆菌生长缓慢，一般会慢4~8h。

2）氮源

氮是构成微生物细胞蛋白质、核酸及其他氮素化合物的主要元素，而蛋白质和核酸是微生物原生质的主要组成部分。不同的芽孢杆菌由于其合成能力的差异，对氮营养的需要也有很大区别。氮的来源可分为无机氮源和有机氮源。常见的有机氮源有花生饼粉、黄豆饼粉、棉子饼粉、玉米浆、玉米蛋白粉、蛋白胨、酵母膏、鱼粉、蚕蛹粉、尿素、废菌丝体和酒糟等。它们在微生物分泌的蛋白酶作用下水解成氨基酸，被菌体进一步分解代谢。有机氮源的特点是含有丰富的蛋白质、多肽和游离的氨基酸，还含有少量的糖类、脂肪、无机盐、维生素及生长因子。无机氮源则包括铵盐、硝酸盐和氨水等。微生物对其吸收利用比有机物快，所以也称无机氮为速效氮。利用无机氮时应注意引起的 pH 值变化。

　　实验室中常用蛋白胨、牛肉膏、酵母膏等作为有机氮源，工业生产上常用硫酸铵、尿素、氨水、豆饼粉、花生饼粉和麸皮等原料做氮源。

　　除了考虑碳源和氮源等营养物质要求外，还要考虑营养成分的比例适当，其中碳元素与氮元素的总量的比例很重要。C/N 比是指培养基中所含 C 原子的摩尔浓度与 N 原子的摩尔浓度之比。不同的微生物菌种要求不同的 C/N 比，同一菌种，在不同的生长时期也有不同的要求，一般 C/N 比在配制发酵生产用培养基时要求比较严格，C/N 比例对发酵产物的积累影响很大；一般在发酵工业上，培养发酵用种子时培养基的营养越丰富越好，尤其是 N 源要丰富，而对以积累次级代谢产物为发酵目的的发酵培养基，则要求提高 C/N 比值，提高 C 元素营养物质的含量。

　　3）盐离子的影响

　　微生物在生长和繁殖过程中需要一些微量元素作为其生理活性物质的组成，如作为酶活性中心的组成部分或维持酶的活性；无机盐等还可调节细胞生长所需的渗透压、pH 值和氧化还原电位等；这些微量元素需要量一般较少，而且只在一定的浓度范围内才对微生物的生长和产物合成有促进作用。大量研究证实，一些金属离子对某些芽孢杆菌芽孢的形成具有显著影响。如适当浓度的 Ca^{2+}、K^+、Mg^{2+} 不仅有助于形成菌体，也能显著促进芽孢的形成。而且 Ca^{2+} 以 $CaCO_3$ 的形式加入，对发酵液的 pH 值的变化有缓冲作用。

　　4）生长因子

　　广义上说，凡是微生物生长不可缺少的微量有机物质都称为生长因子（又称生长素），包括氨基酸、嘌呤、嘧啶、维生素等;狭义上说，生长素仅指维生素。

芽孢杆菌生长所需的维生素主要是 B 族维生素和生物素，这些维生素是各种酶的活性辅基的组成部分。

4.6　枯草芽孢杆菌类微生态制剂生产工艺

微生态制剂具有环保、高效的特点，近年来微生态制剂在国内外的需求增长迅速。芽孢杆菌类益生菌具有促生长、抑菌及杀虫等多种功能，能产生抗逆性很强的芽孢，在相关微生态制剂产品的生产、储存和使用环节中都具有优势。微生态制剂对微生态平衡的调节主要是通过其所含活菌的生命活动进行的，因此评价微生态制剂质量高低的一项关键指标是活菌含量。而对于芽孢杆菌类微生态制剂，由于其中发挥主要作用的是芽孢，所以在制备芽孢杆菌微生态制剂的发酵培养环节，不仅要获得高的活菌量，更重要的是获得高的芽孢形成率。

芽孢杆菌类微生态制剂的生产包括以下几个过程：菌种──→一级种子制备──→二级种子制备──→发酵培养──→发酵液浓缩──→微生态制剂制备──→成品包装。下面以枯草芽孢杆菌为例详述整个过程。

4.6.1　菌种复壮和活化

1. 菌种复壮

原始菌种可以自行从土壤或动物肠道等筛选得到，或直接从菌种保藏中心购买，这里不再赘述。一般生产用菌株经多次转接移植往往会发生变异而退化，故必须经常进行菌种复壮和纯化以提高其活性。

退化菌种的复壮是指在已经退化的菌种中淘汰衰退的个体，使其恢复优良的特性。具体措施有以下几种。

（1）分离纯种。设计选择性培养基并结合适当的培养条件，对退化菌株进行分离，淘汰退化的个体，纯化菌种。

（2）加热处理。由于芽孢杆菌能产生耐高温的芽孢，可将细胞悬液加热至85~90℃处理15min左右，杀灭退化的菌体，保留芽孢；再将芽孢或孢子进行传代，以淘汰退化的个体。视情况需要，可以重复操作几代。

（3）通过寄主复壮。寄生型芽孢退化后，可将退化菌株接种到相应寄生体内，提高菌株活力。

（4）选择性培养。提供特殊的培养条件，环境压力有利于优良性状的菌株的生长而不利于退化的菌株的生长，从而淘汰已退化的个体。

除此之外，合理传代，减少传代次数，尽量只用三代内的菌种也有利于保持菌种的活性。也可通过优化菌种的保藏方法、定期纯化菌种等方法预防菌种的退化。

2. 菌种活化

长时间保存的菌种在种子培养用于发酵生产之前还需要活化。先稀释涂平板培养一两天后，挑取分隔良好的单克隆菌落接种于牛肉膏蛋白胨培养基中（如50mL锥形瓶中，装液量5~10mL左右，以保证充足的溶氧），37℃摇床中恒温培养8h，再按0.5%~1%的比例转接。培养好的菌液可以立即用于种子培养，或放于4℃环境中保存待用，可保存一周左右。

对于冷冻干燥保存的安瓿瓶装微生物菌种，活化常采用以下步骤：①先用浸过70%酒精的脱脂棉擦净安瓿瓶，然后将安瓿瓶口用火焰加热灭菌后用镊子或锉刀敲下安瓿瓶顶端。②无菌条件下吸取0.3~0.5mL液体培养基滴入安瓿管内，轻轻振荡使冻干菌体溶解呈悬浮状。③取约0.2mL菌体悬浮液，移植于适宜的琼脂斜面培养基上，将剩余的菌液注入指定的液体培养基内（3~4mL），然后在适宜的温度下培养。需要注意的是，菌种活化前需将安瓿瓶保存在5~10℃的环境下。

4.6.2　种子制备

种子的制备即菌种的扩大培养过程，目的是为工业发酵提供数量巨大、代谢旺盛的微生物种子。种子制备常用摇瓶培养后再放入种子罐进行逐级培养，当然，如果发酵规模不大，则进行一级种子培养或两级摇瓶培养即可。

菌种活化后再经过摇瓶或种子罐扩大培养，从而获得一定数量和质量的纯种。质量合格的种子必须满足以下几个条件：①生命旺盛有力，移种于发酵罐后能迅速生长，延迟期短；②菌体足量，以保证在大发酵罐中有适当的接种量；③生理状态稳定；④无杂菌。

1. 一级种子的制备

一级种子培养通常在气浴摇床中用三角瓶进行液体恒温振荡，也称摇瓶培养。为了保证种子足够纯，一级种子可从单克隆菌落开始。例如枯草芽孢杆菌的种子制备，可配制枯草芽孢杆菌批量培养基 8~12 mL，装入 100 mL 的三角瓶中，121℃灭菌 20min，冷却至 40℃以下，从单克隆菌落培养皿挑取单克隆接种，37℃恒温摇床中（200r/min）培养 12~24h 左右，使其处于对数生长中后期。

2. 二级种子液的制备

二级种子培养使用种子罐,当然如果发酵规模不大,也可以用二级摇瓶培养。如发酵规模为 0.5~1m³ 左右的小型发酵罐，可在一级摇瓶培养的基础上，使用 10~20 个 500mL 或 1000mL 的大三角瓶进行二级摇瓶培养，这样就可满足所需种子量。对于 2 m³ 或更大规模的发酵罐，则需要采用种子罐。种子罐的大小需根据发酵产品和发酵罐的容积配套确定，一般按发酵培养液体积的 0.5%~1% 来确定，种子罐的搅拌转速及通风量根据具体芽孢杆菌生长特性而定。种子培养过程需要监控并检验种子的质量。比较快捷且直观准确的做法是用显微镜观察细胞的形态是否正常，是否有杂菌或噬菌体的污染，测定种子培养液的 pH 值是否正常等。

4.6.3 发酵工艺控制

发酵的生产水平高低除了取决于芽孢杆菌菌种本身的性能外，还受到发酵条件和工艺等的影响。在大规模发酵生产之前，在实验研究阶段需要弄清生产菌种对环境条件的要求，掌握菌种在发酵过程中的生长规律、芽孢形成条件等。在此基础上，在大罐发酵中通过有效地调节控制各种工艺条件和参数，使生产菌种能始终处于生长或芽孢形成的优化环境中，从而最大限度地发挥生产菌种的生长和合成产物能力，进而取得最大的经济效益。

1. 培养基

为了获得比较好的经济效益，工业发酵的培养基组成不仅要满足微生物生长、繁殖和合成产物的需要，而且还要考虑来源、价格等。

2. 温度控制

温度是影响微生物生长及代谢活动的重要因素，因为代谢是在相应的酶系统中酶的催化下进行的，而各种酶只有在适宜的温度范围内才能发挥出催化活力。芽孢杆菌生长、繁殖和代谢，芽孢的产生与成熟都需要在特定的、适宜的温度下进行。因此，发酵温度控制效果的好坏对菌体的生长、最终总活菌量、芽孢量有着直接的影响，其在发酵过程中的地位十分重要。

芽孢杆菌的最适生长温度大致在32~40℃范围内。发酵初期为了使菌体生长快，常采用较高温度，而后期为了延长产品合成时间，促进芽孢的形成，一般需要稍微降低温度。

3. pH 值

各种微生物的正常生长均需要有合适的 pH 值。一般芽孢杆菌适于中性或微碱性的生长环境，故当培养基配制好后，若 pH 值不符合芽孢杆菌的合适 pH 值，必须用酸碱进行调节。发酵液的 pH 值取决于培养基的初始组成和工艺条件，也与微生物的生理特性有关。发酵液的 pH 值是发酵现象的综合指标。需要注意的是，发酵过程中随着微生物细胞不断利用培养基中的营养物质和分泌代谢产物，发酵液的 pH 值是一直变化的。芽孢杆菌种类不同，细胞内所含的酶系活性不同，培养基中碳源、氮源种类和碳氮比不同，以及通风、搅拌速度、所用调节 pH 值的方法等不同，pH 值的变化也就不同。

菌体生长不同阶段对 pH 值的影响不同：①菌体指数生长期。本阶段 pH 值值迅速降低。主要是因为菌体快速生长，大量营养物质被利用，打破了原有体系的 pH 值。大量的碳源被代谢，无论是单糖、双糖、寡糖还是多糖，均先水解为单糖再被利用，利用后产生有机酸，使 pH 值降低。②菌体生长进入平衡期后。菌体生长、衰亡趋于平衡，pH 值基本呈下降趋势，但变化较慢。若此时 pH 值快速回升，说明碳源被利用完，菌体被迫利用胞内有机酸。③菌体衰亡期。由于菌体衰亡、自溶，pH 值迅速回升。

各种微生物生长和发酵都有各自适宜的 pH 值。为了使芽孢杆菌能在最适的 pH 值范围内生长、繁殖和发酵，应根据不同芽孢杆菌的生长特性，不仅在初始培养基中调节适当的 pH 值，而且要在整个发酵过程中在线监测 pH 值的变化情况，然后根据发酵过程中 pH 值的变化规律，选用适当的方法对 pH 值进行调节和控制。

常用的 pH 值调控方法有以下几种。

（1）调节培养基的起始 pH 值，或者加入磷酸盐等制成缓冲能力强的培养基，也须考虑盐类和碳源的配比平衡。

（2）在发酵过程中通过补加碳源来调节 pH 值。

（3）培养过程中流加酸碱调控 pH 值。常用酸有盐酸、硫酸、醋酸和硝酸等；常用碱有氢氧化钠和氨水等。但需要注意的是，如果流加氨水，氨水可被作为氮源利用，因而会打破营养物质的碳氮比平衡。酸、碱调控过程会造成培养液的局部过酸或过碱，从而引起局部菌体被灼伤，或代谢物被强酸、强碱破坏，而且酸、碱调控会改变培养液的离子强度。

4. 溶氧的控制

发酵液中的溶氧浓度（dissolved oxygen，DO）对微生物的生长和产物形成有着重要的影响。在发酵过程中，必须供给适量的无菌空气，菌体才能繁殖和积累所需代谢产物。不同菌种及不同发酵阶段的菌体的需氧量是不同的，发酵液的 DO 值直接影响微生物的酶的活性、代谢途径及产物产量。发酵过程中，氧的传质速率主要受发酵液中溶解氧的浓度和传递阻力影响。研究溶氧对发酵的影响及调控对提高生产效率、改善产品质量等都有重要意义。

溶解氧对发酵的影响分为两方面：一是溶氧浓度影响与呼吸链有关的能量代谢，从而影响微生物生长；另一个是氧直接参与产物合成。

研究发现，球形芽孢杆菌（*Bacillus phaerlcus*）的芽孢形成与溶解氧有一定关系，随着溶解氧的浓度升高，芽孢形成量提高。但溶解氧浓度过高，反而使产孢量下降。这是因为，对于好氧枯草芽孢杆菌来说，在其他发酵条件一定的情况下，特别是在对数生长期和芽孢形成期，保证足够的通气量有利于芽孢的产生，培养基中的溶解氧水平越高越有利于芽孢的产生；但通气量过大，溶解氧过量时，由于菌体自溶反而使芽孢数下降。研究发现，芽孢大量出现的时间均在枯草芽孢杆菌的对数生长末期和衰亡期以后的一段时间，但时间过长，芽孢数便会稳定在一个水平之上，符合芽孢形成规律。

5. 发酵过程泡沫的控制

芽孢杆菌大多是好氧微生物，在液体深层高密度培养中会产生大量泡沫。主要是由于培养基中有蛋白类表面活性剂，在通气条件下，培养液中就易形成泡沫。好氧微生物培养过程中形成的泡沫有两种类型：一种是发酵液液面上的泡沫，气相所占的比例特别大，与液体有较明显的界限，如发酵前期的泡沫；另一种是发酵液中的泡沫，比较稳定地分散在发酵液中，与液体之间无明显的界限。发酵过程产生的泡沫量与搅拌速度、通气量以及培养基性质等多种因素有关。培养基中氮源如蛋白胨、酵母膏、黄豆粉和玉米浆等是主要的发泡剂。培养基中糖类物质虽不易发泡，但会增加培养基黏度，对形成的泡沫有稳定作用。

泡沫对微生物发酵有许多不利的影响：①降低发酵罐的生产能力。为了防止泡沫造成发酵液溢出，常采用的措施之一就是降低发酵罐装液量，这样就降低了发酵罐的生产能力。②引起原料浪费。泡沫易造成培养基原料流失，造成浪费。③影响菌的呼吸。发酵液中泡沫的存在，会影响微生物的呼吸产生的二氧化碳和氧的交换，这样就影响了菌的呼吸。④增加染菌的风险。泡沫易造成逃液，发酵液污染排气管，时间长了就可能染菌，而且大量泡沫由罐顶进一步渗到搅拌轴与罐顶的机械轴封，也易引起杂菌污染。

泡沫的控制主要有以下两种方式。

（1）从培养基入手，少加或缓加易起泡的原材料，或者采用流加原料来控制泡沫，以减少泡沫形成的机会。优化发酵工艺条件(pH 值，温度，通气和搅拌)，控制泡沫。通气量大、搅拌强烈可使泡沫增多，在发酵前期由于培养基成分消耗少，营养丰富，易起泡。应先开小通气量，再逐步加大。搅拌转速也与此相似。

（2）消泡剂消泡或机械消泡来消除已形成的泡沫。消泡剂可有效降低泡沫液膜的表面张力，使泡沫破灭；消泡剂可在发酵起始的培养基中加入，也可在后期泡沫增多时，流加控制。机械消泡法使泡沫液膜的局部受力，打破液膜原来受力平衡而使其破裂。

4.6.4　生产中获得较高芽孢率的措施

芽孢杆菌作为微生态制剂的一大优势是能产生芽孢，芽孢（endospore，spore）是产芽孢菌在生长发育后期在细胞内形成的圆形或椭圆形、壁厚、含水量低、抗逆性强的休眠构造。芽孢没有新陈代谢，能经受多种环境伤害，包括热、紫外线、多种溶剂、酸、碱、酚类、醛、酶和烷基化试剂的处理。作为微生态制剂中的微生物，在制剂过程中要经过干燥、制粒甚至压片等处理过程；口服制剂还需耐胃酸、胆盐；在储存期内需保持其活性；甚至一些益生菌剂的疗效只归结为芽孢或它们在肠道外的营养生长。因此，通过干燥、制剂、与其他成分包括抗生素配伍用药和经过胃环境后保持活性及在储藏期内有较高的稳定性，是益生菌剂有效性的重要指标。由于芽孢菌的芽孢对上述不良物理、化学刺激具有极强的抗性及其他益生菌不具备的生物功能，因此已成为益生菌剂中的研究热点。

对提高芽孢杆菌的菌体数和芽孢率的方法的研究虽有较大进展，但仍不太系统，缺乏可靠的、普遍适用的理论指导，在研究中对影响因素的考虑主要集中在培养基的优化及一些常规培养条件优化上。在芽孢菌剂的生产中仍存在菌数低、芽孢率不高且不可控等问题。在芽孢菌剂生产中可采取以下措施提高芽孢率。

1）益生菌菌种选育

微生物具有易变异的特点，且芽孢在特定的条件下才能形成，生产中应在保证制剂的疗效和安全性的基础上不断筛选、培育出生产周期短，菌体生长快，芽孢得率高的菌种；减少接种传代次数，种子培养阶段培养基营养应适当丰富。

2）在培养基中限量添加碳源、氮源，有时限量添加磷源

B. subtilis 的芽孢形成是通过营养限量诱导的，碳源、氮源和磷源都能作为相关的限制生长的底物。因此，在生产中有必要选择合适的碳源、氮源和磷源，并注意限量添加，同时加入必要的金属离子尤其是二价阳离子 Mn^{2+}、Mg^{2+} 和 Ca^{2+}。在形成芽孢的培养基中添加 Mn^{2+} 能使芽孢的得率、稳定性提高，皮层结构改善，并增加其热抵抗能力。Mn^{2+} 与碳水化合物的代谢有密切关系，也在皮层生物合成的相关酶活性和（或）基因表达中发挥作用。

3）菌种活化及一些必要的处理确保良好的遗传性状

用 80℃或更高温度水浴一定时间以有效杀死菌种中的营养体和可能潜在的杂菌及可能存在的不产生芽孢的变异菌株，将芽孢接种到培养基中活化培养，使之有效地提纯和复壮，这对提高菌数和芽孢率均有显著的影响。但目前在国内微生物制剂的生产中这种方法较少采用，大多数是直接将冻干管保存的菌种加入适温培养基中培养，培养前最好洗去低温保护剂，更换新鲜培养液。菌种用培养基一定要选择合适的、营养丰富的培养基，在最佳条件下培养，这样可在一定程度上防止菌种退化。产气梭状芽孢杆菌（*Closridium perf ringens*）在 pH 值为 2 的环境中暴露 30 min 后，其芽孢形成能力增加了，这表明，在生产前对菌种作一些必要的处理有助于提高芽孢的得率。

4）采用分段培养的策略

芽孢杆菌菌体繁殖和生长的条件与芽孢生产的条件往往不一致，可采用分段培养的策略，即在菌体生长阶段和芽孢产生阶段采用不同的培养条件。第一阶段即菌体生长阶段，可采用补料发酵等高密度培养方法提高菌体密度，控制培养条件使菌体的生长繁殖处于最佳，刺激产生更多的菌体，接着第二阶段在有助于芽孢形成的最佳操作条件下形成芽孢。通过采用这种策略可使 *Bacillus coagulans* 菌体数增加大约 55%，芽孢在每克干菌体中达到 10^9~10^{11}CFU。

5）优化培养条件

接种量、溶解氧、初始 pH 值和芽孢形成时的 pH 值也是影响芽孢形成的重要因素。有人研究发现，在梭状芽孢杆菌的培养基中添加适量的淀粉对芽孢形成有一定的促进作用，发酵培养时间是影响菌体浓度及芽孢成熟率的重要因素。

4.6.5　芽孢的萌发

芽孢在胃肠道中的萌发是芽孢类益生菌起作用的关键，只有芽孢萌发后芽孢杆菌才能发挥免疫的调节作用和分泌抗微生物物质。在采用菌落计数法检测芽孢率时也必须考虑萌发因素。芽孢萌发是一系列通过特殊萌发剂触发的连续降解过程，芽孢萌发后就丧失了强的抗逆性。芽孢自然萌发可能仅是对萌发剂的反应。当萌发剂与有关的表面受体复合物结合时能使皮层溶解酶激活从而引发芽孢萌发。这些萌发剂通常是特定的氨基酸、糖类或嘌呤核苷酸，此外也有些化学混合物可引发芽孢萌发，如天门冬氨酸、葡萄糖、果糖和 K^+ 混合物可引发枯草芽孢杆菌萌发。除营养物外也能通过多种非营养因素引发芽孢萌发，包括溶菌酶、Ca^{2+}-DPA、阳离子表面活性剂、高压和盐等。也有研究表明将芽孢暴露于亚致死量的 NaOH 溶液中抽提去掉一些芽孢衣蛋白也能使芽孢萌发更快。

4.6.6　芽孢杆菌活菌与芽孢计数方法

目前国内在微生态制剂的作用机理和应用技术的研究方面取得了较大的进展，但在微生态制剂的质量检测方面与国外仍有很大差距。微生态制剂的活菌数是判定产品质量和作用效果的主要指标之一。目前市场上微生态制剂厂家繁多，其产品表示方法不一，以芽孢杆菌为例，有些厂家标的是活菌数，有些标的是芽孢数，有些厂家的微生态产品的标示值含糊不清，导致饲料企业和养殖企业很难选择到合适的微生态制剂。在我国，由于仪器设备和检测方法的限制，一般多采用常规检测方法进行检测，常规方法主要包括平板稀释法、显微镜检测法、MTT 法、MPN 法、光密度（optic density，OD）值法、比浊法和菌体干重法等，其中只有平板稀释法、MTT 法、MPN 法能够检测活菌的含量，其他几种方法不能区分死菌和活菌及其功能微生物，MTT 法、MPN 法对微生物菌种具有选择性。微生物学检验即平板计数法是目前国内最常用、最稳定可靠的活菌计数方法。

枯草芽孢杆菌是目前国内应用最成熟的芽孢杆菌类之一，形成芽孢后能耐受高温、高湿的环境，因此，其有效活菌数和芽孢形成率是判定产品质量优劣的重要标准。以下给出一种枯草芽孢杆菌及其芽孢形成率的检测方法。

1. 检样制备

取样需要注意样品的代表性，并且防止取样时的杂菌污染。

1）固体样品取样

用干净的封口袋、灭菌牛皮纸袋或广口瓶，用金属取样钳快速取出适量的样品。

2）发酵中间过程取样

用灭菌三角瓶，从取样口或取样阀取样，取样时要操作规范，确保取样的代表性和防止杂菌污染。

2. 活菌数分析

（1）将营养琼脂培养基倒入已灭菌的培养皿中，90mm 培养皿中约需 20mL，待凝固后，报纸包扎，倒置于 37℃培养箱中空培养 20~24h，在冰箱保存待用。

（2）准确称取检样 1.00g（或 1.00mL），放入含有 99mL 无菌水的玻璃三角瓶（含玻璃珠、已干灭）中，37℃摇床中（200r/min）振荡 60min，即得 1∶100 的稀释液。

（3）取 0.5mL 1∶100 的稀释液注入含有 4.5mL 无菌水的离心管中，涡旋混匀，此为 1∶1000 的稀释液。

（4）按上述操作顺序做 10 倍递增稀释液，每稀释一次，换用一个 1mL 无菌吸头。根据对样品活菌数的估计，选择合适的稀释度，分别在做 10 倍稀释的同时，吸取 0.1mL 稀释液于已空培好且冰箱保存的营养琼脂平板中，用涂布器将菌液涂布均匀，每个稀释度做 3 个平皿，倒置于 37℃恒温培养箱中，培养

20~24h 后取出，计算平板内枯草芽孢杆菌总数目，乘以稀释倍数，即得每克试样所含枯草芽孢杆菌总数。

3. 芽孢数分析

同活菌数分析第（1）（2）步，先准备营养琼脂培养皿，然后配制 1∶100 稀释液，无菌操作吸取该稀释液 10mL 于无菌试管中，在 85℃水浴锅中恒温处理 10min 后，立即在水龙头下用流水冲试管，冷却。再按上述活菌数分析第（3）（4）步计算芽孢数。

4.7　芽孢杆菌在畜禽养殖行业中的应用及机理

随着人们生活水平的提高，国内对肉蛋产品的需要快速增长，我国畜禽养殖业也随之得到了迅猛发展。但是随着畜禽养殖业的规模化、高密度化以及单纯追求产量和经济效益，引发了饲料资源不足、抗生素和合成抗菌药物滥用等问题，进而对生态环境和人类健康造成了威胁。美国及西欧等发达国家和地区已经相继禁用或限用抗生素作为饲料添加剂。微生态制剂则可以通过改善动物胃肠道微生态环境来促进健康养殖，减少或替代抗生素的使用，而且能够提高饲料利用率，促进动物生长。近些年来，微生态制剂的理论及应用都得到了较快的发展，以芽孢杆菌为代表的饲用微生态制剂已经广泛应用于畜牧业生产中，形成了微生态制剂产业。

4.7.1　我国畜禽养殖业存在的问题

随着人们生活水平的提高，政府养殖业政策的不断改善，我国养殖技术的不断提高，畜禽养殖业得到了快速发展，但是也存在许多问题，具体如下。

（1）饲料资源不足和利用率低，尤其是高蛋白饲料资源短缺和浪费现象严重。

我国目前饲料谷物严重短缺，能量饲料供应不足；蛋白质饲料原料严重匮乏，蛋白质饲料自给率低下。每年从国外进口大量饲料原料进行饲料的生产，已使我国配合饲料和养殖业的生产成本居高不下，价格的波动使生产企业处于亏损的边缘。另外，由于秸秆类饲料利用率低，而我国牧草等资源有限，难以满足草食动物肉、奶快速发展的需要，将会进一步加大粮食资源的短缺。

（2）抗生素和合成抗菌药物滥用，产品品质下降，严重威胁人们健康和生态环境安全。

抗生素被普遍使用于畜禽养殖业，约有60多种被用于临床治疗、动物饲料中。就分类来看，有磺胺类、四环素类、大环内酯类和氨基糖苷类及其他。而用于治疗和促生长的抗生素，并不能被禽畜完全吸收。大量研究表明，约有超过30%的抗生素随禽畜排出体外，这是我国重要的抗生素污染源之一，而且滥用及不合理使用抗生素的现象普遍，由此而带来机体耐药性问题及对生态环境的威胁，对生态环境中菌落间的微平衡同样有影响作用，并通过食物链的作用影响到高级生物，进而威胁到整个生态系统的平衡。

兽用抗生素的滥用，导致人畜共患病例数量增多，已经威胁到人体的健康。目前有超过200多种的人畜共患病，其中100多种直接传染给人类。而且，兽用抗生素的使用，或多或少均可直接或间接传递给人类，增加人畜感染传染性疾病的概率。此外，抗生素同样可经饮用水危害人体，长期摄入含微量抗生素的水源，一定程度上会影响到人体的免疫系统，降低机体免疫力。而有些抗生素虽不影响人体免疫系统，但会改变人体肠胃中的菌落结构，影响营养物质的吸收，导致营养不良以及诱发各种慢性疾病。

抗生素为耐药菌产生的潜在因素。即使环境中抗生素浓度偏低，但是随抗生素使用种类的增多，多种抗生素并存，将为诱导耐药菌产生创造更好的条件。除抗生素之外，一些低浓度的污染物，比如金属离子等，同样可产生一定的选择压力，诱导其产生更强的耐药性。一旦耐药菌株形成，又能通过耐药因子传递给其他的敏感菌株，这种彼此间的传递关系可发生在种内和种间，进而诱导多重耐药菌，并可能导致整个病原微生物菌落向抗药性转变，其中存在的潜在危害性是不言而喻的。

抗生素导致动物体内微生态平衡的破坏。禽畜动物体内含有许多种微生物，彼此间形成相互制约的平衡状态。当使用抗生素进行药治甚至促生长时，在杀死病原菌的同时，还杀灭一定数量的敏感微生物，进而导致不敏感微生物的批量繁殖，打破了微生物间相互制约的格局，扰乱肠道内原有的微生态平衡，甚至会诱发新的感染。此外，杀灭病原菌的同时，还会抑制有益菌的生长，一定程度上导致消化功能紊乱和诱发各种消化道疾病。禽畜长期服用含抗生素添加剂的饲料，同样可导致某些菌落演变为耐药菌株，从而为预控畜禽某些传染病带来困难。

（3）集约化养殖场大量建立，造成严重的环境污染。

我国畜禽养殖业正从传统的庭院式养殖向集约化、规模化方向发展。随着规模化畜禽养殖业的迅速发展，特别是生猪饲养量的不断增加，污水、废气及大量废弃物给周围环境带来了较大的压力，导致农村生态环境问题日益突出，不同程度地制约了当地畜牧业的持续稳定发展。为实现畜牧业的可持续发展，必须加大畜禽养殖业的污染防治，使农村的环境污染得到有效的控制。

①水体污染。大部分养殖户为保证养殖场的环境清洁，多数采用水冲式栏圈。畜禽粪便随水冲洗直接排出场外，有的甚至没有化粪池，污水直接进入地面或地下水体，对水体环境造成严重污染。还有部分养殖户为取水方便，在农村河道及水源地附近建立畜禽养殖舍区，养殖废水直接排入河道，严重污染了河水，使河水变浑甚至发黑、发绿、发臭。

②生活环境恶化。由于畜禽养殖区建于农宅前后，大量的粪便堆于农宅和路旁，导致房前屋后的花草、树木枯死；畜禽粪便堆放发酵时产生氨、硫化氢及其他异味气体，空气随风飘散，散发着臭气，使环境受到污染；粪便堆积的地方适于蚊蝇繁殖，易引起传染病流行。如果畜禽粪便管理不善，一遇降水，地面污水横流，会造成病原微生物扩散，引起地面水体和地下水污染，日复一日，年复一年，使人们赖以生存、生活的环境日益恶化。

③土地受损，农作物产量下降。畜禽粪便中含有多种植物营养元素，若施用合理，可以提高土壤肥力，促进农作物的生长；但如果使用不合理，如未经腐熟而直接施用或连续大量施用，则会对作物和土壤产生不良影响。易造成土壤有机质过分积累，氮、磷等养分过量，引起作物徒长、贪青、倒伏等。另外，畜禽粪便的不合理使用还会使土壤中原生动物、昆虫和微生物大量繁殖，引发

病害，最终使耕地面积减少，农作物产量降低。

4.7.2　芽孢杆菌在畜禽养殖行业中的应用与效果

早在 1907 年，俄国细菌学家 Metchnioff 就发现在牛奶中加入乳酸菌制成的酸奶对人有益，能帮助消化和治疗腹泻等，从而引起众多科学家对微生物添加剂研究的兴趣。芽孢杆菌作为理想的微生物添加剂，具有可逆性强、产酶种类多等优势。芽孢杆菌菌种是微生物饲料添加剂产品质量和应用效果的关键，作为微生物饲料添加剂，其应具备以下几个条件：① 来源于畜禽体内有益芽孢杆菌。这种微生物经人工培养、繁殖和制成添加剂后，很容易在家畜体内定殖和繁殖。②微生物的繁殖率高，生长快。这样可以迅速占据消化道，抑制其病原微生物的侵入和定殖。③具有较强的产酶能力。产酶利于消化道对营养物质的消化，提高饲料的转化率。④所选用的微生物应具有较强的生命力及耐受性，在生产添加剂的过程中，不至于失去活性而丧失功效。⑤安全性良好。微生物必须是非病原性，菌株及代谢产物也必须是确定安全的。据统计，国内外用于畜禽生产的芽孢杆菌种类有枯草芽孢杆菌、凝结芽孢杆菌、缓慢芽孢杆菌、地衣芽孢杆菌、短小芽孢杆菌、蜡样芽孢杆菌、环状芽孢杆菌、巨大芽孢杆菌、坚强芽孢杆菌、东洋芽孢杆菌、纳豆芽孢杆菌、芽孢乳杆菌和丁酸梭菌等。

目前芽孢杆菌类微生物饲料添加剂已广泛用于畜禽养殖行业中，在养殖家禽、养猪和反刍动物等方面都取得了良好的应用效果。饲料中添加芽孢杆菌微生态制剂不仅能提高畜禽生产肉、奶和蛋等的产量，而且有望大量降低抗生素用量，提高肉蛋奶等产品的品质，给养殖户带来显著经济效益。芽孢杆菌还能产生多种酶，故能减少饲料多维和酶制剂的添加量，显著降低饲料企业的生产成本。

1. 在家禽中的应用

通过北京某肉鸡养殖场的比较实验表明，将地衣芽孢杆菌加入到肉鸡的饮水中，对饲喂的肉鸡的生长速度（增重）、鸡肉的风味和鸡胸肉营养指标都有很大的提升作用。鸡肉的风味，包括鸡胸肉的颜色，肉的色泽、风味、多汁性、香气强度、质地和口感满意度等都和对照组差异明显（图 4-11）。肉鸡的营养（总蛋白、风味氨基酸和总氨基酸）含量都有大幅度提高（图 4-12）。肉鸡生长速度方面，不管是对肉鸡公鸡还是肉鸡母鸡，促生长效果显著，多增重在 10% 左右（表 4-6、表 4-7）。而料肉比也显著降低（表 4-8）。

对芽孢杆菌复合微生态制剂对蛋鸡生产性能的影响试验研究表明，芽孢杆菌复合微生态制剂的合理使用可以有效地改善蛋鸡的生产性能，尤其可以显著提高鸡产蛋率和日产蛋重，对鸡蛋品质，如蛋壳强度、厚度、蛋黄颜色和鸡蛋中胆固醇含量都有明显的正效应，而且可以大幅提高鸡蛋的卫生指标。

值得注意的是，过量饲喂芽孢杆菌微生态制剂对家禽的生产性能可能产生不利影响。过量外源微生物进入动物肠道后，会与肠道优势菌群争夺营养物质和生态位点，进而破坏肠道微生物的动态平衡。

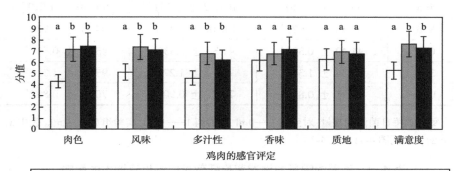

图 4-11　饲喂地衣芽孢杆菌的肉鸡鸡肉风味（图中字母 a、b 和 c 表示差异显著性，字母相同表示相应组没有显著差异，不同表示有显著差异，下图同）

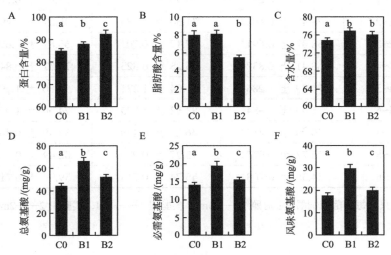

图 4-12　饲喂地衣芽孢杆菌对肉鸡鸡肉营养的影响
（每只鸡每日菌液饲喂量：C0-0ml，B1-1ml，B2-2ml）

表 4-6　不同饲喂量的地衣芽孢杆菌对肉鸡公鸡增重的影响

鸡龄 / 周	肉鸡公鸡增重 /g		
	对照组	实验组 1	实验组 2
0~1	20.26 ± 0.250[a]	20.69 ± 0.251[a]	23.38 ± 0.249[b]
1~2	30.81 ± 0.585[a]	35.46 ± 0.592[b]	32.90 ± 0.587[c]
2~3	73.41 ± 0.802[a]	68.40 ± 0.795[b]	81.36 ± 0.784[c]
3~4	94.87 ± 0.899[a]	82.08 ± 0.893[b]	94.23 ± 0.872[a]
4~5	93.76 ± 1.540[a]	105.62 ± 1.554[b]	106.90 ± 1.519[b]
5~6	82.38 ± 1.927[a]	109.00 ± 1.931[b]	84.71 ± 1.975[a]
0~3	41.49 ± 0.523[a]	41.52 ± 0.532[a]	45.88 ± 0.531[b]
3~6	90.34 ± 1.318[a]	98.90 ± 1.274[b]	95.28 ± 1.316[b]
0~6	65.91 ± 0.889[a]	70.21 ± 0.903[b]	70.58 ± 0.897[b]

　　每只鸡每日菌液饲喂量:对照组——0ml,实验组 1——1ml,实验组 2——2ml。表中 a,b,c 的含义同图 4-11,表 4-7 同。

表 4-7　不同饲喂量的地衣芽孢杆菌对肉鸡母鸡增重的影响

鸡龄 / 周	肉鸡母鸡增重 /g		
	对照组	实验组 1	实验组 2
0~1	21.42 ± 0.249[a]	19.96 ± 0.250[b]	21.03 ± 0.249[a]
1~2	28.49 ± 0.490[a]	31.50 ± 0.485[b]	35.57 ± 0.491[c]
2~3	58.07 ± 0.691[a]	57.17 ± 0.701[a]	55.87 ± 0.690[a]
3~4	68.41 ± 0.838[a]	76.25 ± 0.825[b]	74.37 ± 0.840[b]
4~5	74.89 ± 1.286[a]	66.04 ± 1.271[b]	98.80 ± 1.294[c]
5~6	75.00 ± 1.984[a]	83.52 ± 1.973[b]	74.30 ± 1.953[a]
0~3	36.00 ± 0.459[a]	36.21 ± 0.459[a]	37.49 ± 0.463[a]
3~6	72.77 ± 0.977[a]	75.27 ± 0.970[a]	82.49 ± 0.998[b]
0~6	54.38 ± 0.708[a]	55.74 ± 0.714[a]	59.99 ± 0.717[b]

　　每只鸡每日菌液饲喂量:对照组——0ml,实验组 1——1ml,实验组 2——2ml。

表 4-8　不同饲喂量的地衣芽孢杆菌对肉鸡料肉比的影响

鸡龄 / 周	料肉比 /g		
	对照组	实验组 1	实验组 2
0~3	1.61 ± 0.022 [a]	1.60 ± 0.022 [a]	1.58 ± 0.022 [a]
3~6	1.91 ± 0.023 [a]	1.77 ± 0.023 [b]	1.80 ± 0.023 [b]
0~6	1.81 ± 0.021 [a]	1.72 ± 0.021 [b]	1.73 ± 0.021 [b]

每只鸡每日菌液饲喂量：对照组——0ml，实验组 1——1ml，实验组 2——2ml。

2. 在猪生产中的应用

我国是世界上最大的猪肉生产国和消费国，猪肉是中国必不可少的肉类，其消费量占肉类消费的 60% 以上。芽孢杆菌在生猪养殖的各个阶段都有良好的应用前景。对猪的试验研究结果表明，芽孢杆菌对于仔猪的作用效果最好，对较大的生长肥育猪效果低，这可能是因为日龄大的猪消化道微生物区系比较健全，添加益生菌的作用效果无法体现。此外，芽孢杆菌还可以提高繁殖母猪的生产性能。妊娠后期的母猪采食添加蜡状芽孢杆菌的饲料后，母猪乳汁中脂肪的含量与对照组相比提高了 0.48%，母猪体重下降幅度也明显降低，而且崽猪的死亡率和腹泻率也显著降低。

3. 在反刍动物中的应用

相比于猪等单胃动物，反刍动物的消化道更加复杂，其所具有的 4 个胃室中瘤胃体积最大，食用草料中大约有 70%~75% 的可消化物质和大约 50% 的粗纤维在瘤胃中消化，瘤胃微生物在整个过程中起着非常重要的作用。瘤胃内栖息着各种有益微生物，其中微生物和宿主间及微生物与微生物间处于一种相互依赖和相互制约的动态平衡。它们将单胃动物不能利用的纤维素、半纤维素和蛋白质等分解成易消化吸收的物质。

给反刍动物饲用益生芽孢杆菌，具有良好的改善胃肠道菌群，增强对病原菌的抵抗力，提高动物健康水平和生产性能的作用。

在生产中应用较多的芽孢杆菌主要有地衣芽孢杆菌、枯草芽孢杆菌和纳豆芽孢杆菌等。芽孢杆菌能产生乙酸、丙酸和丁酸等挥发性脂肪酸，改善反刍动物瘤胃内环境，乙酸水平与乳脂率呈正相关，所以乙酸增多会提高牛奶的乳脂率。芽孢杆菌还可促进纤维分解菌在牛犊消化道中定殖和生长，促进动物对植物性饲料中纤维素的碳水化合物的降解程度。更为重要的是，芽孢杆菌培养物能够作用于瘤胃氢转移，降低瘤胃发酵甲烷的产量，这对减缓全球变暖有着重要的意义。

芽孢杆菌对反刍动物的生产性能和抗病治病有多方面的作用，有研究表明，芽孢杆菌微生态制剂对腹泻奶牛和牛犊及腹泻羔羊有良好的治疗效果。在奶牛生产中，芽孢杆菌制剂不仅可以提高产奶量，提高乳脂率和乳蛋白率，改善乳品质，而且应用于牛犊中，可以提高日增重，缩短断奶日龄，有利于消化道的发育以及纤维分解菌的定殖和生长。据报道，添加由枯草芽孢杆菌、蜡样芽孢杆菌和地衣芽孢杆菌等为主组成的微生态制剂，产奶量提高了10%~15%，乳脂率提高了0.24%~0.5%，且奶中体细胞数也有所降低，可见奶牛的健康水平和生产性能都得到了显著提高。

4.7.3 芽孢类微生态制剂的作用机理

芽孢杆菌之所以有益生作用，主要是因为芽孢杆菌自身及其代谢产物的作用。芽孢杆菌的应用领域很广，在不同的应用领域，其具体的作用机理也有所区别。在畜禽养殖方面，芽孢类微生态制剂的作用机理主要有以下几个方面。

1. 产生多种消化酶

芽孢杆菌代谢过程中能产生蛋白酶、脂肪酶和淀粉酶等多种消化酶，促进畜禽动物更好地消化吸收营养物质，同时还能产生降解饲料中复杂碳水化合物的酶，如降解果胶、葡聚糖和纤维素的酶，这些大多是动物本身不具有的酶，这样可以有效地提高饲料利用率。芽孢杆菌生长繁殖过程中还能产生植酸酶，促进动物对植酸磷的利用和对脂肪的消化吸收；产生的氨基氧化酶及分解硫化氢的酶类，可将吲哚类氧化成无毒、无害的物质，从而降低畜禽舍内氨气和硫化氢的浓度和臭味，减少对环境的污染。

芽孢杆菌在芽孢形成前后也产生活性很强的淀粉酶和中性蛋白酶，这两种酶不是诱导酶而是与芽孢形成有关，其中的淀粉酶能把淀粉水解成糊精，也能把葡萄糖聚合成多糖；中性蛋白酶与多肽类物质的出现密切相关，这些多肽类的合成与芽孢形成前后中性蛋白酶的出现同步。

2. 产生多种营养物质

芽孢杆菌在动物胃肠道内生长繁殖，能产生各种营养物质如维生素、氨基酸和挥发性脂肪酸及未知促生长因子等，参与机体的新陈代谢，促进动物生长。

芽孢杆菌能够合成多种维生素，如叶酸、烟酸及多种 B 族维生素等，促进动物对蛋白质的消化和吸收。凝结芽孢杆菌和芽孢乳杆菌等菌株能产生乳酸，可提高动物对钙、磷和铁的利用，促进维生素 D 的吸收。此外，芽孢杆菌在生长繁殖过程中能够产生乙酸、丙酸和丁酸等挥发性脂肪酸，降低动物肠道的 pH 值可有效抑制病原菌的生长，为乳酸菌的生长创造条件，其中丙酸还能够参与三羧酸循环，为动物新陈代谢提供能量。

3. 增强动物体的免疫功能

芽孢杆菌可促进动物免疫器官的发育和成熟，提高 T、B 淋巴细胞的数量，同时刺激动物肠道相关淋巴组织，使之时刻处于高度反应的"准备状态"，使动物的体液和细胞免疫水平增强，提高机体抗病能力，提高动物抗体水平或提高巨噬细胞的活性。

大量研究表明，该类菌不仅能显著提高动物脾脏的 T、B 淋巴细胞比例和巨噬细胞的活性，对动物的细胞免疫有重要的作用，而且能提高动物抗体水平，使分泌型 IgA 的分泌增加。芽孢杆菌可使动物血清中的中性粒细胞吞噬率提高 17%，并显著增加血清中总蛋白、球蛋白的含量，也能增加机体内蛋白质的沉积。芽孢杆菌对动物体内特异性抗体的水平也有显著提高作用，能增强机体特异性免疫应答能力，当遇到病原体攻击时，可以产生高水平的抗体以消灭侵入的病原菌。

4. 拮抗作用抑制致病微生物

有益微生物通过占位性保护作用，即竞争黏附位点来阻止致病微生物附着。芽孢杆菌进入动物胃肠道后，在生长繁殖过程中消耗肠内过量的气体，通过生物夺氧作用造成厌氧状态，抑制需氧有害菌的生长繁殖。并且，芽孢杆菌在生长繁殖过程中可产生杆菌肽、多黏菌素和线性环多肽复合物等多种抑菌物质，以及乙酸、丙酸和丁酸等多种有机酸，改变肠内微生态环境，形成不利于有害菌生长繁殖的肠内环境，显著降低肠道内大肠杆菌、产气荚膜梭菌和沙门氏菌的数量，增进动物的健康水平。

5. 净化机体内外环境

除了通过拮抗作用抑制致病微生物的生长之外，芽孢杆菌在肠道内还可产生氨基氧化酶及分解硫化物的酶类，可降低尿液及粪便中氨和吲哚等有害气体浓度，形成对动物机体更有利的平衡状态；这样，动物排泄物和分泌物中的有益微生物

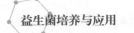

数量增多，致病性微生物减少，从而净化了体内外环境，可减少疾病的发生。

4.8 芽孢杆菌在农业生产中的应用及机理

芽孢杆菌在农作物生物防治和农用微生物肥料等方面都有很好的应用前景。

4.8.1 芽孢杆菌的生防应用

化学农药的贡献是举世公认的。据估计，化学农药的使用有效控制了农作物的病、虫、草害，使全世界每年挽回农作物总产量 30%~40% 的损失，20 多种由昆虫、蜱螨引起的严重威胁人类健康的疾病也得到了有效的控制。我国人均耕地 0.073hm^2，远低于世界平均水平，需以占世界 7% 的耕地养活占世界 20% 以上的人口，必须持续大力发展农业。目前我国的农业生产中，化学农药是最重要也是最有效的植物保护手段。但长期大量使用化学农药，带来了环境污染、生态平衡被破坏等一系列严重问题。可持续发展农业必须合理利用化学农药，更要大力发展生物防治等新的植保手段。尤其是进入 21 世纪以来，公众环境保护意识日益提高，对食品安全关注愈加密切，生物防治获得高度重视的同时也获得了绝佳的发展机遇。

生物防治是利用有益生物或其他生物来控制病虫草害的技术，已成为植物保护不可缺少的组成部分。生物防治能替代高毒性残留的化学农药，降低蔬菜和水果等农产品的农药残留，提高有机食品和绿色食品的生产能力。

芽孢杆菌广泛存在于自然界中，是农作物重要的病害生防细菌之一，具有较强的防病作用。芽孢杆菌作为生防细菌有很多优势：①能产生耐热的芽孢，既易于生产和剂型加工，又易于存活和定殖与繁殖。②生产工艺简单，成本低，施用方便，储存期长。③与不产生芽孢的细菌和真菌生防菌株相比，芽孢杆菌类生防制剂稳定性好，与化学农药的相容性佳。用作生防细菌的芽孢杆菌有枯草芽孢杆菌（*B. subtilies*）、多黏芽孢杆菌（*B. polymyxa*）、蜡状芽孢杆菌（*B. cereus*）、蕈状菌变种（*B. cereus var.mycoides*）、巨大芽孢杆菌（*B. megaterium*）和短小芽孢杆菌（*B. pumilus*）等。

目前已有很多优良的芽孢杆菌菌株应用于农作物的病虫害生物防治。美国已有 4 株芽孢杆菌生防菌株（QST713、GB03、MBI600 和 FZB24）得到了美国环保署（EPA）商品化或有限商品化生产应用许可；我国国内利用芽孢杆菌防治植物病害的应用研究也达到了世界先进水平，现已开发成功并投入生产的商品制剂有亚宝、百抗、麦丰宁和纹曲宁等。

但总的说来，芽孢杆菌生防应用开发还不够，还存在一些问题，如生防菌的适应性问题、拮抗和促生的结合难等。

4.8.2　芽孢杆菌的生防机理形式

芽孢杆菌的生防作用主要有拮抗作用、竞争作用、诱导抗性和促生作用等多种形式，其对植物病原菌的抑制往往是靠两种或多种形式协同作用。

1. 拮抗作用

拮抗作用是指一种微生物产生的物质抑制或杀死另一种微生物的作用。芽孢杆菌种类众多，可产生多种不同的代谢产物，如细菌素、酶类和脂肽等，对病原微生物均可表现出拮抗作用。

芽孢杆菌能产生细菌素 Subtilin 和 Subtilosin，属于抗菌肽类，对植物病原菌中的霉菌、酵母和细菌都有一定的抑制作用。在植物病害的生物防治中，由芽孢杆菌代谢产生的具有抗菌活性的脂肽类物质起到了重要作用。脂肽类抗生素的作用原理是对细胞膜结构特性的影响，通过改变细胞壁通透性抑制病原菌的生存。芽孢杆菌在生长代谢过程中也会分泌一些抑制植物病原物的酶类或活性蛋白，具有很好的生防作用。结构不同的抗菌物质机理也不同，而且某些菌株分泌的多种结构相似的抗菌物质还会表现出协同的抑菌效果。芽孢杆菌所产生的酶类主要包括溶菌酶、氨基酸转移酶、酰胺酶、纤溶酶和氧化酶（β- 琼脂糖酶、NADH 氧化酶）等，这些酶可以抑制、降解或水解病原菌。抗菌蛋白对植物病原菌的抑制作用包括抑制病原菌孢子的产生和萌发，导致菌丝畸形、细胞壁溶解和原生质泄漏等。

2. 竞争作用

竞争作用是生防微生物发挥作用的重要机制之一。芽孢杆菌的竞争作用主要包括营养竞争和空间位点的竞争，且以空间位点竞争为主，主要作用方式为在植物根际、体表或体内及土壤中定殖。枯草芽孢杆菌等芽孢菌株可通过浸种、灌根和涂叶等接种方法进入番茄等多种非自然宿主植物体内定殖，抑制番茄内生病菌的生长。枯草芽孢杆菌还可有效抑制尖孢镰刀菌（*Fusarium oxysporum*）和茄病镰刀菌（*Fusarium solani*）菌丝生长，防治真叶期大豆根腐病，并能提高大豆产量。枯草芽孢杆菌菌株活菌液对棉花枯萎病的抑菌率达 70% 以上，而菌株代谢液的抑菌率较低，说明枯草芽孢杆菌对棉花枯萎病的作用主要通过营养竞争的方式实现；多黏类芽孢杆菌能在拟南芥根部细胞间隙定殖，并形成生物保护膜，有效地防止了拟南芥病虫害的侵入。

3. 诱导抗性

植物的诱导抗性是植物在物理、化学或生物等诱导因子的外部刺激下所产生的增强其抵御能力的反应。芽孢杆菌不但能直接抑制植物病原菌，而且能通过诱发植物自身的抗病潜能而增强植物的抗病性，是植物诱导抗性的重要生物诱导因子。枯草芽孢杆菌可产生与植物抗性蛋白合成基因表达相关的信号蛋白来诱导植物产生抗性，也可通过分泌相关蛋白如丝氨酸专性肽链内切酶直接诱导植物产生抗性。如水稻在枯草芽孢杆菌的诱导刺激下，其植株体内与抗病虫害能力相关的酶如过氧化物酶、多酚氧化酶和超氧化物歧化酶的活性得到普遍增强。

4. 促生作用

部分芽孢杆菌是植物的促生根际细菌，能强定殖于植物根系刺激植物生长和抑制植物病原菌。芽孢杆菌能合成许多种生长激素类物质如生长素、赤霉素、细胞分裂素、脱落酸和吲哚乙酸等，这些生长激素能高效促进植物的生长，在极低浓度下就可产生明显的生理效应并影响植物的生长态势，从而起到防止病害发生的作用。

4.8.3　新型高效微生物肥料

现代农业可以说是建立在化肥的基础上，但是化肥的过量使用也存在化肥利用率低，导致土壤性质恶化、土壤肥力下降、环境污染日趋严重和农产品质量降低等多种问题。为了克服化肥过量使用带来的各种弊端，各国科学家一直在努力探索如何提高化肥利用率，平衡施肥，合理施肥，并开发微生物肥料等新型肥料。

微生物肥料是活体肥料，它的作用主要靠它含有的大量有益微生物的生命活动代谢来完成。芽孢杆菌具有解磷、解钾和固氮等生物活性，而且能产生许多抗菌物质，目前在微生物肥料中应用非常广泛，到 2012 年末，原农业部正式登记的微生物肥料产品大概有 600 多种，几乎每种产品都是芽孢杆菌或包含有芽孢杆菌，最常用的是枯草芽孢杆菌，其次是巨大芽孢杆菌、侧孢芽孢杆菌、地衣芽孢杆菌和胶冻样类芽孢杆菌（硅酸盐细菌，俗称钾细菌）。一般认为芽孢杆菌主要有 3 种功效：①提高农作物抗病虫、抗干旱和抗寒等能力；②促进土壤有机质分解成腐殖质，提高土壤肥效；③具有良好的解磷、解钾和一定的固氮作用，促进农作物生长和成熟。

部分枯草芽孢杆菌具有一定的固氮能力，但目前我国应用的各种微生物肥料中固氮菌类包括根瘤菌类都是无芽孢菌类。由于无芽孢杆菌不耐高温和干燥，在剂型上只能为液体制剂或将其吸附在基质如草炭或蛭石等中制成接种剂，运输和施用成本高。因此开发具有高效固氮能力的芽孢杆菌属细菌是国际微生物肥料的研发热点。现已为国际承认的有固氮作用的需氧芽孢细菌是多黏芽孢杆菌（*Bacillus polymyxa*），其中一个有较强固氮能力的变种于 1984 年定名为固氮芽孢杆菌（*Bacillus azolofixans*）。

4.9 芽孢杆菌在医药卫生、酶制剂及环境保护方面的应用

除了作为微生态制剂的重要益生菌应用于畜禽养殖、农业生防等之外，芽孢杆菌还在医药、酶制剂工业和环境保护等方面有广阔的应用前景。

1. 医药卫生方面的应用

用作医药的芽孢杆菌主要是活菌制剂，根据微生态学原理，利用对人体无害甚至有益的活菌来拮抗外籍菌或过盛菌，通过生物拮抗作用来达到防治疾病和提高健康水平的目的。目前用于活菌制剂的芽孢杆菌主要有蜡质芽孢杆菌、地衣芽孢杆菌和枯草芽孢杆菌等。最有代表性的产品之一就是 1992 年问世的"整肠生"制剂，其生产菌种地衣芽孢杆菌是我国自行分离出来并用于生产的新菌株，具有调节微生态平衡、治疗肠炎和腹泻等多种作用，由东北制药集团公司沈阳第一制药有限公司生产。其他的已商业化的医药产品有促菌生（蜡样芽孢杆菌，成都生物制品研究所）、乳康生（蜡样芽孢杆菌，大连医科大学）、爽舒宝（凝结芽孢杆菌活菌片，青岛东海药业有限公司）、阿泰宁（酪酸梭菌活菌胶囊，青岛东海药业有限公司）等，除此之外还有小儿药品妈咪爱（枯草杆菌二联活菌颗粒，含枯草芽孢杆菌和屎肠球菌，北京韩美药品有限公司），仅妈咪爱一种产品，每年全国的销售额就达数亿元。

芽孢杆菌属的枯草芽孢杆菌的活菌剂可以作为口服液用于治疗肠炎、支气管炎等多种疾病，也可用来预防和治疗烧伤或创伤面的感染。有研究表明，苏云金芽孢杆菌产生的杀虫晶体蛋白具有抗人类癌细胞，即 Hela 细胞（人类宫颈癌细胞）和 MOLT-4-（人类白血病 T 细胞）细胞的作用。而且从芽孢杆菌中提纯出一些酶可以应用在医药方面，如从枯草芽孢杆菌提取到的淀粉酶、纤维素酶能够补充体内消化酶的不足，恢复正常消化机能；蛋白酶可用来分解患者发炎部位纤维蛋白的凝结物，清除伤口周围的坏疽、腐肉和碎屑。

2. 酶制剂工业上的应用

芽孢杆菌从 20 世纪 60 年代初就开始在工业生产中得到广泛应用。芽孢杆菌发酵可以产生工业生产需要的高活性、高纯度的淀粉酶、蛋白酶和纤维素酶等多种酶制剂。

蛋白酶是一类重要的工业用酶。据统计，全世界工业酶制剂年销售额中蛋白酶占到 60%，蛋白酶可用于制革业、丝绸工业、食品行业和洗涤剂行业等多个行业。嗜热脂肪芽孢杆菌等耐热细菌产生的高温蛋白酶由于能满足酶制剂厂和洗涤工业对耐高温且热稳定性强的碱性酶的需求，已经成为酶制剂中的研究热点。

淀粉酶在产量上和应用上都处于各种酶制剂的首位，广泛应用于造纸、食品、医药、纺织和洗涤剂工业中。大多数的芽孢杆菌都能够产生胞外淀粉酶。早在1908 年和 1917 年，德国的 Boiden 和 Efront 就先后从枯草芽孢杆菌培养液中分离出淀粉酶并于 1923 年开始工业化生产。淀粉酶包括 α- 淀粉酶和 β- 淀粉酶。巨大芽孢杆菌、多黏芽孢杆菌和蜡质芽孢杆菌等可用来生产 β- 淀粉酶。嗜热脂肪芽孢杆菌、地衣芽孢杆菌和凝结芽孢杆菌等生产的 α- 淀粉酶有更高的耐热性，最高可达 110 ℃。

纤维素酶能将木质纤维素降解为葡萄糖，早先生产、研究以木霉和曲霉菌产生的酸性纤维素酶为主。1970 年，UNLIVER 公司的研究人员首先发现嗜碱性的芽孢杆菌产生的碱性纤维素酶可以加强洗涤剂的洗涤效果。

近年来，越来越多的研究发现，芽孢杆菌产生的蛋白酶、果胶酶和纤维素酶等可以应用于果酒、果汁、调味品、肉制品和多肽保健品等饮料、食品行业以及中药有效成分提取中，并取得了长足的进展。

3. 环境保护方面的应用

芽孢杆菌在水体净化方面也有广泛应用。如在水产养殖业中用来改善水生养殖环境，实行生物修复。在水产养殖中，微生态环境起着水产动物排泄物及残余饵料的分解、转化以及水质因子的调节与稳定等作用。它的正常与否决定着水质的优劣，进而影响水产动物的健康生长。我国水产养殖多以在静水中投饵喂养为主，池塘老化严重，自净与调节能力较差，水体富营养化严重，导致水产动物疾病频繁发生。芽孢杆菌是土壤中的优势菌种，分解、转化和适应能力强，对养殖生物和人体无害，已被大量地用于水产养殖中。国内水产养殖中最常用的芽孢杆菌是枯草芽孢杆菌。枯草芽孢杆菌能够降低水体的富营养化程度，改善水质，优化养殖水体环境，保持养殖池微生态平衡，从而降低病害的发生，提高水产品的品质。如在虾类养殖中施用枯草芽孢杆菌制剂，通过其繁殖和代谢作用，施用 5 天后养殖池中的有害物质——亚硝酸盐、硫化氢减少，亚硝酸盐浓度降低 20%，衡量水质污染状况的化学耗氧量 COD 值降低 21%；再如在河蟹育苗中，施用枯草芽孢杆菌制剂的水体中氨氮量降低 10%，13 天不用换水，而对照池每天需换水 2 次，这样能节约养殖用水 85% 以上。

在城市生活垃圾等富含有机质的固体废弃物的处理方面，芽孢杆菌也有很好的应用前景。城市生活垃圾是城市环境的主要污染物之一，生物法处理垃圾是国内外的发展趋势。生物处理技术就是利用城市生活垃圾中固有的或外加的微生物，在一定控制条件下，进行一系列的生物化学反应，使得垃圾中的不稳定的有机物代谢后释放能量或转化为新的细胞物质，从而使垃圾逐步达到稳定化的生化过程。生物处理技术又包括好氧和厌氧生物处理。好氧生物处理主要通过添加芽孢杆菌属、假单胞菌属（*pseudomonas*）和克雷伯氏菌属（*klebsiella*）等细菌，依靠细菌强大的比表面积，快速将可溶性底物吸收到细胞中，进行胞内代谢。

重金属污染也是目前环境污染的主要种类之一，利用芽孢杆菌吸附重金属，是治理重金属污染的一种很有潜力的方法，目前报道的用于重金属吸附的芽孢杆菌主要有蜡状芽孢杆菌、巨大芽孢杆菌和胶质芽孢杆菌等。

本章要点

　　枯草芽孢杆菌是芽孢杆菌属的模式菌。芽孢杆菌类益生菌的最大特性之一就是能形成芽孢。芽孢是芽孢杆菌在一定条件下，细胞质高度浓缩脱水所形成的一种抗逆性很强的球形或椭圆形的休眠体。芽孢最主要的特点是具有很强的抗逆性，对高温、紫外线、干燥、电离辐射和很多有毒的化学物质都有很强的抗性。同时，芽孢还有很强的折光性。芽孢杆菌之所以有益生作用，主要是由于它能产生蛋白酶、脂肪酶、淀粉酶等多种消化酶；可以合成多种维生素，如叶酸、烟酸，维生素 B_1、B_2、B_6、B_{12} 等以及乳酸等营养物质；促进肠道相关淋巴组织发育，增强动物体的免疫功能；通过生物夺氧作用等拮抗作用抑制病菌；可产生氨基氧化酶及分解硫化物的酶类，可降低动物血液及排泄物中氨、吲哚等有害气体浓度，净化养殖环境。而且由于产生芽孢，使得芽孢杆菌在应用中有许多优势，如稳定性好，存活率高，加工造粒中耐高温等。芽孢杆菌应用很广，在畜禽、水产养殖、微生物肥料、环境卫生、医药，以及工业上都有广泛的应用。

习题

4-1　名词解释：芽孢，芽孢杆菌。

4-2　芽孢有哪些主要特性？

4-3　芽孢杆菌类益生菌主要有哪几种？

4-4　芽孢杆菌微生态制剂的作用机理主要是什么？

4-5　芽孢杆菌有哪些特性？

4-6　生产中提高芽孢生成率的措施主要有哪些？

参考文献

[1]　刘国红，林乃铨，林营志，刘波. 芽孢杆菌分类与应用研究进展 [J]. 福建农业学报，2008，23（1）:92-99，200.

[2]　NAKANO M M, ZUBER P. Anaerobic Growth of a "strict aerobe" (*Bacillus subtilis*) [J]. Annual Reviews in Microbiology,1998,52（1）:165-190.

[3]　HONG H A,KHANEJA R, TAM N M, et al.Bacillus Subtilis Isolated from the Human Gastrointestinal Tract[J]. Research in Microbiology, 2009,160（2）:134-143.

[4]　赵树平，包维臣，高鹏飞，等. 凝结芽孢杆菌的特性及研究进展 [J]. 家畜生态学报，2014，35（2）:6-10.

[5]　关珊珊，杨晓静，吴鹏飞，等. 短小芽孢杆菌 USTB-06 发酵液治愈大白鼠烧伤的研究 [J]. 医学动物防制，2009，25（4）:241-243.

[6]　杜春梅. 芽孢杆菌在农业中的研究和应用 [M]. 哈尔滨：黑龙江大学出版社，2003.

[7]　熊峰，王晓霞，余雄. 芽孢杆菌作为微生物饲料添加剂的生理功能研究进展 [J]. 北京农学院学报，2007，22（1）:76-80.

[8]　郭小华，赵志丹. 饲用益生芽孢杆菌的应用及其作用机理的研究进展 [J]. 中国畜牧兽医，2010，37（2）:27-31.

[9]　王星云，宋卡魏，张荣意. 枯草芽孢杆菌菌剂的开发应用 [J]. 广西热带农业，2007，109（2）:32-35.

[10]　陈声. 近代工业微生物学（下册）［M］. 上海：上海科学技术出版社，1982.

[11]　胡永红，等. 益生芽孢杆菌生产与应用 [M]. 北京：化学工业出版社，2014.

[12]　张建刚，侯玉洁，周美玲，等. 芽孢杆菌的作用机制及其在奶牛生产中应用进展 [J]. 中国奶牛，2013，1：7-10.

[13]　俞俊棠，唐孝宣. 生物工艺学 [M]. 上海：华东理工大学出版社，1992.

[14]　李维炯，微生态制剂的应用研究 [M]. 北京：化学工业出版社，2008.

第 5 章

光合微生物

5.1 光合微生物简介

光合微生物是以光为唯一或主要能源生活的微生物，主要有微藻和光合细菌。

5.1.1 微藻的分类与生态

微藻（microalgae）是指在显微镜下才能辨别其形态的微小的藻类类群。微藻不是分类学上的名称。已知藻类约 3 万余种，其中 70% 是微藻。在生产中常用的微藻如表 5-1 所示。

表 5-1　生产中常用的几类微藻

门	属	应用
蓝藻门（Cyanobacteria）	螺旋藻（*Spirulina*）	保健食品
绿藻门（Chlorophyta）	小球藻（*Chlorella*）	保健食品
	栅藻（*Scenedesmus*）	保健食品
	杜氏藻（*Dunaliella*）	生产甘油和胡萝卜素
	四爿藻（*Tetraselmis*）	水生动物饵料
异鞭藻门（Heterokontophyta）	骨条藻（*Skeletonema*）	水生动物饵料
	角毛藻（*Chaetoceros*）	
	褐枝藻（*Phaeodactylum*）	
	菱形藻（*Nitzschia*）	

藻类有原核和真核两种类型。原核藻类缺少膜包裹的细胞器，只有蓝藻（也称蓝细菌）是原核藻类，其余的藻类都是含有细胞器的真核生物。微藻细胞微小，形态多样，分布广泛，在地球上几乎所有环境中都能见到。微藻主要分布于江河湖海、池塘沟渠，也有些种类在潮湿土壤、岩石或墙壁上生存，特殊种类可在极端环境下生长繁殖。它们处于食物链的最底层，将光、二氧化碳和水转化为有机物，构成食物链的基本食物源，同时形成次级和高级消费者所需的氧气，具有不可取代的生态地位。微藻的营养方式有光自养、异养和兼养。其中，大多数微藻是光自养，有一部分光自养类型的微藻也可以异养生活。几类主要藻

类的生理学特征见表 5-2。

表 5-2　几类主要藻类的生理学特征

门	色素组成	叶绿体	细胞壁	生活环境
蓝藻门 (Cyanobacteria)	叶绿素a(一些蓝藻含有叶绿素b或d)，C-蓝藻素，别蓝藻素，C-红藻素，类胡萝卜素(海胆烯酮，蓝藻叶黄素等)	无叶绿体，是原核藻类，有藻胆蛋白	α和ε-二氨基庚二酸，丙氨酸	淡水、海水或陆生
绿藻门 (Chlorophyta)	叶绿素a、b，类胡萝卜素(主要是叶黄素)	叶绿体被双层叶绿体背膜包裹，储存物质淀粉于叶绿体内	多数为纤维素	主要是淡水，其中淡水品种占90%
异鞭藻门 (Heterokontophyta)	叶绿素a、c1和c2类胡萝卜素(主要是岩藻黄素)	叶绿体被叶绿体内质网双层膜包裹	硅质构成的细胞外壁即硅藻壳	淡水或海水水体，可附生

5.1.2　光合细菌的分类与生态

光合细菌(photosynthetic bacteria，PSB)是一类具有光合色素、能在无氧条件下进行光合作用的原核微生物的总称。光合细菌均为革兰氏阴性菌，不形成芽孢；细胞形态多样，有球状、杆状、半环状、螺旋状和突柄种类等，细胞大小差异大；主要以二分裂方式繁殖，少数为出芽生殖；大多靠鞭毛运动。光合细菌菌体内含有菌绿素和类胡萝卜素，随着色素种类和数量不同，菌体呈现出不同颜色。依照细胞形态、分裂方式、运动情况和代谢能力等一般把它们归为红螺菌目(Rhodospirillales)。根据营养类型，光合细菌可分为光合自养细菌(photoautotiophs)和光合异养细菌(photoheterotrophs)两类。根据是否产氧、电子供体及菌体颜色，可分为五类(图 5-1)。根据光合细菌具有的光合色素体系和光合作用能否以硫为电子供体，《伯杰氏细菌鉴定手册》(9 版)将光合细菌分为7 个类群——外硫红螺菌科(Ectothiorhodospiraceae)、着色杆菌科(Chromatiaceae)、紫色非硫细菌(purple nonsulfur bacteria)、绿硫细菌(green sulfur baeteria)、螺旋杆菌科(Helicobacteraceae)、多细胞丝状绿细菌(multicellular filamentousgreen bacteria)以及含细菌叶绿素的专性好氧细菌(aerobic bacteriochlorophyllcontaining bacteria），共计28个属，108种。近年陆续有新菌种报道。

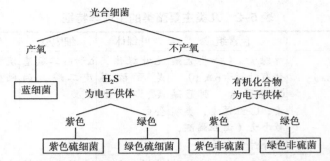

图5-1　根据是否产氧、电子供体种类及菌体颜色分类的光合细菌

光合细菌几乎遍布于江河湖海、水田、沼泽及土壤中，主要生活在水生环境中光线能透射到的缺氧区域。它们不仅能在厌氧光照条件下以低级脂肪酸、二羧酸、醇类、糖类和芳香族化合物等低分子有机物作为光合作用的电子供体进行光能异养生长，而且能在黑暗有氧条件下以有机物为呼吸基质进行好氧异养（表5-3）。因光合细菌能够利用光能固定CO_2，并根据环境变化，发挥其固碳、固氮、产氢和氧化硫化物等作用，因此在自然界的碳素、氮素和硫素循环以及物质的转化中起着重要作用。同时，光合细菌菌体是浮游动物良好的饵料，它们在自然界生态食物链上也是不可缺少的重要一环。

作为20亿年前地球上出现最早的具有原始光能合成体系的原核微生物，光合细菌是进行光合作用机理、光合作用起源和生物固氮等研究的理想试验材料。1836年，Ehrenberg首先发现了两种能够使沼泽和湖泊等水体颜色变红的微生物，其生长与光和H_2S的存在有密切关系。Van Nile于1931年提出了光合作用的共同反应式，解释了光合成现象，为现代光合细菌的研究奠定了基础。Robert Huber、Johann Deisehofer和Hartmut Michel这三位科学家以光合细菌为试验材料，首次成功解析了光合作用反应中心的立体结构，并阐明了其光合作用的进行机制，做出了开拓性的贡献，他们共同获得了1988年诺贝尔化学奖。

表5-3　几类主要光合细菌的生理学特征

特征	外硫红螺科	着色杆菌科	红螺科	绿菌科	绿曲菌科
光合作用中电子供体	有机化合物，H_2，H_2S	H_2S，H_2，S	有机化合物，H_2，H_2S	H_2S，H_2，$S_2O_3^{2-}$	有机化合物，H_2S，$S_2O_3^{2-}$

续表

特征	外硫红螺科	着色杆菌科	红螺科	绿菌科	绿曲菌科
主要碳源	有机化合物，CO_2	有机化合物，CO	有机化合物，CO	有机化合物，CO	有机化合物，CO
对氧的要求	兼性需氧和兼性厌氧	严格厌氧和兼性需氧	兼性需氧和微好氧	严格厌氧	兼性厌氧
在黑暗有机化合物中发酵	有	—	有	无	—
厌氧呼吸	有	—	有*	无	—
需氧呼吸	有	有*	有	无	有
化学自养	有	有*	无	无	无
所需生长因子	B_{12}或无	B_{12}或无	光照下厌氧生长需复合生长因子	B_{12}或无	B_1，B_2，B_{12}，叶酸，泛酸

注：* 为只有少数种具有的特性。

5.2 光合微生物的典型菌种

5.2.1 微藻的典型菌种

1. 小球藻简介

小球藻（Chlorella）属于单细胞绿藻，其分类地位是绿藻门（Chlorphyta）绿藻纲（Chlorophycene）绿球藻目（Chorococcales）卵囊藻科（Oocystace）小球藻属（*Chlorella*）。其形状呈球形或椭圆形，直径为 2~12μm。它的种类繁多，生态类型多样，在淡水、海水中均有分布，在人工培养基中也能良好生长。现在世界上已知的小球藻有 15 种左右，加上它的变种可达数百种之多。我国常见的种有蛋白核小球藻（*Chlorella pyrenoidosa*）、椭圆小球藻（*Chlorella ellipsoidea*）和普通小球藻（*Chlorella vulgaris*）。笔者课题组筛选出一株小球藻，同时具有自养和异养能力，命名为小球藻 USTB-01，其菌落及显微照片见图 5-2。

小球藻一般以个体单独存在，但有时也会聚成黏质层沉到水底或附着在器物上。细胞壁的外面一般无黏质，但有时也会分泌黏质而使多个细胞粘在一起，细胞内有一杯状或板状载色体，载色体内有一淀粉核，随小球藻种类的不同淀粉核明显或不明显，有些小球藻种没有淀粉核。小球藻的繁殖方式为裂殖，依靠细胞内原生质分裂而形成不动孢子或称为似亲孢子。当细胞进行增殖时，原生质体分裂为二、四、八或十六个似亲孢子，待母细胞破裂后，似亲孢子就被释放出来。

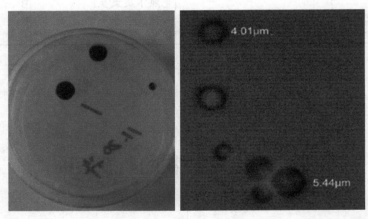

图 5-2　小球藻 USTB-01 单克隆菌落及显微照片（放大 1000 倍）（有彩图）

2. 小球藻的特性

作为人类的健康食品、优良饲料和可再生能源的原料，小球藻细胞内富含蛋白、脂类及色素等多种活性物质，主要营养成分见表 5-4。

表 5-4　小球藻的营养成分（100g 干藻粉）

基本成分 /g		氨基酸 /g		维生素、色素及其他 /mg	
蛋白质	35~67	赖氨酸	3.08	维生素B₁	1~3
粗纤维	1~4	精氨酸	4.07	维生素B₂	3~8
脂质	8~13	苏氨酸	2.29	维生素B₆	0.3~1.2
灰分	5~8	组氨酸	1.01	维生素B₁₂	0.06~0.1
糖类	10~20	甘氨酸	3.18	维生素K	0.17~1.8
矿物质元素 /mg		氨基酸 /g		维生素、色素及其他 /mg	
钾	700~1400	丝氨酸	2.42	维生素C	25~100
钙	40~150	谷氨酸	6.27	维生素E	9~15

基本成分 /g		氨基酸 /g		维生素、色素及其他 /mg	
镁	100~3500	丙氨酸	3.33	烟酸	16~25
铁	70~250	缬氨酸	4.14	叶酸	0.02~0.06
钴	0.01	色氨酸	5.04	泛酸	1.2~4.5
钼	0.05	亮氨酸	5.04	胆碱	200~500
锰	1	异亮氨酸	2.41	亚麻酸	1.2~2.9
磷	12	苯丙氨酸	3.09	亚油酸	1.4~2.2
硫	0.63	天冬氨酸	5.34	叶绿素	2800~3000
		半胱氨酸	0.24	胡萝卜素	76~115

3. 小球藻的培养与优化控制

小球藻是人类最早开始培养的微细藻类。1890 年荷兰微生物学家 Beijerinck 首先在琼脂平板上成功分离到了小球藻的纯培养物。Otto Warburg 于 1919 年将这一纯培养物在实验室进行纯培养，作为研究植物生理学的材料。目前主要有光照自养培养、无光照异养培养和混合培养 3 种方式，各培养方式及控制要点如下。

1）光照自养培养

小球藻的自养培养就是根据小球藻光合作用的机理，利用光、二氧化碳及其他基础无机营养物质对小球藻进行培养。小球藻同化 CO_2 生成碳水化合物，提供细胞结构物质单元和代谢能量以生长繁殖。自养培养既可利用自然光，也可利用人工光照，最适光照强度为 2000~5000 lx，最适 pH 值为 6.5~7.5，温度为 20~30℃。光照强度、pH 值、温度和通气量通过影响小球藻光合作用强度而控制小球藻的生长，图 5-3(a) 为小球藻 USTB-01 光照自养培养。经过低温保存的菌种进行活化时要进行弱光培养，活化成功后的藻种再进行扩大培养时可以正常光照。小球藻可以利用硝酸盐、尿素和铵盐作为氮源，添加适量的包含痕量有机酸和微量元素的土壤浸出液将有利于小球藻的生长。

光照自养培养是目前产业化生产小球藻的主要方法，但是在露天池塘开放式自养培养过程中，由于不是无菌环境且许多理化指标如温度和 pH 值等无法控制，不仅易导致培养失败，而且对小球藻的质量也造成严重影响。为克服开放式培养的这些缺点，人们开始使用密闭光合培养系统，如浅盘反应器和管道光合生物反应器等。通常在这些反应器中采用离心泵搅拌或气升式搅拌，通过补加无机营养液及 CO_2 等措施，使培养条件更易于控制，有效避免污染，质量和产量也比较稳定。但当藻细胞达到一定浓度后会严重阻挡光线进入培养基，小球藻的产率和细胞浓度很难再有明显提高。在管道光合生物反应器中，藻类附壁现象严重，管道清洗困难，影响了生产的连续性和高效性。

2）无光照异养培养

1953年，Lewin首先发现了一些藻类能利用有机物作为唯一的碳源和能源进行异养生长，从而引发了单胞藻类培养的一次重要革命。有研究表明，葡萄糖、半乳糖、乙酸、乙醇、乙醛和丙酮酸可作为唯一碳源支持小球藻的生长。葡萄糖、半乳糖和醋酸盐可在无光照条件下支持蛋白核小球藻的快速生长，图5-3(b)为笔者课题组对小球藻USTB-01进行光照异养培养，异养培养的生物量远高于自养培养。近年来小球藻的异养培养研究越来越受到众多学者的重视。通过对高细胞浓度异养发酵培养技术的研究与探索，大幅度提高了小球藻的生长速度，使小球藻异养培养的工业化生产成为可能。

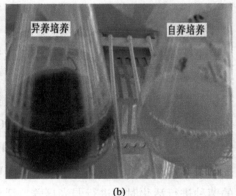

(a)　　　　　　　　　　(b)

图5-3　小球藻USTB-01光照自养培养及异养培养（有彩图）

异养培养可以分为分批培养、补料培养和连续培养等三种方式。分批培养指将微藻接种到装有培养液的容器中，提供适当的温度、营养物质、酸碱度等条件，培养一段时间后一次性收获。这种方法操作简便，但随着培养液中营养成分的消耗，细胞的生长逐渐停止，很难达到高的细胞浓度，如果加大营养成分的初始浓度，又会对微藻的生长产生抑制作用。

补料培养是在分批培养的过程中，连续或间断性地添加营养物质。这样既可满足微藻的生长需要，又可减弱由于营养物浓度过高对微藻的抑制作用。因此，补料培养可以获得较高的微藻产量。

连续培养又分为半连续培养和连续培养两种方式。半连续培养是指定期定量地加入培养液和取出培养物；连续培养是在培养过程中不断地加入培养液和取出培养物，使流入速度和流出速度保持平衡。连续培养消除了由于营养液浓度不适宜和有害物质的积累而造成的不良影响。笔者课题组成功异养发酵和混合发酵培养了小球藻 USTB-01。图 5-4 为自主设计的混合发酵培养装置。

图 5-4　小球藻 USTB-01 异养发酵培养及混合发酵培养（有彩图）

3）混合培养

混合培养是自养和异养培养方式的结合，即在添加有机碳源的同时提供光照。这种培养方式可以较好地发挥自养和异养两种培养方式的长处。但此种方式目前尚难以用于规模化生产，因为必须额外安装光照设备，在设备设计和制造上有很大困难，投资和运转费用将大大增加。另一个重要原因是在细胞密度较高时难以提供有效的光照。

5.2.2　光合细菌的典型菌种

1. 沼泽红假单胞菌简介

沼泽红假单胞菌（*Rhodopseudomonas palustris*）是紫色非硫菌的一种，呈两端圆钝的杆状或长卵形，革兰氏阴性，靠极生鞭毛运动，大小约（0.5~0.8）μm×（1.1~2.2）μm，出芽繁殖。在琼脂平板上厌氧光照培养后形成光滑湿润、表面微凸、边缘规则的红色圆形菌落，直径 0.2~0.8mm。在液体培养基中微好氧条件下培养，菌液呈无色或淡粉色,移至光照厌氧条件下培养,菌液初为粉红色,后变为深红色。

　　沼泽红假单胞菌广泛分布于自然界中,在畜栏污水池、蚯蚓排泄物、海洋沉积物及池塘中均能筛选到。通常紫色非硫菌只能够光合异养生长,但沼泽红假单胞菌能够在光合自养、光合异养、化学自养以及化学异养这四种代谢方式中自由转换(图5-5),并在无氧或有氧条件下,利用多种形式的无机电子供体和碳氮源。因此将其作为良好的实验材料,实验条件可控性强,利用沼泽红假单胞菌研究其如何调节代谢途径以适应环境变化,揭示生物代谢的多样性已经成为目前的研究热点。2004年,Larimer等人完成了沼泽红假单胞菌CGA009菌株的全基因组测序,环状染色体大小为5.46Mb,包含了4836个预测基因。

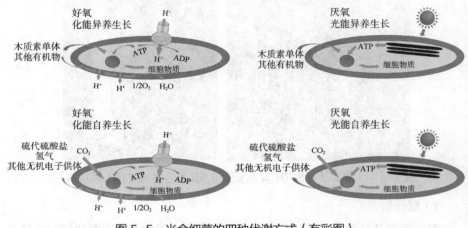

图5-5　光合细菌的四种代谢方式(有彩图)

　　除了理论研究,沼泽红假单胞菌的用途很多,可用于水质净化、污水处理、固氮产氢及生产微生物饲料添加剂等。1999年6月我国原农业部第105号文件发布的《允许使用的饲料添加剂品种目录》中,饲料级微生物添加剂有12种,沼泽红假单胞菌名列其中。该目录历经多次筛选扩充,至2013年原农业部批准使用的35种养殖动物用益生菌种中,沼泽红假单胞菌仍然是唯一一种可做饲料添加剂用的光合细菌。

　　2. 沼泽红假单胞菌的特性

　　沼泽红假单胞菌菌体富含各种生物活性蛋白、泛酸、类胡萝卜素和B族维生素等。沼泽红假单胞菌的蛋白质占细胞干重的61.2%,脂肪、灰分、可溶性糖类分别占细胞干重的8.1%、7.5%和5.7%;所含氨基酸种类齐全,沼泽红假单胞菌蛋白质含所有 17 种氨基酸，必需氨基酸总含量达 40.92%，是一种比较优质的饲料蛋白源。沼泽红假单胞菌富含 B 族维生素，其中维生素 B_2、维生素 B_6 和烟酸含量高，同时还含有类胡萝卜素，可促进组织蛋白质的合成，加速生物发育，增加机体抵抗力。因此，沼泽红假单胞菌是一种较为优质的饲料蛋白营养源，作为饲料添加剂可以有效地提高饲料效率，促进动物生长。

3. 沼泽红假单胞菌的培养与优化控制

1）培养方式

沼泽红假单胞菌的培养方法主要有两类：一种是利用其厌氧或微好氧光照培养的特性，用透明或半透明的容器密闭培养，国内多采用玻璃缸或塑料桶进行静置厌氧培养，该种方法成本低，操作简单；或用槽式装置半开放或开放式培养，同样成本低，易操作，但增加了染杂菌的概率。另一种是利用其在好氧黑暗条件下也能生长的特性，进行液体深层发酵生产，在通气式发酵罐中进行培养，该种方法生产周期短，发酵条件易控制。

2）静置厌氧培养的控制要点

（1）接种量。适当的接种量对于扩大培养十分重要。如接种量过小，则沼泽红假单胞菌很难快速生长，如果是室外培养，接种量过小，又遇到阴天，光照少，温度低，培养物极易被硫酸盐还原菌污染变黑。合适的接种量为 10%~15%。

（2）扩大培养。接种后的培养管一般先在室内暗处放置数小时至 24 h，再移至光照下开始光合成培养。培养时间因条件而异，大约需要 1 星期。一次扩大培养的光合细菌充分生长后，则应转接培养，即把上一次的富集培养物移接少量至无菌的富集培养液中，重复上述培养过程，可获得大量生长的光合细菌培养物。

（3）选择光源与光强。实验室内进行沼泽红假单胞菌培养时最好使用白炽灯，白炽灯不仅发出光合细菌的类胡萝卜素吸收的短波光（450~550 nm），而且大量发出细菌叶绿素（bchl）吸收的长波光（715~1050 nm）。合适的光照强度为 500~2000 lx，把培养管放在距白炽灯（40~60 W）5~15 cm 处即可。

5.3 光合微生物的生长与培养

5.3.1 光合微生物的生长特性

光合微生物菌种可从采集的池塘底泥、淡水或海水中重复富集、分离纯化获得。若使用保存的菌种，扩大培养前必须经过活化，才能有效地进行扩大培养。目前，养殖中使用的光合细菌多为红螺菌科和一部分着色菌科的复合菌株，微藻多为螺旋藻、绿藻和硅藻。

光合微生物培养中除碳、氮、磷等主要营养元素外，还需要一定量的镁、钙、钠和有关的微量元素，营养元素按一定的比例配成适于菌体生长繁殖的培养基。了解光合微生物的生理特性及培养条件要求，有助于培养及获得高细胞浓度的光合微生物。

5.3.2 光合微生物的培养与环境条件

1. 氧和光照

光合细菌对光照和氧的需求与其获能方式有关，其光合作用获能过程基本是个厌氧过程。部分藻类在异养培养阶段需要溶解氧，控制溶解氧的浓度，对于藻的生长和产物形成至关重要。

光合细菌对光的利用与其细菌色素的种类有关，因为各种光合细菌所含色素及其活细胞的吸收光谱不同。红外灯和钨灯的发光较荧光灯更适合光合细菌的吸收，对光合细菌的成长更有利。在光照条件下，光合细菌的活性随着光照强度增加而增加，光照强度不足会强烈抑制光合细菌的生长，光照强度增加将显著刺激细胞成长。适合的光照强度及光饱和时的光照强度与反应器、光源种类及微生物浓度有关。

光照是微藻生长的重要因子。藻类培养也存在光饱和效应，在某一时刻能有效利用的光照是一定的，最适的光照度范围在 2000~10000 lx 之间。过高强度的光不能被利用，甚至还会抑制藻类生长。所以光饱和点以下的光照度是藻类生长的限制因子，当培养容器深、细胞浓度高时，由于藻细胞的附壁或者细胞之间的相互遮挡，内部光照度减弱，会造成生长不良。藻类存在间歇光照效应，在适当强度的光照下培养一段时间，可获得一个光合作用周期所需的全部光能，在暗阶段对这些能量加以利用，完成整个光合周期。

2. 温度

光合细菌可以在较大的温度范围内生长，一般为 10~40 ℃。一般认为光合细菌在 30~40 ℃范围内具有较高的生长率和 CO_2 还原率。

高温或低温都会影响微藻体内合成蛋白和多糖的酶活性，只有在最适的条件下，微藻产量才能达到最大。以小球藻为例，其最适生长温度在不同藻株间存在差异，通常小球藻的适宜生长温度为 20~30 ℃。温度除影响微藻的生长外，还影响微藻代谢产物的形成。有研究报道 *Chlorella zofingiensis* 在 28℃下培养利于积累叶黄素，而在 24℃下培养利于积累虾青素。

3. pH 值

光合细菌不同菌种或菌株适宜生长的 pH 值范围也不同，一般 pH 值为 7.0 ~ 8.5。在光合细菌生长过程中，由于培养基的利用导致 pH 值的变化。可能的影响因素包括：CO_2 的同化或释放，由于 H_2S 或硫代硫酸盐等被氧化生成硫酸，培养基中有机酸的积累。培养基中 pH 值的变化通常与光合作用的初级产物有关。

一般微藻适合生长的 pH 值为 6.0~9.0，也有微藻在极端 pH 值下生长，如绿球藻（*Chlorococcum littorale*）和钝顶螺旋藻（*Spirulina platensis*）分别在 pH 值为 4 和 pH 值为 9 的条件下生长良好。在 pH 值为 7~8 范围内，小球藻可以持续稳定地快速生长。尿素、硝酸钠、碳酸氢铵和硫酸铵等氮源对培养液 pH 值的影响，主要取决于氮素被利用后伴随离子在培养液中的水解反应。以尿素为氮源时，尿素先被水解成 NH_4HCO_3，随着 NH_4^+ 和 HCO_3^- 的利用产生 OH^-，导致培养液的 pH 值升高；以硝酸钠为氮源时，NO_3^- 被利用后，Na^+ 留在培养液中使 pH 值升高；以硫酸铵为氮源时，伴随离子是 SO_4^{2-}，随着 NH_4^+ 的利用，培养液中的 H^+ 浓度升高，pH 值降低。

4. 碳氮源及无机金属离子

有研究表明，高浓度的葡萄糖会抑制小球藻叶绿素合成过程中 δ- 氨基乙酰丙酸以后的反应步骤，同时加快叶绿素降解，因此导致叶绿体退化、细胞黄化甚至白化。氮在细胞代谢中是形成氨基酸、嘌呤、嘧啶、卟啉、氨基糖和胺化合物等的基本元素。藻类不能直接利用 N_2，却都能以硝酸盐、尿素和铵盐为氮源。氨基酸，特别是甘氨酸、丝氨酸、丙氨酸和谷氨酸也可作为某些浮游藻类（如扁藻、栅藻等）生长的氮源。氮源浓度太高也会抑制藻类生长。在小球藻的异养培养中，多不饱和脂肪酸的产生量与氮源添加量有关。适量控制氮源，避免藻体生物量增长过快，可使多不饱和脂肪酸累积量相对提高。

无机盐及金属离子也会对小球藻生长和代谢产生影响。有研究表明，加入一定浓度的 KI 和 KIO_3 后，椭圆小球藻对碘进行富集，藻的叶绿素含量和可溶性蛋白含量都出现明显提高。因为碘在藻类细胞中多以 I - C 键与酪氨酸结合，碘的加入有可能诱导了碘结合蛋白及相关酶类的合成。而色素含量的提高则可能与藻类的适应性调节有关。少量的磷就可以维持小球藻生长，过量的磷以多聚磷酸盐的形式储存在细胞内，不再支持小球藻的生物量提高。当微藻细胞接近饱和生长时，碳、氮、磷的原子比例为 106:16:1。

5. 生长因子

光合微生物对生长因子的要求因菌种不同差异较大。紫色和绿色硫细菌的某些种需要维生素 B_{12}，其他的种对生长因子无要求。紫色非硫细菌对生长因子的要求较为复杂，有时需要复合因子。酵母浸出液被认为是光合细菌培养中的重要物质，加入酵母浸出液后将大大刺激大多数光合细菌的生长。而在藻类培养中，适量添加土壤浸出液有利于藻类生长。

5.3.3　光合微生物的计数方法

光合细菌菌数含量的测定包括总菌数测定和活菌数测定。总菌数的测定方法通常为浊度法或血球计数板法。活菌数的测定常用培养基平板菌落计数法及农业行业标准（NY 527—2002）中的最大可能数 5 管法（MPN5 管法）。平板菌落计数法适用于需氧细菌总数的检测，但对于厌氧的光合细菌则不易培养。此外，培养过程中由于长时间光照，易导致培养基渗水而计数不准，及部分菌落在平板上不易变色，妨碍准确计数。最常用的方法为最大可能数 5 管法。

单细胞微藻的计数可用血球计数板和分光光度法，建立细胞密度与浊度之间的线性函数。测定时，使用分光光度法测定微藻培养物的吸光度（常用680nm），再通过公式换算，获得细胞密度，可以简化工作步骤。

5.4　光合微生物的作用机理与应用

5.4.1　光合微生物的作用机理

光合细菌和微藻含有较高的优良蛋白质，氨基酸组成平衡，维生素和生物素含量丰富（见表 5-5），并含有大量的叶绿素和类胡萝卜素。迄今已从光合细菌中分离出 80 种以上的类胡萝卜素。叶绿素和类胡萝卜素对养殖生物的健康生长，增强其对疾病的抵抗力有很大的益处。光合细菌还含有大量的辅酶 Q，微藻中含有大量不饱和脂肪酸。光合微生物作为营养活性物质的丰富来源，广泛应用于动物养殖以及人类健康食品中。

表 5-5　光合微生物的营养成分

项目	光合细菌	螺旋藻	绿藻	酵母	大豆
蛋白质	66.45	65.22	53.76	50.80	30.99
粗脂肪	7.18	1.64	6.31	1.8	19.33
可溶性糖	20.31	20.22	19.20	36.10	30.93
粗纤维	2.78	5.20	10.33	2.70	7.11
灰分	4.28	7.70	10.22	8.70	5.68
维生素B_1	12	55		2~20	
维生素B_2	50	48		30~60	
维生素B_6	5	3		40~50	
维生素B_{12}	21	2		−	
维生素K	588			−	
烟酸	125	118		200~500	
泛酸	30	11		30~200	
叶酸	60	0.5		−	
生物素	65	−		−	
辅酶Q	1744~3399			259	

单位：蛋白质～灰分，%；维生素 B_1～辅酶 Q，$\mu g/g$。

1. 类胡萝卜素

光合细菌的光合作用单元中都存在类胡萝卜素。类胡萝卜素、叶绿素与蛋白质非共价结合形成色素蛋白复合物 (pigment-protein complexes)，包括捕光色素蛋白复合物和光合作用反应中心。这种色素蛋白复合物是光合作用发生的分子基础，其中类胡萝卜素起到了双重作用——光吸收和光保护。目前已从光合细菌中分离出 80 种以上的类胡萝卜素。光合细菌因类胡萝卜素种类的不同而呈现不同的颜色。光合细菌类胡萝卜素的种类见表 5-6。红色硫黄细菌的主要成分是环式类胡萝卜素，特异的氧化番茄红素的 C-20 位使共轭双键数变化范围扩大，菌体的色调也大大地丰富，从黄色、黄橙色、红橙色、红色、紫红色到紫色都有。多数绿色细菌中具有单环式类胡萝卜素绿菌烯（chlorobactene），使菌株呈现绿色。一部分绿色细菌以双环式类胡萝卜素异海绵烯等为其主要成分，它们的结构近似于真核细胞的类胡萝卜素的组成，使菌株呈现褐色。

表 5-6　光合细菌类胡萝卜素的种类

群	名称	主要成分
1	正常的螺菌黄质系	番茄红素，紫菌红素，螺菌黄质
2	改变的螺菌黄质系和球形烯酮型的酮类胡萝卜素	球形烯，羟基球形烯，球形烯酮，羟基球形烯酮，螺菌黄质
3	奥氏酮（Okenon）系	奥氏酮
4	紫菌红素系	番茄红素，番茄红醇，紫菌红素乙，紫菌红素，紫菌素醇
5	绿菌烯系	绿菌烯，羟基绿菌烯，异海绵烯

微藻中的类胡萝卜素种类也很多（表 5-7），常见几种类胡萝卜素结构如图 5-7所示。盐藻 Dunaliella 常用于 β- 胡萝卜素的生产，微绿球藻（Nannochloropsis gaditana）用于生产玉米黄素。叶黄素（Lutein）是广泛存在于花卉、水果和蔬菜等植物中的天然色素，属于类胡萝卜素类的四萜类化合物。目前工业化生产叶黄素主要是从万寿菊（tagetes erecta）花瓣中提取，但其具有含量低、分离纯化难度大和产品纯度不高的缺点。微藻细胞中的叶黄素质量分数高达 0.27 %~0.31 %，很多报道研究利用小球藻 Chlorella 和拟穆氏藻 Muriellopsis 生产叶黄素。图 5-6 为小球藻 USTB-01 藻粉及提取的叶黄素。

图 5-6　小球藻 USTB-01 藻粉及提取的叶黄素（有彩图）

表 5-7　几种微藻中的类胡萝卜素

微藻	类胡萝卜素	类胡萝卜素含量 /%	生理功能
Dunaliella salina	β-胡萝卜素 (carotene)	10	防癌、抗癌、增强人体免疫功能和延缓衰老等
Haematococcus pluvialis	虾青素 (astaxanthin)	7.7	抗氧化性强，具有增强机体免疫力、预防癌症等作用
Muriellopsis sp.	叶黄素 (lutein)	0.8	延缓肺部老化、保护视网膜
Scenedesmus almeriensis	叶黄素 (lutein)	0.6	减少白内障和夜盲症，增加免疫功能，降低乳腺癌与肺癌的风险等
Dunaliella salina mutant	玉米黄素 (zeaxanthin)	0.6	减少心血管疾病发病率、增强免疫功能和视觉保护等
Coekastrella striolata variant	角黄素 (canthaxanthin)	4.8	抗氧化、抗癌，提高免疫力，保护皮肤和骨骼健康等

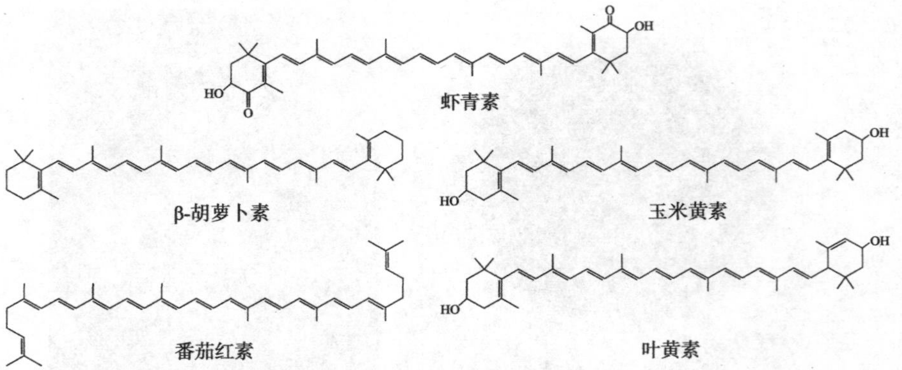

图 5-7　几种类胡萝卜素

类胡萝卜素具有的营养和保健功能如下：

（1）大部分类胡萝卜素是维生素 A 的前体；

（2）具有调节免疫功能；

（3）基于淬灭单线态氧的抗氧化功能；

（4）能预防癌症发生、延缓癌症发展和机体衰老；

（5）增加细胞隙间连接交流。

研究表明，类胡萝卜素的功能与其分子结构之间有密切关系。包括 β- 胡萝卜素在内的 50 多种类胡萝卜素具有上述五种功能，而另一些类胡萝卜素，如番茄红素、叶黄素等，虽然不是维生素 A 的前体，但在其他四个功能方面表现突出，有些甚至比 β- 胡萝卜素强许多倍。类胡萝卜素可降低一些慢性疾病如心血管和眼部疾病的发生率，可有效抑制脂蛋白中脂质成分的氧化，防止低度脂蛋白因氧化形成大量的泡沫状细胞而在动脉血管壁沉积，对预防心脑血管疾病有重要作用。

2. 辅酶 Q

辅酶 Q（图 5-8）是与生命活动有重大关系的生理活性物质。辅酶 Q 参与呼吸链电子传递，可辅助线粒体膜质子梯度解偶联，具有与维生素 E 相类似的稳定生物膜和抗脂质过氧化作用，并具有抗 DNA 损伤和低密度脂蛋白过氧化作用，还是一种非特异性免疫增强剂。研究表明，有 34 个属的微生物含有辅酶 Q10，光合细菌中的辅酶 Q10 含量较高（表 5-8），是良好的辅酶 Q10 的生产来源。迄今为止，国内外报道的辅酶 Q10 生产菌株以细菌和酵母为主，主要包括荚膜红细菌、球形红假单胞菌、浑球红细菌、沼泽红假单胞菌、深红红螺菌、根癌农杆菌和假丝酵母等。通常微生物发酵产生辅酶 Q10 的产量为 30~130mg/L，据估计，要实现商业化生产，辅酶 Q10 的产量应该高于 500mg/L。

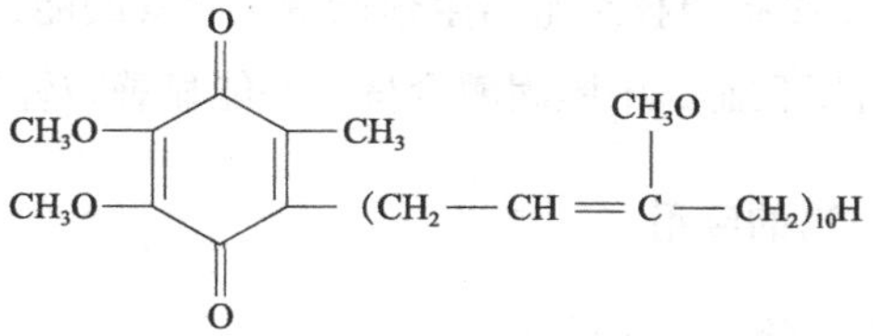

图 5-8　辅酶 Q10 的分子式

表 5-8　几种微生物中辅酶 Q 的主要种类与含量

微生物	主要的辅酶 Q 种类	辅酶 Q 含量 /（μ mol/g 细胞干重）
Rhodobacter capsulatus	CoQ_{10}	5.3
Rhodobacter sphaeroieds	CoQ_{10}	5.3
Rhodobacter sulfidopilus	CoQ_{10}	4.2
Rhodopseudomonas pakastrus	CoQ_{10}	4.5
Rhodospirillum rybrum	CoQ_{10}	6.3
Bacillus subtilis	—	<0.0001
Acotobacter chroococcum	CoQ_8	0.48
Escherichia coli	CoQ_8	0.41
Pseudomonas aeruginosa	CoQ_{10}	0.67
Sporobolomyses roseus	CoQ_{10}	0.51
Crytococcus neoformans	CoQ_{10}	0.27
Ustilage zea	CoQ_{10}	0.20

3. 不饱和脂肪酸

微藻是不饱和脂肪酸（polyunsaturated fatty acid，PUFA）的生产者，在某些藻体内 PUFA 的含量占细胞干重的 5 %~6 %。PUFA 具有降血脂、降血压、抑制血小板聚集和抗动脉粥样硬化等多方面的保健和药用价值。小球藻中富含以二十碳五烯酸（eicosapentaenoic acid，EPA）和二十二碳六烯酸（docosahexaenoic acid，DHA）为代表的 ω-3 高度不饱和脂肪酸。日本冷水海域的一种微细小球藻（*Chlorella minutissima*）的油脂中 EPA 高达 90 % 以上。我国台湾地区的研究人员对海水微细小球藻在不同盐度和 pH 值条件下产 EPA 能力进行了研究，优化培养后藻细胞内的 EPA 可达 90.4mg/ g 细胞干重。从藻体内提纯的 PUFA 没有腥臭味，适用于制作优质食品添加剂，且不含胆固醇，避免了服用鱼油胶囊时摄入大量胆固醇的缺点。

除了营养丰富外，微藻还具有多种保健功能。小球藻提取物改善体内氧化状况的作用已在前期动物实验中得到证实。研究表明，经口给予小鼠小球藻热水抽提物，可增强小鼠抵抗单核细胞增生李斯特菌感染的能力。临床研究发现，小球藻能显著降低血压和血清中胆固醇含量，并能显著减轻疼痛。

5.4.2　光合微生物的应用

1. 光合微生物在植物肥料上的应用

微生物肥料是指含有特定微生物活体的制品，通过其中所含微生物的生命活动，可以增加植物养分的供应量或促进植物生长，提高产量，改善农产品品质及农业生态环境。

光合细菌具有固氮能力，是作物根际联合固氮菌群之一。在固氮生物资源中，利用最经济、最广泛的太阳能为固氮能源的光合细菌，有良好的应用前景。光合作用肥料按形态分为固体菌剂和液体菌剂，固体菌剂通过某种固体物质作为载体吸附光合细菌菌液制成，现在生产的光合细菌肥料一般为液体菌液，用于农作物的基肥、追肥、拌种、叶面喷施和秧苗蘸根等方面。光合细菌肥料做种肥使用时，可以增加农作物的固氮能力，提高根部的固氮效应，增加土壤肥力。用作叶面喷施，能有效改善植物的营养，增强作物的生理功能和抗病能力，从而改善作物品质。

2. 光合微生物在环境保护方面的应用

光合微生物随生长条件变化可灵活改变代谢类型的特性，使光合细菌在厌氧光照、黑暗好氧和光照好氧的条件下均可降解有机物，且它所要求的条件也不像一般的专性好氧菌和专性厌氧菌那样严格。

在自然水体中，由于光合细菌多生于有机物多的地方，如池塘、沼泽、淤泥堆积等地，因此只要废水中的水质条件合适，光合细菌就会保持一定的优势生长。所以光合细菌在和不同细菌的协同作用下，可以处理多种有机废水，在降解有机物过程中，相应的微生物菌群交替演化使得降解在更高效的状态下进行，可处理有机质负荷高的有机废水。废水无须稀释，对氧的需求不高，动力消耗大大降低。对温度变化不敏感，在10~40℃温度范围内均可处理，受季节影响小，且不会产生活性污泥的膨胀现象。污泥量少，易于分离。获得的污泥含有大量菌体蛋白，可回收利用，作为肥料，不会造成二次污染。

微藻通过光合作用系统及其特有的产氢酶系，可以将水分解为氢气和氧气，释放大量氧气，并固定二氧化碳。二氧化碳通过自由扩散进入微藻细胞，CO_3^{2-} 和 HCO_3^- 的吸收通过分子转运，真核微藻的叶绿体或蓝藻中的过氧化物酶体中的碳酸酐酶将 HCO_3^- 转化为 CO_2，CO_2 被 1,5- 二磷酸核酮糖羧化酶 / 加氧酶（RuBisCo）固定，形成 3- 磷酸甘油酸酯，微藻再通过热解可获得生物质燃油。CO_2 也可通过钙化作用固定生成 $CaCO_3$ 储存于细胞壁中（图 5-9）。微藻还可以吸收水中的富营养化成分，起到净化污水和保持良好水质的作用。

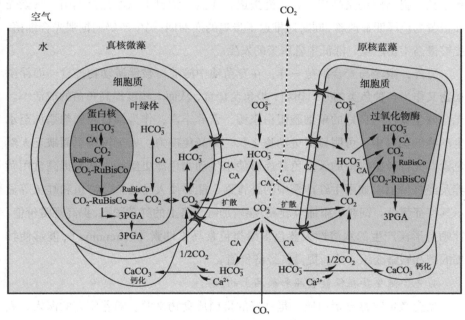

图 5-9　微藻固定 CO_2 的途径

3. 光合微生物在水产及畜牧养殖上的应用

在水产养殖中，根据水中溶解氧含量，养殖池由表层到底部分为好氧区和厌氧区。表层生物繁殖旺盛，水质较好。底层积累了排泄物和未消耗尽的食物残料，有机质丰富，微生物大量繁殖，大量消耗水中的氧气，形成无氧环境。光合细菌能在厌氧光照和好氧黑暗不同条件下，以水中的有机物作为自身繁殖的营养源，迅速分解利用水中的氨态氮、亚硝酸盐和硫化氢等有害物，分解水产动物的饵料及粪便，有利于藻类和浮游动物数量的增加，净化水体，从而利于水产养殖。

鸡舍和猪舍内常存在的有害气体是氨、硫化氢和二氧化碳，由舍内的粪尿、垫草和剩余饲料等分解而成。舍内有害气体可使动物产生疾病，降低生长速度和饲料利用率。将光合细菌喷洒在鸡舍猪舍，可有效消除鸡舍和猪舍的臭味，改善饲养场内及其周围的卫生和环境条件。

因光合微生物含有多种类胡萝卜素等天然色素、多种维生素及丰富的蛋白质、氨基酸和促生长因子，将其作为饲料添加剂添加至畜禽饲料中，能促进畜禽生长，提高肉奶蛋品质。有研究报道，在蛋鸡饲料中添加光合细菌，其蛋壳和蛋黄的色泽明显改善，同时还推迟了蛋鸡的换羽期；奶牛产奶期饲喂光合细菌，能够提高牛奶产量，降低牛乳腺炎的发生。

另外，微藻与光合细菌一样，在育苗池中施放可被浮游动物捕食，而浮游动物又作为各种鱼类的开口饵料，被鱼苗摄食，从而大幅度提高鱼苗的成活率。光合微生物作为良好的单细胞蛋白来源，营养丰富，作为饲料添加剂添加至水生动物的饲料中，可明显促进动物生长，提高免疫力。人工饵料里面缺乏天然色素，光合微生物中的天然色素能够使水生动物色泽更鲜艳，从而提高食用营养及经济价值。如雨生红球藻中的虾青素，能够使大马哈鱼、鳟鱼和鲑鱼等显示其特征颜色。饲料中添加节旋藻，能增加鲤鱼身上的红黄图案，提高观赏价值。牡蛎舟形藻产生的水溶性天蓝色多酚类色素马雷讷素（marennine），能够使牡蛎的腮和唇瓣变绿，从而提高其经济价值。

4. 光合微生物在保健食品和药品上的应用

光合微生物富含蛋白质，是良好的蛋白质食物来源。随着研究的深入，人们发现，光合微生物含有多种活性成分，如抗氧化物质二甲基磺基丙酯，真菌产孢吸光色素，以及番茄红素、虾青素、叶黄素、β- 胡萝卜素等类胡萝卜素，具有抗氧化、抗衰老等保健功能。光合微生物开始广泛应用于人类健康食品及药品中。螺旋藻的蛋白质含量高达干重的 55%~70%，作为传统的食物，在亚洲已有超过一千年的食用历史，在墨西哥混合在面包里食用，也有七百年的历史。螺旋藻具有刺激免疫系统和抗病毒、抗肿瘤等保健作用，因此被大规模培养，加工为保健品。有研究表明，补充摄入螺旋藻，还可以增加肠道中乳酸菌的数量并促进人体激素平衡。目前主要应用的藻种为钝顶螺旋藻（*Spirulina platen-*

sis）和极大螺旋藻（*Spirulina maxima*）。

　　辅酶 Q10 在医学上常用于肝病、心血管疾病和癌症的综合治疗，具有增强体能、提高免疫力与延缓衰老的作用，被广泛应用于保健品和女性化妆品领域。目前，我国有多家企业参与开发应用微生物发酵生产辅酶 Q10。光合细菌作为辅酶 Q 的发酵菌种，主要包括荚膜红细菌、球形红假单胞菌（*Rhodopseudomonas sphaeroides*）、浑球红细菌、沼泽红假单胞菌和深红红螺菌等。

本章要点

光合细菌（photosynthetic bacteria，PSB）是 20 亿年前地球上最早出现的原核生物，具有原始光能合成体系，依照其细胞形态、分裂方式、运动情况和代谢能力等一般把它们都归为红螺菌目（Rhodospirillales）。光合细菌菌体中含有大量的蛋白质、辅酶 Q 和相当完全的 B 族维生素，尤其是维生素B_{12}、叶酸和生物素含量特别高，以及丰富的类胡萝卜素等，在污水净化、水产畜牧养殖以及农业生产中得到了广泛应用。沼泽红假单胞菌（*Rhodopseudomonas palustris*）是唯一一种可做饲料添加剂用的光合细菌，能促进营养物质的吸收，参与 B 族维生素的合成，减少氨及有害物质的产生，提高免疫力和抗病力。

微藻（microalgae）是指在显微镜下才能辨别其形态的微小的藻类类群，不是分类学上的名称，已知藻类约 3 万余种，其中 70% 是微藻。微藻的营养方式有自养、异养和混合营养。微藻中含有大量的蛋白质、维生素以及丰富的类胡萝卜素，如虾青素、叶黄素等，在环境保护、生物能源、水产畜牧养殖以及保健食品中得到了广泛应用。

习题

5-1　说明光合细菌和微藻的定义及分类。

5-2　光合微生物培养中的重要因素有哪些?

5-3　唯一一种可做饲料添加剂用的光合细菌是哪一种? 简单进行描述。

5-4　光合微生物的主要营养成分和活性物质是什么?

参考文献

[1] AMEZAGA J M, AMTMANN A, BIGGS C A, et al. Biodesalination: A Case Study for Applications of Photosynthetic Bacteria in Water Treatment[J]. Plant Physiology, 2014, 164(4): 1661-1676.

[2] BAO Y X, YAN H, LIU L Q, et al. Efficient Extraction of Lycopene from *Rhodopseudomonas palustris* with n-Hexane and Methanol after Alkaline Wash[J]. Chemical Engineering & Technology, 2010, 33(10): 1665-1671.

[3] CHEN C Y, YEH K L, AISYAH R, et al. Cultivation, photobioreactor design and harvesting of microalgae for biodiesel production: A critical review[J]. Bioresource Technology, 2011, 102(1): 71-81.

[4] CLUIS C P, BURJA A M, MARTIN V J J. Current prospects for the production of coenzyme Q10 in microbes[J]. Trends in Biotechnology, 2007, 25(11): 514-521.

[5] JANOUSEK C N. Functional diversity and composition of microalgae and photosynthetic bacteria in marine wetlands: Spatial variation, succession, and influence on productivity[M]. San Diego: University of California, 2005.

[6] JAVAID A, BAJWA R. Field evaluation of effective microorganisms (EM) application for growth, nodulation, and nutrition of mung bean[J]. In Turkish Journal of Agriculture and Forestry, 2011, 35(43): 443-452.

[7] LARIMER F W, CHAIN P, HAUSER L, et al. Complete genome sequence of the metabolically versatile photosynthetic bacterium Rhodopseudomonas palustris[J]. Nature Biotechnology, 2004, 22(1): 55-61.

[8] MATA T M, MARTINS A A, CAETANO N S. Microalgae for biodiesel production and other applications: A review[J]. Renewable and Sustainable Energy Reviews, 2010, 14(1): 217-232.

[9] PULZ O, GROSS W. Valuable products from biotechnology of microalgae[J]. Applied Microbiology and Biotechnology, 2004, 65(6): 635-648.

[10] RICHMOND A. Handbook of microalgal culture: biotechnology and applied phycology[M]. Hoboken: Blackwell Publishing, 2004.

[11] SPOLAORE P, JOANNIS-CASSAN C, DURAN E, et al. Commercial applications of microalgae[J]. Journal of Bioscience and Bioengineering, 2006, 101(2): 87-96.

[12] VAN DEN HENDE S, VERVAEREN H, BOON N. Flue gas compounds and microalgae: (Bio-)chemical interactions leading to biotechnological opportunities[J]. Biotechnology

Advances, 2012, 30(6): 1405-1424.

[13] WANG Y. Use of probiotics Bacillus coagulans, Rhodopseudomonas palustris and Lactobacillus acidophilus as growth promoters in grass carp (Ctenopharyngodon idella) fingerlings[J]. Aquaculture Nutrition, 2011, 17: e372–e337.

[14] ZHOU X X, TIAN Z Q, WANG Y B, et al. Effect of treatment with probiotics as water additives on tilapia (*Oreochromis niloticus*) growth performance and immune respons[J]. Fish Physiology and Biochemistry, 2010, 36 (3): 501-509.

[15] 陈峰, 姜悦. 微藻生物技术 [M]. 北京：中国轻工业出版社, 1999.

[16] 华汝成. 单细胞藻类的培养与利用 [M]. 北京：农业出版社, 1986.

[17] 景建克, 许倩倩, 刘硕, 等. 大规模异养发酵培养小球藻 USTB-01 研究 [J]. 现代化工, 2008, 12: 67-70.

[18] 李 R E. 藻类学 [M]. 段得麟, 胡自民, 胡征宇, 等译. 北京：科学出版社, 2012.

[19] 刘硕, 许倩倩, 张宾, 等. 从异养小球藻 USTB-01 中提取纯化叶黄素研究 [J]. 现代化工, 2007, S2: 392-394.

[20] 闫海, 贾帅, 许倩倩. 光合细菌的培养与应用 [J]. 饲料与畜牧, 2015, 8: 2.

[21] 闫海, 尹春华. 微藻作为饲料添加剂的前景 [J]. 饲料与畜牧, 2013, 2: 1.

[22] 闫海, 周洁, 何宏胜, 等. 小球藻的筛选和异养培养 [J]. 北京科技大学学报, 2005, 27(4): 408-412.

第 6 章

真菌益生菌

真菌（fungus）是生物界中一个很大的类群，世界上目前有报道或描述的真菌约有1万个属，可达12万余种，我国大约存在4万种真菌。

按照林奈的两界分类系统，可将真菌门分为5个亚门：鞭毛菌亚门、接合菌亚门、子囊菌亚门、担子菌亚门和半知菌亚门。其中，担子菌亚门为一群高等真菌，种类多样，大多具有食用和药用价值，如常见的银耳、金针菇、灵芝等，但有的具有毒性，如豹斑毒伞、马鞍、鬼笔蕈等。此外，半知菌亚门中约有300属可引起农作物和森林病害，有的能使人和动物感染皮肤病，如稻瘟病菌，可以引起苗瘟、节瘟和谷里瘟等。真菌为异养生物，营养体除少数低等类型为单细胞外，大多是由纤细管状菌丝构成的菌丝体。低等真菌的菌丝无隔膜，称为无隔菌丝；高等真菌的菌丝都有隔膜，称为有隔菌丝。多数真菌的细胞壁中含有甲壳质，为细胞壁中的特征性结构，其次是纤维素。真菌细胞中常见的细胞器有线粒体、微体、核糖体、液泡、溶酶体、泡囊、内质网、微管、鞭毛等；常见的内含物有肝糖、晶体、脂体等。

在历史上，真菌曾被认为和植物的关系相近，甚至曾被植物学家认为就是一类植物，但真菌其实是单鞭毛生物，而植物却是双鞭毛生物。不同于有胚植物和藻类，真菌不进行光合作用，属于腐生生物——经由腐化并吸收周围物质来获取食物。大多数真菌是由被称为菌丝的微型结构所构成的，这些菌丝或许不被视为细胞，但却有着真核生物的细胞核。成熟的个体（如最为人熟悉的蕈）是它们的生殖器官。它们和任何可进行光合作用的生物都不相关，反而跟动物很相近，两者同属后鞭毛生物。因此，真菌在归类中自成一界。当前常用于鉴定真菌的分子生物学方法有：①真菌DNA碱基组成的分类鉴定方法，即DNA中（G+C）mol%的测定，有热变性温度法、高压液相色谱法和浮力密度法；②核酸分析技术，该类方法目前在真菌分类中应用较多，主要有核糖体为核糖核苷酸（rRNA）序列测定、DNA分子杂交、线粒体DNA限制性片段长度多态性（RFLP）分析、随机扩增多态性分析（RAPD）等；③真菌核型的脉冲电泳分析。

真菌通常又分为三类，即酵母菌、霉菌和蕈菌（大型真菌），它们归属于不同的亚门。其中部分大型真菌可用作食用菌和药用菌，如蘑菇、香菇、木耳、灵芝、茯苓等。食用菌中蛋白质含量比一般水果、蔬菜的都要高，而且包括人体所必需的八种氨基酸，此外还含有多种维生素、核酸和糖类，被称为保健食品。酵母菌、霉菌是个体微小的真菌，其中酵母可用于发酵，生产调味品，而且酵母本身就有很高的营养价值。霉菌繁殖迅速，常造成食品、用具大量霉腐变质，但许多有益种类已被广泛应用，如霉菌除用于传统的酿酒、制酱外，近年来在发酵工业中被广泛用来生产酒精、柠檬酸、青霉素、赤霉素、淀粉酶、发酵饲料等。

对人类有益的真菌在不同的领域发挥着重要作用，本章主要介绍酵母菌以及其他有益真菌的培养和在生活中的应用。

6.1　酵母菌

6.1.1　酵母菌概述

1. 酵母菌的分类与进化

酵母菌（yeast）是一类单细胞真核微生物的通俗名称，并非系统演化分类的单元。酵母菌属于真菌，是较高等的微生物，具有核膜与核仁分化，细胞内有线粒体等较复杂的细胞结构。酵母菌是人类文明史上被应用最早的微生物，其在有氧条件和无氧条件下都可以生存，属于兼性厌氧菌。目前已知的有 1000 多种酵母，根据酵母菌产生孢子（子囊孢子和担孢子）的能力，可将酵母分成三类：形成孢子的子囊菌和担子菌；不形成孢子但主要通过出芽生殖来繁殖的不完全真菌，或者叫"假酵母"（类酵母）；极少部分酵母被分类到半知菌亚门。这三类酵母在真菌分类系统中分别属于子囊菌纲、担子菌纲和半知菌纲。酵母菌易生长，在自然界分布广泛，空气中、土壤中、水中、动物体内都有酵母存在，它主要生长在偏酸性的潮湿的含糖环境中。多数酵母可以在富含糖类的环境得到分离，比如一些水果（葡萄、苹果、桃等）或者植物分泌物（如仙人掌的汁），也有一些酵母在昆虫体内生活。

酵母菌大多数为腐生，在含糖量较高和偏酸性（pH 值为 4.5~6.0）的环境中，如水果、蔬菜、花蜜及植物叶子上，尤其是果园、葡萄园和菜园的土壤中较多。少数酵母为寄生，能引起人和动植物的病害。酵母菌生长迅速，易于分离培养。常见的重要酵母菌属有：①酵母菌属（Saccharomyces），细胞圆形、椭圆形、腊肠形，发酵力强，主要产物为乙醇及 CO_2。主要的种有酿酒酵母（S. cerevisiae）和葡萄汁酵母（S. uvarum），可用于造酒、食品及医药工业。②裂殖酵母属（Schizosaccharmyces），细胞椭圆形、圆柱形，由营养细胞接合，形成子囊。有发酵能力，代表种为粟酒裂殖酵母（S. pombe），能使菊芋发酵产生酒精。③汉逊酵母属（Hansenula），细胞圆形、椭圆形、腊肠形，多边芽殖，营养细胞有单倍体或二倍体，发酵或不发酵，可产生乙酸乙酯，同化硝酸盐。代表种为异常汉逊酵母（H. anomala），因能产生乙酸乙酯，有时可用于食品的增香。④毕赤酵母属（Pichia），细胞形状多样，多边出芽能形成假菌丝，表面光滑，发酵或不发酵，不同化硝酸盐，能利用正癸烷及十六烷，可发酵石油以生产单细胞蛋白，在酿酒业中为有害菌，代表种为粉状毕赤酵母（P. farinosa）。⑤假丝酵母属（Candida），细胞圆形、卵形或长形，多边芽殖，有些种有发酵能力，有些种能氧化碳氢化合物，用以生产单细胞蛋白，供食用或作饲料，少数菌能致病。代表种有产阮假丝酵母（C. utilis），能利用工农业废液生产单细胞蛋白，热带假丝酵母（C. tropocalis）能利用石油生产饲料酵母。⑥球拟酵母属（Torulopsis），细胞球形、卵形或长圆形。无假菌丝，多边芽殖，有发酵力，能将葡萄糖转化为多元醇，为生产甘油的重要菌种，可利用石油生产饲料酵母，代表种为白色球拟酵母（T. candida）。⑦红酵母属（Rhodotorula），细胞圆形、卵形或长形，多边芽殖，少数形成假菌丝，无发酵能力，但能同化某些糖类，有的能产生大量脂肪，对烃类有弱氧化力，常污染食品，少数为致病菌，代表种为黏红酵母（R. glutinis）。

人类利用酵母菌的历史悠久，人类祖先在史前时期就根据成熟的落果自然发酵现象学会了酿酒。约在 6000 年前就发明了发面方法。公元前 2300 年，人类就开始利用含酵母的"老酵"制作面包。从埃及塞倍斯（Thebes）地区出土的面包房和酿酒房残余模型看，早在公元前 2000 年人类就已较好地利用酵母制作发酵食品和酿酒。公元前 13 世纪，面包焙烤的技术从埃及传到地中海和其他地区。1680 年列文·虎克用显微镜从一滴啤酒中发现了酵母细胞，不久，人类就开始有意识地利用酵母（啤酒酵母泥）发面。此外，丹麦人汉斯为寻求酿造高品质啤酒的方法，开始深入研究酵母菌，对酵母菌进行纯培养和分类研究。近年来，随着现代微生物学和生物技术的发展，益生菌研究逐渐深入，酵母菌作为益生菌种也得到了广泛的关注，在人与动物方面都有广泛应用。

2. 酵母菌的菌落形态

酵母菌约有 1500 种，占所有真菌物种的 1%。酵母大多是单细胞微生物，常呈卵圆形或者圆柱形，尽管一些酵母种可能因为出芽生殖形成类似于真菌的假菌丝。每种酵母细胞有一定的形态大小（见图 6-1），一般细胞宽约 1~5μm，长约 5~30μm，酵母菌种类不同，其大小也有很大的差异。有些酵母，如解脂假丝酵母与其子代细胞连在一起成链状，形成假菌丝。大多数酵母菌的菌落特征与细菌相似（见图 6-1），但比细菌菌落大而厚，外观较稠和较不透明。在培养基平板上形成的菌落湿润、黏稠、较光滑，有一定的透明度，易挑取，质地均匀，正、反面及边缘与中央颜色较一致，多呈乳白色、矿烛色，少数红色，个别黑色，有酒香味。此外，凡不产假菌丝的酵母菌菌落隆起，边缘圆整；产假菌丝的则菌落较平坦，表面和边缘较粗糙。

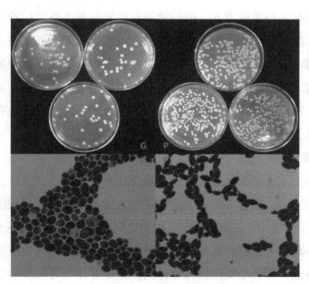

图 6-1　光滑假丝酵母（G）和毕赤酵母（P）
的菌落形态图（上）和菌体形态图（下）（有彩图）

酵母菌的形态通常有球形、卵圆形、腊肠形、椭圆形、柠檬形或藕节形等，比单细胞个体的细菌要大得多。酵母菌具有典型的真核细胞结构,除具有细胞壁、细胞膜、细胞核、细胞质、液泡、线粒体、核糖体和内质网外,个别酵母还具有微体、荚膜和鞭毛。酵母菌的遗传物质有细胞核 DNA、线粒体 DNA,以及特殊的质粒 DNA。

酵母菌在幼龄阶段的细胞壁较薄而富有弹性,之后逐渐变硬变厚。经过出芽生殖的酵母菌,在细胞壁上有芽痕和蒂痕,其壁粗糙,细胞壁的主要成分是葡聚糖和甘露聚糖,占壁干重的 85% 以上,其余是蛋白质、氨基葡萄糖、磷酸和类脂,几丁质含量随种而异。裂殖酵母的细胞壁一般不含几丁质,啤酒酵母含几丁质约 1%~2%,有些丝状酵母含几丁质超过 2%。核膜上有许多小孔,中心体附在核膜上。中心染色质附在中心体外,有一部分与核相接触。线粒体呈球状、杆状,一般位于核膜及中心体表面。大多数酵母菌,特别是球形、椭圆形酵母菌,细胞中有一个液泡,长形酵母菌有的有两个位于细胞两端的液泡。在细胞静止阶段液泡较大,开始出芽时液泡被收缩成许多小液泡,出芽完成后,小液泡又可合成大液泡。

3. 酵母菌的繁殖

酵母菌具有多种繁殖方式,可归结为有性繁殖和无性繁殖两种,且以无性繁殖为主。无性繁殖又可分为芽殖和裂殖,其中芽殖是酵母菌的主要繁殖方式,各属酵母菌都可以通过该方式进行繁殖,只有少数酵母菌采取裂殖方式繁殖,如裂殖酵母属。另外,有些酵母菌通过产生无性孢子进行繁殖,如掷孢酵母属的掷孢子,地霉属的节孢子,白假丝酵母的厚垣孢子。酵母菌的有性繁殖是通过形成子囊孢子进行的。

1)无性繁殖

(1)芽殖。芽殖是酵母菌的主要繁殖方式。在外界适宜的生长条件下,成熟的酵母菌细胞中,新合成的细胞壁物质插入细胞的顶部,使细胞壁扩增,细胞向外凸出形成"芽体",随后在芽与细胞之间的部位不断插入新合成的细胞壁物质,使芽不断长大,同时部分核物质和细胞质进入芽体内,液泡也由一个分裂成许多小液泡,部分小液泡进入芽体内,最后芽体从母细胞得到一套完整的核结构、线粒体和核糖体等。当芽体生长到一定阶段时,在芽体与母细胞之间形成横壁,随后芽体脱离母细胞,成为独立的一个新的酵母细胞,此时在母细胞表面上留下一个圆形的芽痕,在新产生的酵母细胞上留下一个蒂痕。母细胞可继续生长，再次向外凸起形成新的芽，但新的芽绝不会在之前的芽痕上产生。通过电镜观察可以看到，母细胞上有多达23个以上的芽痕，按酵母菌细胞的平均体积计算，每个细胞表面可容纳100个左右的芽痕，但一个酵母细胞不可能无限地进行芽殖，因此，可以通过细胞表面芽痕的数量估计细胞的年龄。根据酵母菌每次芽殖的部位与数量不同，又可分为单极芽殖、双极芽殖和多极芽殖。单极芽殖是酵母菌出芽时在细胞一端形成一个芽，如瓶球酵母；双极芽殖是酵母菌在芽殖时在细胞两极各形成一个芽，如汉逊酵母；多极芽殖则是能在细胞的多个位点同时生成多个芽，如酿酒酵母。酵母出芽生殖的机理已经被阐明，酵母细胞在出芽之前必须达到一定的大小，在早期出芽的部位有大量的原生质的泡囊聚集，而且这些泡囊含有细胞壁生长所需的水解酶和合成酶，微管也排列在这一区域，可能是起到泡囊向出芽部位流动的作用。酵母的生长借助顶端生长和赤道扩张相联合的方式进行。

（2）裂殖。少数酵母菌通过细胞分裂的方式进行增殖，叫裂殖。如裂殖酵母生长到一定阶段，细胞达一定大小后，细胞核首先分裂，然后在细胞中产生一层膜，将细胞一分为二，断裂产生新的子细胞。

还有少数酵母菌通过产生无性孢子进行繁殖，如掷孢酵母产生掷孢子，孢子被弹射出而得以繁殖。

不论是芽殖、裂殖还是产无性孢子，酵母菌的细胞核都没有经过减数分裂，属于无性繁殖。人们发现，有的酵母菌只进行无性繁殖，如人体病原菌白假丝酵母，用于石油发酵的热带假丝酵母等。

2）有性繁殖

酵母菌一般通过产生子囊孢子进行有性繁殖，当营养状况不好时，一些可进行有性生殖的酵母会形成孢子（一般来说是4个），在条件适宜时再萌发，如假丝酵母（或称念珠菌，*Candida*）。子囊孢子的形成过程是两种不同性别的细胞接近，各伸出一小突起相连，相连处的细胞壁溶解，随后两个细胞的细胞质融合，发生质配。接着两个单倍体的核融合，进行核配，形成双倍体的核，原来的细胞形成结合子，结合后的核进行减数分裂，形成4个或8个核，以核为中心的原生质浓缩变大形成孢子，结合子成为子囊，其内的孢子称为子囊孢子。很多酵母菌的二倍体细胞可以进行多代的营养生长繁殖，因而，在酵母菌的生活周期中，存在着单倍体细胞和二倍体细胞两种类型，都可以独立生活。二倍体酵母菌细胞个大，生命力强，故常用于发酵工业的生产中。

4.酵母菌的营养与呼吸

酵母菌以有机物氧化产生的化学能作为生长和代谢的能量来源，所需的碳源也主要来自有机物，如淀粉、糖类、纤维素和有机酸等，因此一些有机物既是酵母菌的碳源也是能源。酵母菌生长所需的氮源来源可以是有机氮化物或无机氮化物。腐生酵母菌大多数是利用无生命的有机物，但少数寄生酵母菌，如白假丝酵母，寄生在人的口腔、肠道、上呼吸道及阴道黏膜表面，是病原菌。

酵母菌属于兼性厌氧菌，在有氧和缺氧状态下，其获取能量的方式不同。缺氧条件下，酵母菌将糖发酵生成乙醇。首先葡萄糖经糖酵解途径（见图6-2）产生丙酮酸，然后丙酮酸脱羧生成乙醛，乙醛再被还原成乙醇。在乙醇发酵过程中，1分子葡萄糖净产2分子ATP。

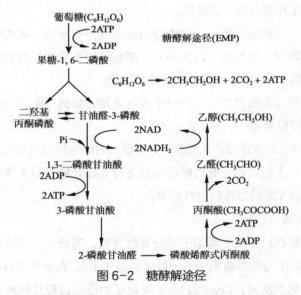

图6-2　糖酵解途径

有氧条件下，酵母菌进行有氧呼吸，将有机物彻底氧化成 CO_2 和 H_2O。有氧呼吸比发酵的净产能多，利用相同量的能源物质，酵母菌在有氧条件下生长获得的生物量比缺氧时多得多。如果向酵母菌发酵液中通入氧，将减慢发酵过程，乙醇停止生成，葡萄糖的消耗速率明显下降。最早由巴斯德观察到氧对发酵的这种抑制现象，称之为巴斯德效应。有氧条件下酵母菌以有氧呼吸代替发酵，对葡萄糖的利用更为经济，得到等量的细胞物质只需消耗较少量的基质。利用酵母菌生产酒精、啤酒时，通常先采取通气培养获得大量酵母细胞，再隔绝或排氧获得乙醇。

5. 酵母菌的基因

在酿酒酵母全基因组测序之前，人们通过传统的遗传学方法确定了酵母中编码 RNA 或蛋白质的大约 2600 个基因。对酿酒酵母全基因组测序，发现12068kb 的全基因组序列中有 5885 个编码专一性蛋白质的开放阅读框，也就是说平均每隔 2kb 就存在一个编码蛋白质的基因，整个基因组中组成开放阅读框的核苷酸序列占到了 72%。这说明酵母基因比其他高等真核生物基因排列紧密。如在线虫基因组中，编码蛋白质的基因平均相隔 6kb，在人类基因组中这个距离约 30kb 或更多。酵母基因组的紧密性是因为基因间隔区较短与基因中内含子稀少。酵母基因组的开放阅读框平均长度为 1450bp，即 483 个密码子，最长的是位于 XII 号染色体上的一个功能未知的开放阅读框（4910 个密码子），还有极少数的开放阅读框长度超过 1500 个密码子。在酵母基因组中，也有编码短蛋白的基因，例如，编码由 40 个氨基酸组成的细胞质膜蛋白脂质的 PMP1 基因。

随着高等真核生物的遗传信息被不断获得，越来越多的酵母基因被发现与高等真核生物基因具有同源性，因此酵母基因组在生物信息学领域的作用显得更加重要，与此同时也反过来促进酵母基因组的进一步研究。与酵母相比，高等真核生物具有更丰富的表型，从而弥补了酵母中某些基因突变没有明显表型改变的不足。以下的例子正说明了酵母和人类基因组研究相互促进的关系。人类着色性干皮病是一种常染色体隐性遗传的皮肤疾病，极易发展成为皮肤癌。早在 1970 年 Cleaver 等就曾报道，着色性干皮病和紫外线敏感的酵母突变体都与缺乏核苷酸切除修复途径（nucleotide excision repair，NER）有关。1985 年，第一个 NER 途径相关基因被测序并证实是酵母的 RAD3 基因。1987 年，Sung首次报道酵母 Rad3p 能修复真核细胞中 DNA 解旋酶活力的缺陷。1990 年，人们克隆了着色性干皮病相关基因 xPD，发现它与酵母 NER 途径的 RAD3 基因有极高的同源性。随后发现所有人类 NER 的基因都能在酵母中找到对应的同源基因。1993 年又取得大突破，研究人员发现人类 xPBp 和 xPDp 都是转录机制中RNA 聚合酶 II 的 TF II H 复合物的基本组分。于是人们猜测 xPBp 和 xPDp 在酵母中的同源基因（RAD3 和 RAD25）也应该具有相似的功能，依此线索很快获得了满意的结果并证实了当初的猜测。所以许多酵母遗传学家认为，弄清遗传丰余的真正本质和功能意义，以及发展与此有关的实验方法，是揭示酵母基因组全部基因功能的主要困难和中心问题。

6.1.2 酵母菌的培养特性和发酵工艺

1. 概述

酵母是一种天然发酵剂，广泛分布于整个自然界，它能将葡萄糖发酵产生乙醇和二氧化碳。酵母是一种典型的兼性厌氧微生物，在有氧和无氧条件下都能够存活，正是因为酵母菌的这一特性，使其可以在不同的生长条件下以不同的代谢途径产生能量供自身生长繁殖，同时产生不同的代谢产物。例如在无氧条件下，酵母菌能够进行无氧呼吸，分解葡萄糖释放能量并生成乙醇。

酵母含有人体必需的多种氨基酸和营养成分，其蛋白组成与肉类蛋白组成接近（酵母的主要组成成分见表6-1），是一种完全蛋白质，在某些高蛋白食物缺乏的地区，可以作为人们获得蛋白质的来源。

表 6-1　酵母的主要组成成分

组成成分	含量
蛋白质	38%~60%
碳水化合物	25%~35%
油脂	4%~7%
核酸	6%~15%
矿物质	8%
VB1	165ppm
VB2	100ppm
尼克酸	585ppm
泛酸	100ppm
叶酸	13ppm

注：$1ppm=10^{-6}$。

酵母在培养过程中所需营养主要有碳源、氮源、无机盐以及生长因子。

（1）碳源主要用于提供能量，组成细胞结构。一些糖类、油脂、有机酸和低碳醇等都可以作为碳源。

（2）氮源物质是微生物细胞蛋白质和核酸中氮的主要来源，可分为有机氮如蛋白胨、尿素等，和无机氮如一些铵盐、硝酸盐等。需要注意的是，一些无机氮源的迅速利用会引起培养体系 pH 值的变化，如 $(NH_4)_2SO_4$、$NaNO_3$ 等。

（3）无机盐补充的是一些矿物质，有 Mg、P、K、Na、S、Cu、Fe、Zn 等。常用的无机盐有 K_2HPO_4、$MgSO_4$ 等。

（4）生长因子是酵母在生长过程中不可缺少的微量有机物质，如维生素、氨基酸、嘌呤、嘧啶及其衍生物等。

2. 酵母菌的培养特性

如果直接从自然界分离酵母菌，则由于杂菌太多，难以分离成功，往往需要提供适合酵母菌生长，而又不利或能够抑制杂菌生长的培养条件，使要分离的酵母菌生长繁殖，进行富集。利用酵母菌在酸性环境条件下生长繁殖快的特点，而选用酸性液体培养基进行酵母菌的培养富集。这样不仅可以抑制细菌生长，又因霉菌比酵母菌生长缓慢，通过控制培养时间，可以达到富集酵母菌的目的。为抑制细菌的生长，也可在灭菌后的培养基中加入几种抗菌素，一般为每 100mL 培养基加金霉素 10mg，链霉素 2mg，氯霉素 2mg。然后将富集后的培养物在固体培养基上用划线法进行酵母菌的分离纯化。

一般直接将未经冲洗的一小块果皮接种到装有乳酸马铃薯葡萄糖液体培养基的试管中，或使用少量无菌水制备的果园和菜园等地的土样悬浮上清液进行接种，接种后用棉塞或纱布塞封住试管口，于 26~28℃培养 24h，使培养液变混浊。用无菌吸管取上述培养液 0.1mL，加到另一新的装有乳酸马铃薯葡萄糖液体培养基的试管中，置于 26~28℃再培养 24h，使酵母菌大量增殖。此时培养时间不要过长，否则霉菌开始生长。

在无菌操作条件下，取培养菌液少许，滴在载玻片上的 0.1% 美蓝染色液中，用干净玻璃棒混匀后加盖玻片制成水浸片，在显微镜下观察。活酵母菌可将美蓝还原，菌体不着色，死菌可染成蓝色，用此方法可判断酵母菌的生长、形态和出芽情况。

用灭菌的接种针沾取富集后的培养液，在马铃薯葡萄糖琼脂平板培养基上划线，于 26~30℃培养，挑取单个菌落，再次划线，于马铃薯葡萄糖琼脂平板培养基上进行分离纯化，经过多次分离，可获得酵母菌纯菌种。将纯化的单菌落酵母菌株接种到试管中的马铃薯葡萄糖斜面培养基上，于 26~30℃培养，使菌落长好，作为纯酵母菌种使用。

筛选所得的纯种酵母菌可用下列方法进行保藏：①斜面冰箱保藏。将纯酵母接种于麦芽汁琼脂斜面或葡萄糖蛋白胨酵母膏琼脂斜面上进行培养，待菌落生成后，放于4℃冰箱保存，一般能保存3个月左右。②液状石蜡封藏法。在酵母生长良好的菌种斜面培养基试管内加入无菌的液状石蜡，没过培养物约1cm，用橡皮塞密封试管，直立置于4℃冰箱。此方法可长期保存酵母菌种。保藏的菌种经活化后可作为种子使用。

实验室条件下，可采用三角瓶培养法获得少量酵母菌。配置好液体培养基，分装适量于三角瓶中，经高压灭菌冷却至室温后，接入已活化的斜面种子，在温度为26~28℃的条件下培养2~3d，隔5~8h摇动1次。培养完后用离心机在8000~10000r/min下离心，去上清可得酵母细胞。

酵母菌生长所需的培养基中，碳源、氮源、无机盐、生长因素和水必须含量足够且配比适宜，这样才能保证酵母的良好生长与繁殖。多数酵母菌可以利用葡萄糖、蔗糖、麦芽糖等小分子糖类进行同化或发酵，少数种类能利用五碳糖及淀粉等大分子糖类。一般多采用天然培养基或半合成培养基以满足酵母菌对营养的要求。多数酵母菌在pH值为4~5的环境下生长良好，但个别菌株可在pH值2~8范围内生长；多数酵母菌可在25~30℃生长，少数种类可耐45~47℃高温。少数酵母种类能在高浓度糖浆中生长，用于工业上乙醇发酵的酵母菌可耐受较高的酒精浓度。

3. 酵母菌的优化培养及发酵

酵母菌的优化培养方案因发酵产物的不同也有所不同，影响酵母发酵的主要因素有碳源、氮源、培养基pH值、温度、无机盐及添加物浓度。

实验室常用酵母培养基有很多种，其中麦芽汁培养基和马铃薯葡萄糖培养基在培养酵母菌和霉菌中应用较为广泛。马铃薯葡萄糖培养基也可用于放线菌的培养，豆芽汁葡萄糖培养基也可用来培养酵母菌和霉菌，对霉菌的形态进行观察时一般用察氏培养基。上述培养基中麦芽汁培养基为天然培养基，马铃薯葡萄糖培养基和豆芽汁葡萄糖培养基为半合成培养基，察氏培养基为合成培养基。这些培养基只能满足酵母菌在实验室条件下的生长，如果要进行大量培养，则需要对培养基的成分和配比进行优化。

在进行酵母菌液体培养时，影响其最终菌体浓度的因素有很多，从培养基的成分方面有碳源、氮源、碳氮比、无机盐、生长因子等；从培养条件的方面有温度、最适pH值、曝气量等。可用单因素试验和正交设计试验确定酵母菌的最佳培养条件。通常先通过单因素试验确定最佳碳、氮源，或者确定最佳碳氮比，再与正交试验相结合，从而较快得出最优培养基成分和最佳培养条件。

工业发酵中使用的各种酵母菌虽是从自然界中分离出来的化学异养菌，但在实验室和工业生产中所处的环境条件与自然条件差异悬殊的情况下仍能生长和进行各种代谢活动。这表明酵母菌在人工培养和自然条件下的生理学特性有很大的不同，合成多种代谢产物的能力所受到的影响和调节因素也有相当大的差异。其中培养基的组成对酵母菌的各种代谢活动的影响最为显著，因此在生产各种发酵产品时，非常有必要研究培养基组成和发酵工艺条件对酵母菌菌体生长和产物合成的影响。大规模发酵用培养基应尽量满足以下需求：必须提供合成酵母菌细胞和目标产物的基本成分；利于增加产物浓度，从而提升发酵罐的生产能力；利于产物合成速率的提高，从而缩短发酵周期；尽量减少副产物的形成，便于分离和纯化产物；原料来源广，易获得，质量稳定，价格便宜；所用原料尽可能减少对发酵过程中通气搅拌的影响，利于提高氧的利用率，降低能耗；有利于产物的分离纯化，减少"三废"的产生。

在传统发酵过程中，酵母细胞处于游离分散状态，细胞浓度低，而且再利用困难。例如在啤酒的间歇式发酵中，啤酒酵母需经过长时间的培养达到一定细胞浓度后再添加（或直接采用回收酵母），并且在主发酵结束后，还要回收、洗涤酵母，操作较多，易被杂菌污染。酵母菌经固定化后进行发酵，菌体与发酵液分离相对容易，并且固定化后的菌体可重复利用，在减少操作步骤后抵抗杂菌污染的能力增强，也使得发酵罐内细胞密度增大，酵母菌固定化后可通过填充床反应器实现连续化生产，提升发酵罐生产效率。

根据原理可将酵母菌的固定化分为吸附法和包埋法。吸附法是利用各种吸附剂，将酵母吸附在其表面而使细胞固定的方法。用于酵母固定化的吸附剂主要有硅藻土、多孔陶瓷、多孔玻璃、多孔塑料、金属丝网、微载体和中空纤维等。根据酵母细胞带负电的特点，在 pH 值为 3~5 的条件下，可将其吸附在多孔陶瓷、多孔塑料等载体的表面，制成固定化细胞。包埋法则是用多孔载体将酵母细胞包埋在其内部从而将其固定，又可分为凝胶包埋法和半透膜包埋法，其中凝胶包埋法应用最广。包埋法常用的载体有琼脂、明胶、海藻酸钠（SA）、聚乙烯醇（PVA）和丙烯酰胺（ACRM）。海藻酸钠作为一种天然多糖，具有对微生物无毒害、浓缩溶液、形成凝胶和成膜等特点。海藻酸钠溶胶凝胶过程温和、生物相容性良好，在酵母固定化过程中应用广泛。

以海藻酸钠包埋法为例，材料为酵母菌悬液、4%海藻酸钠溶液、0.05mol/L的氯化钙溶液。将酵母菌悬液与4%海藻酸钠溶液等比例混合，37℃水浴。将海藻酸钠-菌悬液混合物吸入注射器后与静脉注射针头相连，适度加力使溶液成滴滴入0.05mol/L的氯化钙溶液中，凝胶成球状颗粒，静置一段时间后可得将细胞固定的海藻酸钙凝胶。在海藻酸钠凝胶的制备过程中，海藻酸钠的浓度影响固定化细胞的机械强度、质量传递等，进而影响到微生物的活性。固定化颗粒的强度随着海藻酸钠浓度的增高而增强，但浓度过高会使得包埋剂黏性增加，不利于固定化操作。试验表明，用浓度2%的海藻酸钠包埋酵母菌能使酵母的生长速率达到最高并能在较长的时间内维持生长。固定剂 $CaCl_2$ 通过钙离子与海藻酸根离子螯合，形成海藻酸钙凝胶将细胞固定。当 $CaCl_2$ 浓度为2%~3%时，固定化颗粒在使用过程中会出现膨胀，甚至出现裂缝或破碎。交联时间长短也会对固定化细胞的活性产生影响，海藻酸钠固定微生物细胞时，18h和20h的交联时间生成的球状颗粒强度均良好，但固定化小球的增重在18h最高，故18h为最适交联时间。

改性后的海藻酸钠虽能改善固定化颗粒的发酵性能，但也增加了生产成本，使操作过程更为复杂。此外，膜组合工艺虽能解除抑制，但是成本较高，易出现堵塞、污染等问题。所以酵母菌的固定化还有待进一步研究与优化。

6.1.3 酵母菌在人类生活中的应用

1. 概述

酵母菌细胞内含有丰富的营养物质，如蛋白质、维生素等。酵母细胞氨基酸组成比较完全，除蛋氨酸外，苏氨酸、赖氨酸、组氨酸、苯丙氨酸等含量均高于动物蛋白，在食品工业中可做成高级营养品，也可制成饲养动物的高级饲料。根据应用对象的不同，可分为食用酵母和饲料酵母，食用酵母又分为面包酵母、食品酵母和药用酵母等。此外，酵母细胞中含有丰富的酶等生理活性物质，医药上将其制成酵母片，如食母生片，用于治疗因不合理的饮食引起的消化不良症。因酵母菌属于简单的单细胞真核生物，易于培养，且生长迅速，因此被广泛用于现代生物学研究中。如酿酒酵母作为重要的模式生物，是遗传学和分子生物学的重要研究材料。有的酵母可用于石油脱蜡，降低石油凝固点，还可以石油为原料，发酵制取柠檬酸、反丁烯二酸、脂肪酸等。

作为人益生菌使用的酵母菌并不多，其中最主要的是布拉氏酵母，多用于辅助治疗消化系统的疾病，具有调节肠道微生态平衡和营养、抗炎和调节免疫等作用，在小儿急性腹泻、抗生素相关性腹泻、难辨梭状芽孢杆菌肠炎、旅行者腹泻、炎症性肠病等方面有着广泛应用。

布拉氏酵母菌可显著提高小肠黏膜上皮处代谢酶的活性，刺激小肠绒毛膜分泌二糖酶，参与糖类的代谢吸收；还可刺激小肠绒毛膜刷状缘产生大量糖蛋白，具有良好的肠道营养作用。布拉氏酵母菌能释放特殊蛋白酶，中和或钝化致病菌毒素；调节宿主肠黏膜细胞的信号途径，改变肠道黏膜对致病菌的炎症反应，在肠道发挥抗炎作用。此外布拉氏酵母菌可以增加肠道内益生菌数量，促进肠道菌群稳定，减小因菌群失调造成的胃肠功能紊乱的可能性。在肠道中，布拉酵母可与肠黏膜上皮细胞紧密结合，提高内源性防御屏障，阻止致病菌的定殖和入侵；与病原菌竞争性地黏附于上皮细胞，促进肠道黏膜保护层的形成，加强有益菌的固定。作为真菌，酵母的生物学特性与细菌完全不同。受抗生素服用、胃酸、胆汁等胃肠道环境影响，常规微生态制剂的应用受到限制，而布拉酵母能克服此环境，应用后菌体不易失活，能迅速在肠道内达到有效浓度。服用期间，布拉酵母在肠道内水平保持恒定，不会在肠道内永久定殖，使用安全。

酵母对 pH 值变化耐受性良好，在 pH 值为 7~8 时生长良好，在 pH 值为 1.5、温度为 37℃条件下也能达到较好的活性。微生态制剂的安全性问题有两方面：一是肠道中微生物的移植使其他器官产生病变；二是益生菌与其他肠道细菌间抗生素耐药质粒的传递。已有案例报道布拉氏酵母菌引起的真菌血症，但作为真菌，布拉氏酵母菌与细菌之间不存在耐药质粒传递的问题。

2. 酵母菌在食品工业中的应用

酵母菌与我们的生活关系密切，许多营养丰富、味美的食品和饮料的生产和制造都离不开酵母，在食品工业中酵母占据的地位极其重要。

酵母作为一种无害的松软剂应用于面包和馒头的生产中，在发酵时，原料中的葡萄糖、果糖、麦芽糖等糖类及淀粉被酵母利用，产生 CO_2，在面团中形成小气泡，使面团体积膨大，结构疏松，改善面包的外观与口感。酵母菌细胞内外的酶可将面团中结构复杂的高分子物质分解成易为人体直接吸收的营养物。酵母本身蛋白质含量高，且含有多种维生素，增加了面包、馒头的营养价值。生产上面包酵母应用形式多样，有鲜酵母、活性干酵母及即发干酵母。鲜酵母是用板框压滤机将离心后的酵母乳压榨脱水得到的，发酵力较低，发酵速度慢，不易储存运输与保存。经低温干燥后的鲜酵母制成的颗粒为活性干酵母，耐干燥、发酵力稳定，发酵活力及发酵速度都比较快，产品用真空或充惰性气体（如氮气或二氧化碳）的铝箔袋或金属罐包装，易于储存运输，使用较为普遍。即发干酵母又称速效干酵母，它作为活性干酵母的换代用品，由高度耐干燥的酿酒酵母菌株经特殊的营养配比和严格的增殖培养后，采用流化床干燥设备干燥而得，无须活化处理，可直接使用。

酒的酿造历史悠久，均在不同酿造工艺条件下采用酵母菌利用不同原料进行生产，酒类产品繁多，如黄酒、白酒、啤酒、果酒等。啤酒作为世界上产量最大的酒种，是以优质大麦芽为主要原料，大米、酒花等为辅料，经过制麦、糖化、发酵等工序酿制而成的一种含有 CO_2、低浓度酒精和多种营养成分的饮料酒。

果酒是以果汁为原料，经酵母菌发酵形成的含多种营养成分的饮料酒，在各种果酒中葡萄酒是主要的品种，其产量在饮料酒中紧随啤酒之后，居世界第二位。果皮、果肉与果汁混在一起进行主发酵，发酵液中含有果皮或果肉中的色素，生产的是红葡萄酒。用葡萄汁单独发酵制成黄色的葡萄酒，为白葡萄酒。葡萄酒质量的好坏和葡萄品种及酵母有着密切的关系。

白酒是我国特有的发酵蒸馏酒，以高粱、小麦、大米、甘薯和玉米等为原料，首先用含有曲霉、根霉、毛霉和酵母菌等的曲种与经过粉碎、浸泡、蒸煮的原料混合，使其中的淀粉糖化，再由酵母发酵产生酒精。白酒生产过程不是纯种发酵，发酵过程中还会产生其他醇类和醋类物质，因此形成了不同风味和品质的白酒。

啤酒酵母是啤酒生产上常用的典型的上面发酵酵母，不仅可用于饮料酒和面包的生产，还可作食用、药用和饲料酵母，从其中提取细胞色素 C、核酸、谷胱甘肽、凝血质、辅酶 A 和三磷酸腺苷等。在维生素的微生物测定中，常用啤酒酵母测定生物素、泛酸、硫胺素、吡哆醇和肌醇等。啤酒酵母能发酵葡萄糖、麦芽糖、半乳糖和蔗糖，不能发酵乳糖和蜜二糖。按细胞长与宽的比例，可将啤酒酵母分为三组。第一组的细胞多为圆形、卵圆形或卵形（细胞长宽比<2），主要用于酒精发酵、酿造饮料酒和面包生产。第二组的细胞形状以卵形和长卵形为主，也有圆或短卵形细胞（细胞长宽比 ≈2）。这类酵母主要用于酿造

葡萄酒和果酒，也可用于啤酒、蒸馏酒和酵母生产。第三组的细胞为长圆形（细胞长宽比 >2）。这类酵母比较耐高渗透压和高浓度盐，适合于用甘蔗糖蜜为原料生产酒精。

美国、日本及欧洲一些国家在普通的粮食制品如面包、蛋糕、饼干和烤饼中掺入 5% 左右的食用酵母粉以提高食品的营养价值。酵母自溶物可作为肉类、果酱、汤类、乳酪、面包类食品、蔬菜及调味料的添加剂；在婴儿食品、健康食品中作为食品营养强化剂，由酵母自溶浸出物制得的 5′- 核苷酸与味精配合可作为强化食品风味的添加剂。从酵母中提取的浓缩转化酶用作方蛋夹心巧克力的液化剂。从以乳清为原料生产的酵母中提取的乳糖酶，可用于牛奶加工以增加甜度，防止乳清浓缩液中乳糖的结晶，适应不耐乳糖症的消费者的需要。茶酵母应用也较为广泛，在台湾冻顶山区，人们在制作乌龙茶时首先会将茶杀青，之后进行低温发酵，发酵之后，酵母菌便功成身退，沉淀在底部。不过这时候的酵母菌早已吸收了乌龙茶的精华养分，将其捞起经过洗净、消毒、干燥等再制造过程，就成了茶酵母。市场上的茶酵母分为三种：①如上所说加工而成的茶酵母，产量很低，基本没有产量，因为与茶一起分离后收集难度大；②乌龙茶与发酵液一起干燥后粉碎成粉，基本为乌龙茶，所含酵母很少；③乌龙茶提取物与啤酒酵母提取物结成，本产品易于收集加工，可规模化生产。茶酵母用途广泛，时下最流行的是用于减肥瘦身。

3. 酵母菌的药用价值

酵母含有丰富的蛋白质、维生素和酶等生理活性物质，医药上将其制成片剂，用于治疗因不合理的饮食引起的消化不良症。体质衰弱的人服用后能起到一定程度的调整新陈代谢机能的作用。

发酵后的酵母是一种很强的抗氧化物，具有一定的解毒作用，可保护肝脏。酵母里的一些矿物质具有抗衰老、抗肿瘤、预防动脉硬化作用，经常使用含酵母的食品或营养品能提高人体的免疫力。面粉经发酵后，其中的钙、镁、铁等元素能被人体快速吸收。

6.1.4　酵母菌在动物生产中的应用

1. 概述

从 20 世纪 20 年代起，活性酵母开始作为反刍动物的蛋白质补充剂应用于动物饲养中。50年代，人们将低剂量的活性酵母培养物添加到反刍动物日粮中，发现阉牛的日增重和奶牛的日产奶量都得到提升。近年来的研究发现，将活性酵母添加于动物日粮中，能改善动物对营养物质的消化吸收，提高动物的健康状态和生产性能。

活性酵母对动物的有益作用可能来源于以下因素。

活性酵母进入动物肠道后，改善了肠胃道环境和菌群结构，调控肠胃发酵，使乳酸盐的生成减少，从而提高了pH值的稳定性，可以促进动物胃肠道中的有益菌群如乳酸菌、纤维素分解菌等的繁殖及活力的提高；增加了整个肠道有益菌群的浓度，促进肠胃对饲料的分解和消化吸收，提高动物对饲料的利用率，增强动物体质，利于肉蛋奶等产量与品质的提高。

动物食用加入活性酵母的日粮后，酵母进入胃肠道生长和繁殖，与病原性微生物菌群进行生存竞争，可以有效抑制病原性微生物的繁殖，排斥胃肠黏膜表面病源菌的附着，协助机体消除毒素及其代谢产物，增加机体免疫和抗病力，可以防治动物消化系统疾病，起到保健作用。

此外，活性酵母及其代谢产物中含有丰富的蛋白质、各种氨基酸、B族维生素、寡聚糖及生长因子，可以增加饲料营养。

20世纪20年代以来，酵母开始在养殖生产中得到广泛应用，大量的研究已经证实酵母菌对奶牛、肉牛、奶山羊、猪、禽类和水产养殖等畜牧产业有明显的增益效果，已开发出多种相应的酵母产品，酵母及其代谢产物作为高效饲料添加剂应用于养殖行业中已是大势所趋。在家禽、家畜及水产动物上应用相应的活性干酵母制剂，均能取得促进生长及提高动物健康水平的效果。丹麦科·汉森公司很早就成功地开发出了活性酵母，并将其作为商品用于反刍动物饲料添加剂，1980年美国奥特奇公司也推出了活性酵母产品用于养殖，俄罗斯也一直重视活性酵母添加剂的开发，并在许多配合饲料和添加剂预混合物中添加活性酵母。

国内相关的研究起步较晚，且缺乏系统性，规模小，基础差，且大多数是固态发酵或固液结合发酵，产品中含有大量的培养基成分，纯度差。近年来随着国内相关发酵工艺的发展，生产活性酵母的专业厂家越来越多，产品种类逐渐丰富。目前，由于更多农副产品国际标准的出台，抗生素在动物饲料中的使用受到限制，活性酵母作为一种真菌益生菌受到越来越多的重视。

2. 酵母菌在反刍动物生产中的应用

反刍动物的瘤胃是一个供厌氧微生物生长繁殖的连续发酵的活体生物发酵罐,从某种意义上来说,人们饲养反刍动物实际是在养瘤胃内的微生物。在瘤胃中居留、生长着亿万个微生物,主要有细菌、真菌和瘤胃原虫。细菌包括纤维降解菌、半纤维降解菌、淀粉降解菌、蛋白降解菌、脂肪降解菌、乳酸产生菌、乳酸利用菌、产甲烷菌等。这些瘤胃微生物产生各种消化酶,对宿主进食的日粮进行发酵,大多数细菌能发酵饲料中的一种或多种结构性多糖和储存性多糖,为其生长提供能量来源。而有些细菌则不能发酵糖类,但它能利用糖类水解后的简单产物或糖类代谢的主要终产物,如乳酸、甲酸或氢等获取能量。瘤胃微生物细菌种类中,存在分解蛋白质和氨基酸的菌群,发酵产生的氨、氨基酸、小肽被其他微生物利用,合成菌体蛋白。微生物发酵的最终产物为挥发性脂肪酸(VFA)、维生素和微生物菌体蛋白(MCP)。掌握瘤胃发酵的过程及条件,对其进行调控,稳定瘤胃发酵,对促进奶牛的健康、提高生产水平和效益有重要意义。

酵母能够改善宿主肉和奶的品质,改善脂肪酸的组成,例如增加了产品中有益健康的成分,如共轭亚油酸的含量。把亚油酸转变成对健康有促进作用的共轭亚油酸的细菌主要是丁酸弧菌属细菌,这些微生物对低 pH 值特别敏感。酵母能稳定瘤胃 pH 值,促进这些微生物的生长。在一些奶牛的试验中证实,添加饲喂活酵母后乳脂含量提高,这可能是因为活酵母对瘤胃中有氢化作用以及与乳脂合成相关的微生物有影响。

一些酵母菌株可以通过竞争性排斥作用减少病原菌的定殖入侵;通过对病原菌毒素进行黏附或者降解减少病原菌对动物的影响。在小牛犊日粮中添加活酵母使梭状芽孢杆菌和沙门氏菌等病原细菌受到抑制。Galvao 等报道,使用活酵母可减少小牛犊腹泻发病率,增加小牛的体重,从而减少抗生素的使用。一些酵母菌在抵抗某些特定致病菌的影响上作用比一般的酵母菌强大,例如布拉迪酵母菌(*Saccharomycesboulardii*)能分泌胞外蛋白酶来降解艰难梭菌(*Clostridiumdifficile*)产生的毒素,对梭菌病有特别的效果。

酵母对 pH 值稳定的影响与日粮的成分密切相关,日粮在瘤胃中的利用程度取决于能迅速水解的碳水化合物的数量,特别是糖和淀粉的含量。例如,已有研究表明,给饲喂高能量日粮的育肥肉牛补饲酵母培养物,能增加瘤胃中乳酸利用菌的浓度，给饲喂大麦的奶牛补饲酵母培养物后，瘤胃 pH 值在 4h 时有所增加，表明酵母能促进乳酸利用菌利用乳酸，降低乳酸浓度，从而使 pH 值提高。

同时，饲喂酵母可增加瘤胃中厌氧菌和纤维分解菌的浓度。Dawson 等研究发现，在奶牛日粮中添加酵母菌制剂，能使纤维素分解菌数量提高 5~40 倍。纤维分解菌的活性越高，瘤胃中纤维素消化的越快。当 pH 值等于或大于 6.0 时，这些微生物生长快速，能快速分解纤维素，摄取其中的大部分能量；当 pH 值低于 6.0 时，纤维分解菌的生长就会受到抑制。而酵母及其培养物能促进瘤胃中乳酸利用菌快速生长，提高瘤胃的 pH 值，因此，纤维分解菌及乳酸利用菌协同发酵，使瘤胃内 pH 值形成一种平衡，加快了纤维素的消化率，增加了纤维素降解菌的数量。

益生菌与流经瘤胃微生物蛋白的增加有关，也能促进进入小肠的氨基酸的吸收。在反刍动物日粮中添加酵母培养物，能增加瘤胃中总细菌和原虫的数量。在饲喂精料条件下添加酵母培养物，饲喂后瘤胃内氨态氮的含量显著降低；添加适量酵母培养物可显著降低内蒙古白绒山羊瘤胃内的氨基氮含量。这主要是由于酵母刺激瘤胃内微生物生长，增殖的微生物促进氨基氮的利用，合成菌体蛋白。瘤胃内的原虫靠吞食细菌获得氨基酸，合成自身蛋白质，并且多通过自溶作用进行更新代谢，这种原虫对细菌的吞噬和消化及其自溶作用是引起瘤胃内蛋白增加的又一原因。

已经证明酵母能提供维生素（尤其是硫铵）来促进瘤胃真菌的增长。酵母组分中有高含量的二元酸，其中以苹果酸刺激效果最为明显。瘤胃组分基本上是厌氧的，但动物在进食时，氧气可进入瘤胃，也能检测到低浓度的溶解氧。Mathieu 等研究发现，羊瘤胃在进食后氧化还原电位的增加主要是由于在进食、咀嚼和喝水时进入的氧气引起的。Newbold 等报道，在人工瘤胃中，酵母 sCNCYC240、NCYC1026 及商品制剂 Yea-sacc 能刺激总厌氧菌数和纤维分解菌增加；将它们分别以 1.3mg/mL 浓度加入瘤胃液中，可将氧气消除率提高 46%~89%；不同种的酿酒酵母刺激瘤胃增加其中细菌数量的能力与它们从瘤胃中清除氧气的能力有关，因为呼吸缺陷型酿酒酵母不能刺激细菌数目的增加。

3. 酵母菌在单胃动物养殖中的应用

酵母菌在养猪生产中的应用主要体现在对断奶仔猪的影响上。仔猪在断奶初期，由于饮食的改变，消化道内微生物菌群失调，使病原菌更容易接触胃肠道黏膜并大量繁殖，致使仔猪腹泻和生长不良。酵母对猪的应用研究表明：在日粮中添加活酵母或含活酵母的酵母培养物，可提高猪的采食量、日增重量和肉料比，并能增强仔猪免疫力，降低腹泻率，改善乳组成等。Bontempo 等的试验表明：断奶后的 4 周内，给小猪喂食酵母，可明显提高其日采食量，明显降低肠道黏液覆盖层厚度，增加上皮细胞和黏膜巨噬细胞数量。说明酵母摄食营造了一个更健康的肠道环境，促使小猪肠黏膜变薄的情况快速恢复，提高抗感染免疫力，改善断奶仔猪的生长性能。

　　酵母益生菌在肉鸡饲养过程中也有广泛应用，在肉鸡饲料中适量添加酵母菌，可增强肉鸡的免疫力和抗病力，能有效控制肉鸡消化系统疾病的发生，如红黄白痢、球虫、大肠杆菌病等；还可以有效抑制和消除氨气、硫化氢等有害气体，预防肉鸡呼吸系统疾病，减少肉鸡用药，节省养殖场用药开支。此外，酵母益生菌可促进饲料的吸收和利用，加快鸡的生长。例如闫海等研究发现，对肉鸡通过饮水投喂内源假丝酵母菌，可增加每只肉鸡的平均重量，提高肉鸡品质，提高鸡肉中粗蛋白含量、总游离氨基酸含量、必需氨基酸含量和风味氨基酸含量。说明投喂酵母菌不仅可以提高肉鸡的生长速度，而且可以大幅度提高鸡肉的品质和风味，因此具有非常重要的应用前景。

　　酵母菌在单胃动物中的作用机制主要有四个方面：①酵母菌刺激刷状缘二糖酶活性；②酵母菌能够抵抗病原菌黏附；③酵母菌对肠道黏膜的免疫激活作用；④抑制毒素。研究表明，人和断奶鼠口服酿酒酵母后显著提高刷状缘二糖酶的活性，如蔗糖酶、乳糖酶和麦芽糖酶等的活性提高，能减少因肠内二糖酶活性降低导致的腹泻。断奶鼠每天口服冻干布拉酵母菌，能显著增加蔗糖酶活性和麦芽糖酶活性，这是因为酵母激活了锌结合金属蛋白酶的活性，增加了肠道中多胺的含量，从而可以提高宿主二糖酶的分泌。许多病原菌的细胞表面均含有一种特殊的用于细胞识别的糖蛋白，它们与肠内壁细胞表面上的受体结合而黏附在肠上皮上繁殖，这些细菌也能凝集在酵母细胞壁外层的甘露聚糖上。在每个布拉酵母细胞上可黏着约 200 个大肠杆菌，使这些细菌无法在肠壁黏附进而形成菌落和分泌毒素。因为酵母不定殖于消化道中，黏附在酵母细胞壁外层的病原体随消化道的运行而排出体外，因此可以阻止病原菌在肠壁上的黏附，减少动物疾病的发生。

　　酵母细胞壁对补体系统的作用很早已经被认知，这些特性与细胞壁内所含的葡聚糖有关，它能通过激活网状内皮系统和补体系统以增强宿主的免疫功能，同时，它还能显著提高人小肠分泌性免疫球蛋白的分泌和免疫球蛋白分泌成分的增加。在肠液中，小肠分泌性免疫球蛋白可与细菌和病毒抗原结合，从而减少肠上皮细胞对毒素的吸收和病原菌在肠黏膜上的定殖。酿酒酵母菌能分泌一种相对分子质量为 54000 的蛋白酶，它可降解顽固性梭酸菌毒素 A 和与毒素 A 结合的结肠刷毛细胞边缘膜受体，还可降解顽固性梭酸菌毒素 B，从而减少毒素 A 和 B 与结肠的结合，抑制两毒素对结肠表皮细胞的作用，进而预防和治疗许多病原性肠炎。

4. 酵母菌在水产养殖业中的应用

　　近年来我国的水产养殖业迅猛发展，集约化程度不断提高，养殖密度不断增大，代谢产物也大幅增加，随之而来的是养殖水体的污染状况日益严重，养殖病害日益加重，许多病害已经严重影响养殖效益。为应对养殖病害，传统的处理方法大量应用消毒剂、杀菌剂和化学药物，这些化学处理剂添加到水体中会破坏和干扰养殖环境的正常生物区系，导致养殖环境中微生物生态失调，对养殖动物造成二重感染，危害人类健康。近年来，人们开始尝试在养殖生产中使用有益微生物以改善养殖生态环境，提高养殖动物的免疫力，抑制病原微生物，从而减少疾病的发生。目前已经发现，可应用于水产养殖中的多种细菌、真菌、微藻等益生菌大都具备以下 3 个基本特征：一是体外实验中能拮抗病原菌，快速降解有机质；二是能在养殖动物肠道、养殖水体中存活；三是感染实验中能提高养殖动物对病原体的抵抗力，促进动物生长。水产养殖中常见的益生菌主要有光合细菌、乳酸杆菌、芽孢杆菌、酵母菌以及硝化细菌和反硝化细菌等。

　　杨世平等研究表明，饲料中添加沼泽生红冬孢酵母干酵母，能显著提高凡纳滨对虾肝胰腺中蛋白酶和脂肪酶活性，显著减少对虾肠道内细菌总数、弧菌数，降低弧菌／总细菌比；添加活酵母，能显著提高蛋白酶活性。沼泽生红冬孢酵母能提高对虾消化酶活性和改善肠道微生物群落结构，可作为对虾养殖的益生菌。

　　酵母菌大多为兼性厌氧型微生物，在有氧和缺氧的条件下都能有效分解和利用溶于池水中的糖类，在池内新增殖出的酵母菌又可作为鱼虾的饲料。酵母菌不仅能提高鱼的成活率，增加鱼的重量，而且能增强鱼苗对弧菌病菌的抵抗能力；酵母菌能黏附在肠道中，刺激鱼虾体内淀粉酶和刷状缘膜酶的分泌，从而提高动物对食物的利用率。酵母菌在育苗水体中占有绝对的种群数量优势，可有效地抑制其他有害微生物的生长，起到生物防治的作用，并能降低因大量使用抗生素带来的负面影响。此外，大量试验表明，酵母菌细胞壁能影响肠道微生态平衡，增殖肠道有益菌，抑制有害菌，提高动物免疫机能，促进新陈代谢，从而提高水产动物的生产性能和经济效益。

6.1.5　酵母菌在其他方面的应用

1. 酵母菌在植物保护方面的应用

水果蔬菜病害对果蔬的储运和营养造成非常大的损失，在发达国家采后腐烂对新鲜果蔬造成的损失可达生产总量的 10%~30%，发展中国家因冷储设备的缺乏，损失率更高。长期以来主要采用化学杀菌剂防治真菌病害，但化学杀菌剂的长期使用会诱发病原菌产生抗药性。随着环保意识的增强，果蔬病害的生物防治逐渐成为研究热点。拮抗微生物主要利用微生物之间的拮抗作用，选择对环境和人体无害的微生物抑制果蔬采后病原菌的生长。其中酵母菌由于具有拮抗效果好、抗逆性强、不产生毒素、可以和化学杀菌剂共同使用等优点，在果蔬病害（特别是采后病害）生物防治研究领域显示出巨大的应用前景。国外有研究表明，假丝酵母对灰葡萄孢霉及黑曲霉引起的腐烂有明显的防治效果，而罗伦隐球酵母菌株可广泛用于抑制苹果、草莓、葡萄、柑橘果实的多种主要采后病害。

经过 30 多年的研究，目前已经分离获得大量对果蔬采后病害有明显拮抗效果的酵母，但人们对拮抗酵母菌抑病机理的研究则显得相对缓慢，主要因为生物防治中拮抗作用的机理十分复杂。目前，人们普遍认为酵母菌对果蔬采后病害防治主要有以下 5 个机理：营养和空间的竞争、诱导抗性作用、重寄生作用、产生抑菌物质、添加其他物质增强拮抗效果。人们广泛认为营养和空间竞争是酵母拮抗菌产生拮抗作用的主要机制。由于酵母拮抗菌能很快消耗掉果蔬表面和伤口的营养物质，菌体大量繁殖后占领全部空间，使得病原菌生长繁殖受到抑制，从而可以降低病害发生的概率。拮抗酵母在果蔬表面和伤口处可诱导宿主产生抑菌物质，如假丝酵母（*Candida famata*）在柑橘伤口处诱导柑橘产生植保素等抗菌物质。而葡萄果皮上喷洒假丝酵母悬浮液，可增加乙烯产生量，诱导苯丙氨酸解氨酶、β-1,3- 内切葡聚糖酶的活性，产生诱导抗性。用拮抗菌处理葡萄灰霉病时发现，果实过氧化物酶（POD）、超氧化物歧化酶（SOD）、多酚氧化酶（PPO）、苯丙氨酸裂解酶（PAL）等抗病性相关酶的活性均显著提高。

重寄生现象即一种寄生生物被另一种生物寄生的现象，该现象普遍存在于自然界中。许多酵母菌能够分泌胞外水解酶分解病原菌的细胞壁，有些酵母可以直接吸附在病原菌菌体表面形成寄生作用。例如，柠檬形克勒克酵母能够吸附在青霉菌（*P. italicum*）菌丝上，使附着点处菌丝严重扭曲变形；而东方伊萨酵母（*Issatchenkia orientalis*）可以吸附到炭疽病菌孢子的表面并使孢子表面产生凹陷，使孢子不能萌发。当然，上述吸附现象还不能确切证明拮抗酵母与病原菌之间存在严格意义的重寄生作用，但可以明确的是这种吸附作用与拮抗酵母的生理活动关系密切。大多数拮抗细菌的主要作用方式是分泌抗生素，但有关酵母产生抑菌物质的报道较少。毕赤酵母（*P. membranifaciens*）菌株 CYC1106 可以产生一种相对分子质量为 18000 的毒素蛋白，对灰葡萄孢菌具有较强的抑制作用。而毕赤酵母菌（*P. ohmeri*）菌株 158 和假丝酵母菌（*C. guilliermondii*）P3 的无细胞滤液可以有效抑制青霉菌的孢子萌发和菌丝生长，经鉴定，该作用物质是一种相对分子质量为 3000 的抑菌毒素。通常情况下，单一使用拮抗菌来防治果蔬病害，其效果远不如化学杀菌剂。因此，人们在继续筛选新的更高效的拮抗菌的同时，也在不断探索加强已有拮抗菌拮抗能力的途径，其中拮抗菌与一些简单物质结合使用是一种行之有效的方法。有研究者用氯化钙使丝孢酵母（*Trichosporon sp.*）对苹果青霉病和灰霉病的抑制效果得到提升，但是对于钙离子提高拮抗效果的机理还没有完全研究清楚。

使用拮抗酵母菌成本较高，不能有效控制采收前已潜伏在果蔬表面的病原菌，病原物浓度、果实生理状态和环境等因素也对防治效果有很大的影响。此外，大多研究表明拮抗酵母菌只有在较高浓度（$10^8 \sim 10^9$ CFU/mL）时才能有效地控制果蔬采后病原菌的侵染，对于多种病害的防治，一种酵母菌剂的单独使用通常不及化学杀菌剂功效显著，这些都限制了拮抗酵母菌的商业化发展和应用。所以，人们在寻找广适性高效拮抗酵母菌的同时，也在不断寻求提高已有拮抗酵母拮抗活性的方法。

拮抗菌广泛存在于植物的叶片、根际土壤、果实和水等环境中，可从植物的根、叶表面或附近环境以及植物体内发掘拮抗酵母菌。但对于分离可应用在果蔬采后病害防治中的拮抗酵母菌，大多数研究者还是从果蔬表面自然生长的微生物中分离。此外，果蔬表面采前和采后环境发生改变，由原先的干热环境转到湿冷的储藏环境，而拮抗酵母菌未必能适应这种环境的改变。所以根据实际情况，研究者往往有针对性地分离拮抗酵母菌，如在果蔬接近成熟或储藏几个月后再进行拮抗酵母菌的分离，得到的结果会比较好。

获得拮抗酵母菌的另一条较好途径是从伤口处分离。伤口处养分充足，是病原菌与拮抗酵母菌相互作用的主要场所，从伤口处分离的拮抗酵母菌更适于伤口处的环境。有研究者将待筛选拮抗酵母菌悬浮液注射于果实伤口处，室温条件下 2 h 后接种病原菌孢子悬浮液，2 周后切下未侵染的伤口组织进行发酵培养，取发酵液进行稀释涂平板分离获得目标拮抗菌株。

在实际研究和应用中一般将上述两种筛选方法相结合，但其他方法同样也可达到目标效果。有学者不仅从苹果伤口分离得到能够防治苹果灰霉病的酵母菌，也从其他环境如土壤、海水、空气、叶片、大蒜等分离筛选到拮抗酵母菌。

2. 酵母菌在工业生产方面的应用

酒精不仅是重要的化工原料，也是一种重要的生物能源。其生产原料来源广泛，如薯类、谷物、糖类、植物、纤维、木材加工下脚料、农作物秸秆、甘蔗渣、废纤维垃圾和废纸浆等，其他来源如亚硫酸纸浆废液、淀粉渣等也可以生产。

酒精工业中所用酵母需要具备繁殖速度快、增殖能力强、适应较高浓度的酒精发酵环境、耐温性能好、抗杂菌能力和耐酸性强、发酵中产生泡沫少、生产性能稳定以及变异性小等特点。

酒精发酵效率受多种因素影响，如温度、pH 值、溶解氧、乙醇浓度及发酵副产物等。酵母是兼性厌氧微生物，氧含量的多少能使酵母菌的呼吸和发酵代谢发生改变，氧气含量高会促使酵母采取有氧呼吸，阻碍其厌氧代谢，减少酒精的生成，此为巴斯德效应。但是，该效应主要发生在糖浓度低于 3g/L 的时候，当糖浓度在 3~100g/L 范围内时，即使有相当的溶氧量，酒精发酵也能进行。研究表明，适当通氧有利于高细胞密度、高强度酒精发酵，其原因是部分通氧可使酵母细胞产生更多的能量，以合成和更新细胞结构物质，维持细胞活力，不仅使菌体浓度得到提高，还增强了酵母生产乙醇的能力。

酒精发酵过程还会产生其他副产物，如乙醛、甲酸、乙酸、乳酸、甘油和杂醇油等。另外，原料蒸煮糊化过程中也会产生糠醛、轻甲基糠醛和氨基糖等。

这些副产物会在一定程度上抑制酵母菌的生长繁殖，其中抑制作用最强的是乙酸，其次是乳酸、糠醛、焦糖色素；若上述4种物质同时出现在发酵液中，当含量达到一定浓度时会对酵母菌的酒精发酵产生强烈影响。因此，高效率酒精发酵不能忽视这些因素的影响。

酒精发酵多采用高糖发酵，一定的酒精浓度（超过12%）会抑制酵母的发酵能力。可从以下几个方面入手进行高浓度酒精发酵：采取真空发酵，或萃取发酵，将产生的酒精不断从发酵液中移出，降低发酵液中的酒精浓度以减少对酵母菌的抑制；通过分子手段构建高浓度酒精耐受菌可大幅度地提高发酵的酒精浓度。生物技术的广泛应用，为酒精发酵工业带来崭新的面貌。

甘油作为一种重要的轻化工原料，在医药、食品、国防等领域有着广泛的应用。可利用耐高渗透压酵母于碱性厌氧条件下发酵糖质获得甘油。利用酵母菌发酵分解石油中的蜡，降低石油的凝固点，就可以解决高凝固点石油在高寒地区的开采和管道运输以及某些特殊工业应用中存在的问题。目前应用于该领域的酵母菌有解脂假丝酵母、嗜油毕赤酵母、脱蜡球拟酵母C7等。热地假丝酵母可以9碳到18碳的单一直链烷烃为碳源发酵生产长链二元酸，为生产特殊性能的高分子材料和香料提供了新的原料和方法，该酵母还可以利用石油烃生产富含蛋白质的单细胞石油蛋白，用做饲料的添加剂。

3. 酵母菌在环境保护方面的应用

酵母菌具有良好的耐渗透压、耐酸和代谢效率高等特点，在废水处理中是一种重要的菌种资源。有关数据显示，某些酵母菌能在水活度值 α_w 为 0.60~0.70 时生存，酵母菌对某些难降解物质及有机毒物具有较强的分解能力。假丝酵母和丝胞酵母在含有杀虫剂和酚浓度为 500~1000 mg/L 的废水中可以正常生长，并将这些有害有机物质分解。而且它给含有高氨氮、高硫酸根离子的高浓度有机废水提供了较多的处理手段和方法。已有研究表明，硫酸根离子和氨氮的浓度达到 20 g/L 以上时对酵母菌的影响不显著。氧化过程是一个加氧脱氢的过程，可以利用 DHA 的强弱来检查所采用的菌种对所处理的污染物的降解性及其有无毒性。在实验过程中发现酵母菌内的 DHA 的强弱无显著变化，说明硫酸根离子和氨氮的浓度达到 20 g/L 时仍然对酵母菌无明显的毒性。同时，已有研究证明酵母菌的处理能力强于传统的活性污泥法工艺，酵母菌对油田钻井废水的 TOC 去除率（40.5%）略高于经过改进的活性污泥法工艺的去除率

（35.2%），而且它对相对分子质量在 60000 以上的有机物也具有一定的处理能力。

酵母菌细胞内有大量的酶构成的酶系以适应外部特殊环境。我国已经成功生产出应用于动物饲料行业的石油蛋白，研究表明，在假丝酵母发酵各种烷烃的过程中，大部分的烷烃转变成了细胞物质。在酵母菌处理高浓度有机废水过程中，污染物的去除和细胞蛋白的生产紧密相连。研究表明，用热带假丝酵母处理啤酒洗槽废水生产细胞蛋白时，COD 的降低与三羧酸循环发生的程度具有一定的联系，而细胞蛋白的生产只与糖酵解有关。可以通过控制工艺条件以实现有机废水处理的最终目的，即以 COD 为指标，还是以细胞蛋白的生产为指标。同样工艺条件下，酵母菌处理废水所增加的细胞数量比活性污泥法工艺多出约1 倍。

酵母菌能去除的污染物范围很广，如高浓度含油废水、食品工业有机废水、含重金属废水等都可用酵母菌对其水质进行改善。与活性污泥法工艺相同，酵母菌主要通过生物吸附、氧化等作用降解和去除污染物。在生物吸附过程中，首先重金属离子通过静电作用吸附到酵母菌的表面，然后与酵母菌表面的基团发生螯合作用。在酵母菌处理含色拉油废水过程中，酵母菌先将油分子存储在细胞内，然后再逐渐氧化分解，利用释放的能量合成新的细胞物质。

在单一菌种的酵母作用环境中，微生物菌群间的相互协同作用很微弱，对低分子有机物和易生物降解的基质酵母菌具有很好的处理效果，对高分子有机物和难生物降解基质，酵母菌的处理效果则较差。所以在利用酵母菌处理有机污染物之前，应尽量将一些高分子物质和难降解基质进行水解预处理，以增强其可生化性。单一酵母菌细胞内的酶系可能无法满足处理难降解有机物时所必需的复杂的矿化作用，使得酵母菌对难降解有机污染物的处理能力较弱。

4. 酵母菌在生物研究中的应用

酵母菌繁殖快而且培养条件简单，更重要的是其生产能力高，具有分泌和糖基化外源蛋白的能力，所以其作为基因工程宿主菌在基因工程产品的生产上有广阔的应用前景。酵母菌作为一种单细胞真核生物，基因表达调控机制和对表达产物的加工修饰能力比较完备。酿酒酵母（*Saccharomyces cerevisiae*）在分子遗传学方面最早被人们认识，最先作为酵母宿主表达外源基因。1981 年酿酒酵母表达了第一个外源基因——干扰素基因，随后一系列外源基因相继在该系统得到表达。实验室条件下用酿酒酵母制备干扰素和胰岛素能取得很好的结果，但扩展到工业规模时，其产量迅速下降。原因是培养基中维持质粒高拷贝数的选择压消失，使质粒变得不稳定，拷贝数下降，导致外源基因表达量的下降。同时，工业用培养基与实验室用培养基成分差异较大，导致产量下降。1983年美国 Wegner 等人率先发展了第二代酵母表达系统，以甲基营养型酵母（*Methylotrophic yeast*）为代表的该系统能克服酿酒酵母的局限。

酵母作为真核模式生物，其最直接的作用体现在生物信息学领域。当人们发现了一个功能未知的人类新基因时，可以快速在已知酵母基因组数据库中检索，找到与之同源性较大的基因，根据已知基因可获得其功能方面的相关信息，加快对该人类基因的功能研究。研究发现，许多与遗传性疾病相关的基因均与酵母基因同源性很高，研究酵母中这些基因编码蛋白质的生理功能及其与其他蛋白质间的相互作用，有助于该类遗传性疾病的机理研究。此外，酵母基因与许多人类多基因遗传病相关基因之间有较高的相似性，通过酵母基因研究多基因遗传病将有助于提高多基因遗传性疾病的诊断和治疗水平。

人类遗传性疾病相关基因的核苷酸序列与酵母基因的同源性为其功能研究提供了极好的线索，将酵母作为模式生物，通过连锁分析和定位克隆，然后测序验证可获得人类遗传性疾病相关的基因信息。例如，人类遗传性非息肉性小肠癌相关基因与酵母的 MLH1、MSH2 基因有很高的同源性。遗传性非息肉性小肠癌基因在肿瘤细胞中表现出核苷酸短重复顺序不稳定的细胞表型，在该人类基因被克隆以前，研究工作者在酵母中分离到具有相同表型的基因突变（MSH2 和 mlh1 突变）。受这个结果启发，人们推测小肠癌基因是 MSH2 和 MLH1 的同源基因，而它们在核苷酸序列上的同源性则进一步证实了这一推测。Francoise 等研究了 170 多个通过功能克隆得到的人类基因，发现它们中有 42%与酵母基因具有明显的同源性，这些人类基因的编码产物大部分与信号转导途径、膜运输或者 DNA 合成与修复有关，而那些与酵母基因没有明显同源性的人类基因主要编码一些膜受体、血液或免疫系统组分，或人类特殊代谢途径中某些重要的酶和蛋白质。

6.2　其他类真菌益生菌

6.2.1　有益霉菌

霉菌是可使有机物质发生霉变的丝状真菌的统称。在培养基上霉菌菌落形态呈绒毛状、蜘蛛网状或絮状。霉菌分布广泛,与人们的日常生活关系极为密切,如传统酿酒、制酱和制作副食品及其他发酵食品都用到霉菌,而且可以从霉菌中提取药物、色素等。人类的生活离不开霉菌,其在农业、纺织、食品、医药、皮革等方面都有重要应用,也可以促进自然界的物质循环。当然也有其不利的一面,如可感染粮食、食品、纺织品,使之产生霉变,也能感染动植物,使人、畜、农作物患病。

1. 青霉菌

青霉菌是一种多细胞真菌,营养菌丝体无色、淡色或具鲜明颜色。菌丝有横隔,分生孢子梗亦有横隔,光滑或粗糙。基部无足细胞,顶端不形成膨大的顶囊,其分生孢子梗经过多次分枝,产生几轮对称或不对称的小梗,形如扫帚,称为帚状体。分生孢子呈球形、椭圆形或短柱形,光滑或粗糙,大部分生长时呈蓝绿色。有少数种产生闭囊壳,内部形成子囊和子囊孢子,亦有少数菌种产生菌核。

青霉菌可产生青霉素,青霉素是一种重要的抗生素,具有高效、低毒、临床应用广泛等特点。青霉素的发现、生产和应用极大增强了人类对细菌性感染的抵抗力,开创了用抗生素治疗疾病的新纪元。但青霉素对耐药菌株杀菌效果差,耐药菌可产生破坏青霉素的酶。青霉素主要对革兰氏阳性菌引起的感染有较好的防治效果,抗菌谱较窄。通过数十年的研发与完善,目前可生产出青霉素的多种剂型,可治疗肺炎、肺结核、脑膜炎、心内膜炎、白喉、炭疽等疾病。

2. 红曲霉

红曲霉(*Monascus*)的用途多、使用历史悠久,我国自元代以来就有利用红曲保存食物的传统，在《天工开物》及《饮膳正要》中都有记载。利用它可培制红曲，用于酿酒、制醋、做豆腐乳的着色剂以及作食品染色剂和调味剂，还可做中药。红曲霉在欧洲一度被视为一种腐败菌，但在许多亚洲国家，被用来作为加工传统食品的微生物。

红曲霉还具有抗菌作用，紫色红曲霉菌（*Monascus purpureus*）产生的抗菌活性物质对细菌、酵母有抗菌性，能抑制蜡状芽孢杆菌、霉状杆菌、金黄色葡萄球菌、荧光假单孢杆菌、绿脓杆菌、大肠杆菌、变形杆菌，能强烈地抑制黑曲霉素形成分生孢子。

由红曲霉菌发酵产生的红曲是一味传统中药，在《本草纲目》《本草从新》等书中均有记载。红曲可活血化瘀、健脾消食，主治产后恶露不净、瘀带腹痛、赤白下痢、跌打损伤等症，还可降低血清胆固醇及预防癌症。红曲中的莫纳可林 K（Monacolin K）会阻止各种信号蛋白质添加 15 碳或 20 碳脂肪链，能抑制致癌基因蛋白质添加 15 碳，可用来治疗蛋白质所诱导的各类固形瘤病变。莫那可林 K 还可以提高癌细胞内的依赖细胞周期蛋白激酶抑制因子(cycllin-dependent kinase inhibitors, CKIS)，可抑制癌细胞生长。红曲可产生 γ- 氨基酸(γ-GABA)，该物质具有降低血糖的作用。研究还发现红曲还可作血压升高剂，对血压有双重控制作用。此外，红曲霉还可以产生如黄酮酚等天然抗氧化剂，可保护肝脏，也可用来生产防癌、抗癌的药物。

红曲霉在食品行业应用极为广泛，可用来生产红曲米和红曲色素，可添加于肉制品、鱼制品、豆制品，赋予产品美观的色泽，还可增强食品风味，延长保存期，改善营养特性。天然添加剂的红曲色素在特别看重"纯天然"食品的欧洲早已引起广泛的关注。

3. 木霉菌

木霉菌是一类具有广谱性、拮抗性生物防治菌，可用于土传植物病害的生物防治。例如将木霉菌剂施入温室大棚土壤中，能在植株根周围长出菌丝，可抑制枯萎病的发生，减少病害。而且该木霉菌剂比化学药剂药效持久、稳定，使用安全，是一种很好的生物农药。木霉菌分泌纤维素酶，可直接将纤维素分解为低分子化合物被动物利用。此外，纤维素酶可分解纤维素，使更多的植物细胞内容物分离出来，提高了这些营养物质的消化率。木霉菌还可产生半纤维素酶、淀粉酶、蛋白酶、果胶酶，这些酶的共同作用可提高动物对碳水化合物、蛋白质和矿物质的消化吸收率，改善营养状况。

6.2.2　蕈菌

蕈菌是肉眼可见的大型菌物的统称，属于真菌的一个类群，但它不是一个分类学上的概念。按功能可将蕈菌分为食用蕈菌和药用蕈菌。有的蕈菌有毒性，有的还未研究透彻。可食用的蕈菌约有 2000 个种，但目前栽培成功的大约只有 80 个种，其中 40 个种有经济价值。在 20 多个具有商业价值的蕈菌中只有 4~5 个种在很多国家可以进行工业规模生产。

1. 食用蕈菌

食用蕈菌又称食用菌，主要包括担子菌纲和子囊菌纲中的一些种类。我国古代就把生于木上的菇称为菌，长于地上的称为蕈。我们平时所说的食用菌是指狭义概念上的食用菌，主要包括平菇、香菇、银耳、木耳、猴头、灵芝、草菇、鸡腿菇、灰树花、杏鲍菇、白灵菇、姬松茸、牛肝菌、双孢蘑菇、竹荪、羊肚菌、金针菇、茯苓、冬虫夏草、滑菇等。食用菌中含有丰富的营养物质（部分食用菌的营养成分见表 6-2），例如，松露是世界的顶尖美食，由于其生长条件苛刻，采挖困难，是迄今为止唯一不能实现人工种植的菌种，每年全球产量仅为虫草的 1/4，故价格相当昂贵，每斤上万元，堪比黄金，被称为餐桌上的"黑色钻石"。松露具有极高的营养功效和食用价值。试验证明，其含有大量的蛋白质、17 种氨基酸、各种维生素和矿物质以及多糖、三萜、鞘脂类、α 雄烷醇等活性成分，有极高的营养价值；还可以起到抗衰老、提高免疫力、抗疲劳、美容保湿、保护心脑血管、抗肿瘤、调节男女内分泌的作用，特别在提高免疫力、抗疲劳和调节内分泌方面的作用更胜于虫草；同时还发现，坚持食用松露，能明显延长寿命。其实松露在欧洲已有两千多年的食用历史，由于历史和文化原因，今天中国人对松露的认识和了解就像欧洲人对冬虫夏草一样，尚处于萌芽阶段。其实松露和虫草都是昂贵的天然滋养品的代表，素有"东方食虫草、西方吃松露"的说法。

食用菌子实体中的蛋白质含量很高，约占干重的 30%~40%，介于肉类和蔬菜之间，而且含有 8 种人体必需氨基酸。食用菌脂肪含量较低，仅为干重的 0.6%~3%，是很好的高蛋白质低能值食物。在其很低的脂肪含量中，不饱和脂肪酸所占比例高达 80% 以上，其中的油酸、亚油酸、亚麻酸等可有效地清除人体血液中的垃圾、延缓衰老，还有降血脂，预防高血压、动脉粥样硬化和脑血栓等心脑血管系统疾病的作用。食用菌还含有丰富的维生素，含量约是蔬菜的2~8倍，如维生素 B_1、B_2、B_{12}，维生素 D、维生素 C 等。同时，食用菌含有丰富的矿物质元素，是人体所需矿物质的良好来源。

表 6-2　食用菌的营养成分（每 100g 干品中主要成分含量）　　g

种类	产地	水分	蛋白质	脂肪	碳水化合物	粗纤维	灰分
双孢蘑菇	北京	11.3	38.0	1.5	24.5	7.4	17.3
口蘑	北京	16.8	35.6	1.4	23.1	6.9	16.2
香菇	北京	18.5	13.0	1.8	54.0	7.8	4.9
金针菇	北京	10.8	16.2	1.8	60.2	7.4	3.6
平菇	北京	10.2	7.8	2.3	69.0	5.6	5.1
羊肚菌	北京	13.6	24.5	2.6	39.7	7.7	11.9
牛肝菌	四川	22.4	24.0	—	48.3		5.3
大红菇	四川	15.1	15.7	—	63.3	—	5.9
木耳	北京	10.9	10.6	0.2	65.5	7.0	5.8
银耳	北京	10.4	5.0	0.6	78.3	2.6	3.1

注：该表引自中国医学院卫生研究所《食物成分表》（1983），"—"表示未经测定。

　　我国将食用菌作为药物已有两千多年历史，是利用食用菌治病最早的国家，在汉代的《神农本草经》及明代李时珍的《本草纲目》中就有记载。食用菌对调节人体机能、提高免疫力、降低血压和胆固醇、抗病毒、抗肿瘤以及延缓衰老等有显著功效。如：灵芝含有硒（Se）元素，能提高人体免疫机能及延缓细胞衰老；猴头可治疗消化系统疾病；马勃鲜嫩时可食，老熟后可止血和治疗胃出血；茯苓有养身、利尿之功效；木耳具有润肺、清肺的作用，是纺织工人和理发师的保健食品；冬虫夏草有良好的营养滋补和免疫排毒功效，可以抑菌防癌、抗病毒，是延年益寿的食疗、药膳佳品；双孢蘑菇中的酪氨酸酶可降低血压，核苷酸可治疗肝炎，核酸有抗病毒的作用；香菇中的维生素 D 能增强人的体质和防治感冒，还可防治肝硬化等。

　　2. 药用蕈菌

　　中医中很多食用菌也可拿来用药，如灵芝、虫草、茯苓、木耳等。药用真菌是指对人体有保健，对疾病有预防、抑制或治疗作用的真菌，能产生氨基酸、维生素、多糖、甙类、生物碱、甾醇类、黄酮类及抗生素等多种具药效物质。早在古代中国就有大量蕈菌入药的记载，东汉时的《神农本草经》就收录了雷丸、茯苓、木耳和猪苓等 10 多种真菌；南北朝时期的陶弘景《本草经集注》和《名医别录》中增添了马勃和蝉花等；明代李时珍的《本草纲目》增加了桑耳、六芝、羊肚菜、鬼笔、槐耳、皂荚菌、香蕈等 40 余种；清代的汪昂《本草备要》第一次记载了冬虫夏草，并明确指出可以将其作为药用保健品。目前对药用真菌的药理药性、生态生理、性能、资源分布、种植生产等都有了更深的研究。相关的专业书籍有《中国药用真菌》《中药大辞典》《中国中草药汇编》以及《中国药用孢子植物》等。

随着科学技术的发展，食用菌的药用价值日益受到重视，目前已开发出食用菌片剂、糖浆、胶囊、针剂、口服液等剂型，广泛应用于临床治疗和日常保健。目前研究发现，至少有 150 种大型真菌被证实具有抗肿瘤活性，成为筛选抗肿瘤药物的重要来源。目前已有多种菇类多糖作为医治癌症的辅治药物应用于临床，如香菇多糖、云芝多糖、猪苓多糖、灵芝破壁孢子粉等，可以提高人体抵抗力，减轻放疗、化疗反应。

药用真菌拥有多种活性成分，如真菌多糖、萜类化合物、生物碱、甾醇类化合物等。真菌多糖是由 10 个以上单糖以糖苷键结合而成的天然高分子聚合物，可激活免疫细胞、激活网络内皮系统、清除老化细胞和异物、调节及促进机体抗体和补体的形成，具有调节免疫、抗肿瘤、抗病毒、降血脂、降血糖、抗氧化、抗辐射、健胃保肝和延缓衰老等作用，是一类重要的生物活性物质，广泛应用在医药及保健品上。从真菌中分离出来的萜类化合物一般是倍半萜、二萜和三萜类，目前研究最多的是灵芝三萜，有较广泛的药理活性，例如抗肿瘤、抗微生物、抗高血压、抗癌、抗疲劳、降血压、抑制血小板的脱颗粒和聚集等。从真菌中分离出来的生物碱主要有吲哚类生物碱、腺苷嘌呤类生物碱和吡咯类生物碱，可治疗心血管、偏头痛等疾病，能促进子宫肌肉收缩，减少产后流血，催产，对眼角膜疾患及甲状腺分泌功能的失调等症有一定的疗效。

本章要点

真菌是生物界中很大的一个类群，通常又分为三类，即酵母菌、霉菌和蕈菌（大型真菌）。本章主要介绍酵母菌以及其他有益真菌，它们在我们的生活中具有不可或缺的地位。酵母菌、霉菌是个体微小的真菌，其中酵母可用于发酵，生产调味料，而且酵母本身就有很高的营养价值，在人类生活、动物生产、植物保护、工业生产、环境保护和生物研究中广泛应用；霉菌除用于传统的酿酒、制酱和做其他发酵食品外，近年来在发酵工业中广泛用来生产酒精、柠檬酸、青霉素、灰黄霉素、赤霉素、淀粉酶、发酵饲料等；大型真菌可用作食用菌和药用菌，造福于人类。

习题

6-1　真菌的定义是什么?

6-2　试述真菌细胞的结构。

6-3　酵母出芽生殖的机理是什么?

6-4　当前真菌鉴定常用的分子生物学方法有哪些?

6-5　本书采用的真菌分类系统包括哪些门?

6-6　查阅资料,说明酵母菌在动物饲养中的具体应用。

参考文献

[1] 白淑霞，刘明星，刘文娟，等．布拉酵母菌治疗婴儿轮状病毒肠炎效果观察 [J]. 临床误诊误治，2012，25（11）：79-81.

[2] 陈勇军．益生菌在水产动物饲料中的应用 [J]. 饲料博览，2002，3: 48.

[3] 陈中平，李彪，戴晋军．活性干酵母的作用机制及在养猪中的应用 [J]. 饲料研究，2011，6: 40-41，46.

[4] 楚杰，刘可春，何秋霞，等．酵母益生菌在单胃及反刍动物中的作用机制 [J]. 中国畜牧兽医，2009，36（8）：14-17.

[5] 戴晋军，周晓辉，蔡学敏．酵母降低奶牛热应激的试验研究 [J]. 中国牧业通讯，2010（12）：38-39.

[6] 董燕声，车绮玲，惠孝鑫．益生菌对水产动物内外环境的调节作用及应用 [J]. 当代水产，2013（7）：75-77.

[7] 杜庆．食（药）用真菌多糖的研究进展 [J]. 中国食物与营养，2011，17（5）：75-77.

[8] 耿鹏，陈少华，胡美英，等．马克斯克鲁维酵母对柑橘采后绿霉病的抑制效果 [J]. 华中农业大学学报，2011，30（6）：712-716.

[9] 耿鹏，杨柳，郝卫宁，等．拮抗酵母菌控制果蔬采后病害的研究进展 [J]. 北方园艺，2010（20）：220-225.

[10] 巩文峰，马青．3 株拮抗酵母菌对苹果采后青霉病的防治效果 [J]. 西北农林科技大学学报（自然科学版），2007，35（12）：191-194.

[11] 郭东起，侯旭杰．生防酵母菌结合钼酸铵对冬枣采后主要病害防治的研究 [J]. 保鲜与加工，2012，12（2）：36-39，54.

[12] 郭嘉铭，上官舟建，陈景潮．药用真菌的研究与开发概述 [J]. 中国食用菌，1994（3）：7-10.

[13] 郭萍萍，宗兆锋，李同兴，等．野生山楂上苹果病害生防酵母菌的筛选 [J]. 西北农林科技大学学报（自然科学版），2008，36（6）：175-179.

[14] 贺立红，汪跃华，兰霞．拮抗酵母菌对指状青霉菌的抑菌作用 [J]. 仲恺农业工程学院学报，2010，23（4）：61-63，67.

[15] 黄良策，周凌云，卜登攀，等．益生菌对泌乳后期奶牛生产性能的影响 [J]. 华北农学报，2012，27（z1）：406-409.

[16] 黄雪梅，汪跃华，徐兰英，等．拮抗酵母菌对沙糖桔采后绿霉病的抑制作用 [J]. 中国南方果树，2011，40（1）：4-8，12.

[17] 静玮，屠康，邵兴锋，等．热水喷淋处理结合拮抗酵母菌对樱桃果实采后腐烂及品

质的影响 [J]. 果树学报，2008，25（3）：367-372.

[18] 李玢. 布拉氏酵母菌与小儿抗生素相关性腹泻的临床研究 [J]. 中国全科医学，2011，14（11）：1255-1256.

[19] 李菲菲. 柑橘炭疽病的生物学特性及其拮抗酵母菌的研究 [D]. 武汉：华中农业大学，2009.

[20] 李海兵，宋晓玲，李赟，等. 水产动物益生菌研究进展 [J]. 动物医学进展，2008（5）：94-99.

[21] 李林玉，金航，张金渝，等. 中国药用真菌概述 [J]. 微生物学杂志，2007（2）：57-61.

[22] 李旭，陈阳，章世元，等. 益生菌在鸡养殖业中应用的最新研究进展 [J]. 家禽科学，2011（9）：42-45.

[23] 梁学亮，郭小密. 假丝酵母对柑橘采后绿霉病的抑制效果 [J]. 华中农业大学学报，2006，25（1）：26-30.

[24] 林丽，田世平，秦国政，等. 两种拮抗酵母菌对桃果实贮藏期间主要病害的防治效果 [J]. 中国农业科学，2003，36（12）：1535-1539.

[25] 刘慧敏. 葡萄采后灰霉病生防酵母菌作用机理及其生防效力改良 [D]. 武汉：华中农业大学，2010.

[26] 刘晓媛. 拮抗酵母菌生防机理及应用研究 [D]. 天津：天津科技大学，2009.

[27] 罗凯. 拮抗酵母结合化学物质提高草莓果实采后贮藏性能的研究 [D]. 南京：南京农业大学，2012.

[28] 潘晓东，吴天星，陈斌. 益生菌在水产动物肠道内黏附机制的研究进展 [J]. 水产科学，2005，24（11）：53-54.

[29] 裴世琪，童军茂，寇霄腾，等. 拮抗酵母菌对哈密瓜采后病害抑制效果的初步研究 [J]. 安徽农学通报，2009，15（1）：75，134-135.

[30] 秦丹，石雪晖，林亲录，等. 葡萄采后病害生防制剂用拮抗酵母的筛选 [J]. 食品科学，2008，29（7）：303-305.

[31] 秦国政，田世平，刘海波，等. 三种拮抗酵母菌对苹果采后青霉病的抑制效果 [J]. 植物学报，2003，45（4）：417-421.

[32] 秦顺义，黄克和，高建忠. 富硒益生菌对小鼠免疫功能及抗氧化能力的影响 [J]. 营养学报，2006（5）：423-426.

[33] 曲晓华，殷培峰，浦冠勤. 中国药用真菌的研究概况 [J]. 蚕桑茶叶通讯，2003（3）：22-24.

[34] 宋金宇，刘程惠，胡文忠，等. 拮抗酵母菌对果蔬病害防治的研究进展 [J]. 保鲜与加工，

2012，12（5）：53-56.

[35] 宋宴宏，彭建霞，张建丽，等. 布拉酵母菌预防儿童抗生素相关性腹泻临床研究 [J].
实用医学杂志，2012，28（16）：2785-2787.

[36] 孙萍，郑晓冬. 酵母生物制剂对果蔬采后病害形成的影响 [J]. 中国食品学报，
2003，3（2）：93-100.

[37] 谭斌. 饲用高活性干酵母的研发 [D]. 武汉：华中农业大学，2008.

[38] 田晖艳. 猪肠道酵母菌的分离鉴定及应用研究 [D]. 武汉：武汉工业学院，2012.

[39] 田晖艳，王学东，谭斌，等. 猪肠道酵母菌的分离与初步鉴定 [J]. 饲料研究，2011（11）：
41-43.

[40] 田世平，范青，徐勇，等. 丝孢酵母与钙和杀菌剂配合对苹果采后病害的抑制效果 [J].
植物学报，2001，43（5）：501-505.

[41] 王华，陈有容. 益生菌和水产动物饲料添加剂 [J]. 中国微生态学杂志，2001（3）：
60-61，65.

[42] 王思芦，汪开毓，陈德芳. 食用真菌多糖免疫调节作用及其机制研究进展 [J]. 动物
医学进展，2012（11）：104-108.

[43] 王学东，李彪，戴晋军. 活性干酵母在养猪中的应用 [J]. 养猪，2009（4）：9-10.

[44] 王勇，程根武，王万立，等. 生防酵母菌防治柑橘青霉病试验研究 [C]. 中国植物病
理学会 2004 年学术年会论文集，2005：496-497.

[45] 王玉，童应凯，韦东胜，等. 浅谈微生物在饲料工业的应用 [C].2005 年度我国饲草
生产的机遇与挑战研讨会，2005:302-308.

[46] 王云. 布拉氏酵母菌对早产儿生长发育的影响 [D]. 沈阳：中国医科大学，2012.

[47] 王哲. 柑橘酸腐病菌的致病机理及其拮抗酵母的研究 [D]. 武汉：华中农业大学，
2012.

[48] 吴昊. 布拉氏酵母菌对轻中度溃疡性结肠炎治疗效果的临床研究 [D]. 大连：大连医
科大学，2013.

[49] 吴显实. 富硒益生菌在奶牛生产上的应用效果及其作用机理研究 [D]. 南京：南京农
业大学，2009.

[50] 武峥. 防治苹果采后病害拮抗酵母菌的分离、筛选及其抑菌效果的研究 [D]. 武汉：
华中农业大学，2005.

[51] 奚锐华，齐风兰. 水产动物饲料中益生菌的应用与发展 [J]. 中国水产，2001（5）：
33-35.

[52] 向家云，邓伯勋，刘昱佳. 微波诱变选育柑橘采后病害拮抗菌柠檬形克勒克酵母研
究 [J]. 微生物学杂志，2008，28（1）：8-11.

[53] 徐柏田.卡利比克毕赤酵母对桃果和梨果采后病害的生物防治及其机制研究 [D]. 镇江：江苏大学，2013.

[54] 许春青.芒果炭疽病菌拮抗酵母的筛选、鉴定及其保护剂的评价 [D]. 武汉：华中农业大学，2013.

[55] 于帅，刘天明，**魏泇**.拮抗酵母菌对果蔬采后病害生物防治的研究进展 [J]. 食品工业科技，2010（9）：402-405.

[56] 余慧.柑橘采后黑腐病菌的分离、鉴定及其拮抗酵母菌研究 [D].武汉: 华中农业大学，2009.

[57] 张峰源，张松.食药用真菌多糖及复合多糖生物活性研究 [J]. 生命科学研究，2006（S1）：85-90.

[58] 张红印.拮抗酵母防治水果采后病害研究进展 [C]. 第八届全国微生物学青年学者学术研讨会论文集，昆明，2010:45-47.

[59] 张红印，蒋益虹，郑晓冬，等.酵母菌对果蔬采后病害防治的研究进展 [J]. 农业工程学报，2003，19（4）：23-27.

[60] 张红印，马龙传，姜松，等.臭氧结合拮抗酵母对草莓采后灰霉病的控制 [J]. 农业工程学报，2009，25（5）：258-263.

[61] 张建，毛晓英.酵母拮抗菌与碳酸氢钠配合对蟠桃果实采后腐烂及品质的影响 [J]. 江苏农业科学，2009（3）：297-299.

[62] 张希军.益生菌在肉鸡饲养中应用的优点与注意事项 [J]. 养殖技术顾问，2013（12）：50-50.

[63] 章克昌.药用真菌研究开发的现状及其发展 [J]. 食品与生物技术，2002（1）：99-103.

[64] 赵妍.拮抗酵母及结合热空气处理对樱桃番茄采后病害的防治及其机理研究 [D]. 南京：南京农业大学，2010.

[65] 郑翠芳，黄瑛.布拉酵母对炎症性肠病的治疗作用 [J]. 微生物与感染，2009，4（3）：191，封 3.

[66] 朱丹，张佩华，文宇，等.益生菌在养猪生产上的应用研究进展 [J]. 养猪，2014（3）：17-19.

第 7 章

益生菌对人类的
作用及作用机理

7.1 人体微生物

　　人体包括人脑、菌脑、躯体和心脑 4 大部分。人脑负责认知和思考；菌脑尤其是肠道微生物负责人与外界环境的调节与相互作用，保障人类的健康；躯体包括运输、消化、循环、呼吸等系统，主要负责人体的运动；心脑主要包括神经和菌群，负责人心理活动、思想认识和精神情绪的调节。婴儿出生 3 小时后在肠道出现微生物菌群，它们从此与人体终生相伴。除了人体肠道微生物菌群之外，在人体体表和呼吸系统中同样布满了各种各样的微生物（图 7-1）。人体微生物的特性是：人菌共生、自然形成；和谐相处、健康稳定；菌群失衡、百病丛生；回归平衡、人体安宁。

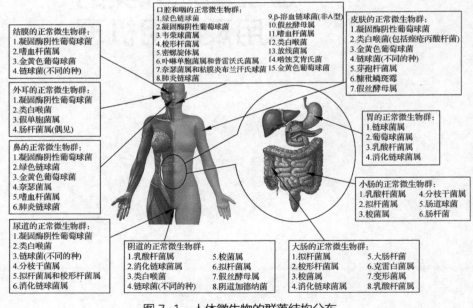

图 7-1　人体微生物的群落结构分布

　　随着生活水平提高，我们吃的明显变好了，但工业化的生产方式使我们改变了以往对天然食物的膳食习惯，同时，环境污染使我们的食物或多或少受到污染。各种食物越来越精细，高糖、高脂肪、高蛋白食物的广泛生产，各种添加剂的使用和毒素的不断富集，再加上缺乏运动和其他一些不良习惯的形成，使我们的身体尤其是血管不堪重负。越来越多的现代富贵病逼近了我们，以高血压、高血脂、高血糖"三高"典型症状为基础的高血压、冠心病、高血脂、糖尿病、肥胖症以及其他心血管疾病已成为现代人类社会的第一杀手。益生菌作为肠道的清道夫，首先从营养吸收源头的肠道为我们合理调配各种营养物质，清理体内垃圾。人体摄入食物后，营养物质一般经过以下流程：肠道消化吸收、肝脏解毒、血液循环、各器官吸收。目前，国内外学者研究发现，益生菌对人类的保健和抗病作用主要包括：①调节肠道微生态平衡，防治腹泻和便秘；②缓解不耐乳糖症状；③防治阴道炎；④改善睡眠、增强人体免疫力；⑤防治骨质疏松和过敏；⑥降低血清胆固醇、减肥；⑦预防癌症和抑制肿瘤生长；⑧调节人的情绪和心理及行为。欧洲的高加索山区和地中海沿岸是著名的长寿之乡，当地人常饮自制的酸牛奶，极少患糖尿病、心血管病和肥胖症，大量科学研究证实这与酸牛奶中富含益生菌有关。这些益生菌可降低血清胆固醇水平，此外，长期补充益生菌还有助于防止骨质丢失，预防骨质疏松症，调节人的心理和情绪，促进人的身心健康。

　　益生菌进入人体肠道后，与肠内其他微生物菌群相互作用，最终达到促进宿主身心健康的目的。其主要生理功能有：①生物占位（屏障）作用。益生菌进入人体后，可与肠细胞特异或非特异性吸附，使外来病原菌无法在肠道内定殖而保持极低数量，而多数致病菌只有繁殖到一定数量才可以对人体产生毒害作用。②调节肠道菌群平衡。人体肠道内，益生菌与致病菌数量呈动态平衡，一旦肠道菌群平衡失调致病菌形成优势，人体将呈现病态。益生菌依靠产生的短链脂肪酸、过氧化氢以及小分子肽控制其他菌在肠道内的数量，最终使肠道微生态达到平衡。③营养吸收。人类膳食中存在很多人体本身无法吸收的物质如纤维素、多糖和其他大分子物质，但它们可以被益生菌产生的多种酶类降解，被人体消化吸收。④免疫调节。存在于肠道内的益生菌可作为抗原促进人体产生多种抗体来增强人体免疫力。据报道，益生菌甚至可以在胎儿出生前，通过血液循环进入胎盘，促进抗体的产生，这对婴儿生长发育尤为有利。⑤抗衰老、抗突变。益生菌产生的过氧化氢酶可以清除人体内自由基，具有美容效果。

⑥调控人的心理和行为。某些益生菌可以产生神经传导素，通过迷走神经作用于人类大脑，因此改变人类的心理、情绪和行为，使益生菌防治人类精神疾病成为可能。

目前，国内外用于人体的益生菌制剂主要有 3 类：①严格厌氧的双歧杆菌属。该属现有 32 个种，其中已用作肠道微生态制剂的主要有 5 种，即长双歧杆菌、婴儿双歧杆菌、青春双歧杆菌、两歧双歧杆菌和短双歧杆菌。②厌氧耐氧的乳杆菌属。至今已报道的有 56 种，常用作肠道微生态制剂的约有 10 种，包括嗜酸乳杆菌、植物乳杆菌、短乳杆菌、干酪乳杆菌和德氏乳杆菌保加利亚种等。③其他细菌。包括芽孢杆菌、粪肠球菌、屎肠球菌、唾液链球菌和中间链球菌等。国外的益生菌制品形式多样，其中日本是最早引入功能性食品立法以及研究益生菌的国家之一。20 世纪 30 年代，京都大学代田博士从人体肠道中分离了干酪乳杆菌。20 世纪中叶，光冈知足教授在双歧杆菌的研究方面做出了重大贡献。20 世纪 80 年代日本出现了功能食品（functional food）这一术语。由于研究、法律和产业三者之间的相互促进，日本益生菌市场的产业规模在国际上一直处于领先地位，已认定益生菌为特定保健食品，许多学者公布了使用养乐多中副干酪乳杆菌在人体临床试验中所取得的成果。最近日本列出的 193 类保健产品中有 128 种是改善胃肠道环境的，其所占比例为 66%。欧盟是益生菌研究最早和最密集的区域，其市场增长速度最快的是英国，规模最大的是德国。在欧洲功能性食品市场中，益生菌相关产品占有的比例最大，其中在功能性食品的健康声称方面，各国都有自己的管理标准。目前，欧洲最主要的 4 类益生菌产品主要包括传统的发酵乳制品、活益生菌饮料、浓缩冻干益生菌粉和新型的益生菌产品。美国在益生菌的研究方面虽然起步较晚，但发展迅速，已开发出一系列的益生菌产品，是全球第二大益生菌市场，主要以食品和膳食补充剂形式销售。美国酸奶主要通过嗜热链球菌和保加利亚乳杆菌进行发酵，由于人们相信含有益生菌的酸奶能够增进免疫系统的功能，所以益生菌产品产销增长速度极快。

7.2　益生菌与人老龄化

全球正以惊人的速度迈向人口老龄化，2015 年希腊和芬兰率先步入 20% 以上的人口超过 65 岁的"超高龄"化国家。2020 年，世界上包括法国和瑞典在内的 13 个国家将成为"超高龄"化国家，加拿大、西班牙和英国则在 2025 年，随后是美国、新加坡和韩国 2030 年也将加入该行列。中国正迈入老龄化社会，生育率低、人口结构老化、社保制度滞后已成为未来发展的重大隐患，同样面临严重的人口老龄化压力。随着多年来生育水平的下降和人们健康水平的提高，未来中国人口年龄结构类型将急速从轻度老龄化转变成重度老龄化，老年人口规模迅速扩大，老龄化程度还将继续提高。发达国家的老龄化进程是与经济发展同步进行的，而中国的老龄化与经济发展有较大的时间差，庞大的老年人口将对中国的经济发展造成极大的压力，妥善解决老年人口的社会保障和健康服务，使高龄人口健康老龄化的任务相当艰巨。

人肠道微生态在保持宿主健康、提供能量和营养素、抵抗生物体侵袭方面具有重要作用。研究表明，人体肠道是一个巨大的细菌库，其内部栖息着大约 30 属 550 多种细菌，主要由厌氧菌、兼性厌氧菌和需氧菌组成，其中专性厌氧菌占 99% 以上，拟杆菌和双歧杆菌占细菌总数 90% 以上。出生前，人生长发育在相对无菌的母体子宫中，但随着分娩，人就暴露在细菌统治的环境中。新生儿体内基本是一个无菌环境，出生 2 天后肠道菌群主要由大肠埃希菌、肠球菌、葡萄球菌等菌群组成，其中大肠埃希菌是优势菌。1 周后，新生儿肠道双歧杆菌数量大增，取代大肠埃希菌成为新的优势菌。婴幼儿断奶后，以双歧杆菌、类杆菌、梭菌和链球菌为优势菌群的转变逐渐建立并过渡到成人微生物菌群模式。对于成年人肠道微生物群落结构的研究显示，柔嫩梭菌属、球形梭菌属、类杆菌、双歧杆菌是 4 大优势菌群，而乳酸杆菌、肠杆菌、脱硫弧菌、孢菌属、奇异菌属和梭菌属等成为次要优势菌群。采用现代分子生物学手段对微生物菌群剖析的研究表明，老年人肠道乳酸杆菌、双歧杆菌等有益菌数量减少，肠细菌数量上升，微生物菌群多样性下降。这些变化均会导致结肠内腐败代谢活动增多，使老年人对疾病的易患性增加。肠内菌群保持共生或拮抗作用，维持微生态平衡，与宿主健康及疾病有密切关系，肠道微生态构成的最大改变发生在人的幼年时期。一项对欧洲国家人群的调查表明，意大利人体内的双歧杆菌数量是其他欧洲国家人体内的 2~3 倍，同时还发现直肠真杆菌、梭状芽孢杆菌、拟杆菌、普氏菌等优势菌群，以及乳酸杆菌、肠杆菌、链球菌、乳球菌等次要优势菌群数量都随年龄的变化具有国别特异性。从婴儿时期到成年，厚壁门菌/类杆菌比值逐渐增大（婴儿 0.4，成人 10.9），并随着年龄增长发生进一步改变，且该比值可反映人类肠道细菌整体情况随年龄发生的变化。

老龄化本身对整个胃肠道功能的直接影响较小，但是由于老年人咀嚼肌萎缩、牙齿缺失和吞咽困难导致饮食单一，胃排空延迟导致饱胀感增加等，使得老年人相对于年轻人能量摄入不平衡的危险性增高。老年人中最常见的营养问题之一就是饮食不平衡，尤其是维生素和蛋白质的摄入量不足，使得老年人从疾病或是受伤状态恢复健康比年轻人慢。由于胃酸分泌减少，营养不良是老年人罹患感染、骨质疏松等疾病的主要原因。咀嚼和味觉功能的降低使老年人纤维素或是非淀粉类碳水化合物的摄入量减少，结肠细菌发酵活动减弱，丁酸盐等短链脂肪酸产生量降低。而短链脂肪酸不仅可以作为能源为结肠黏膜提供主要的能量，而且能维护结肠的正常生理功能，保持结肠屏障的稳态，预防肠道功能紊乱、炎症和癌变的发生。在病理状态下，短链脂肪酸也能起到抑制炎性反应和肿瘤细胞生长的作用。由于老年人肠蠕动减慢造成便秘、粪便嵌塞和在肠道停留时间增加，而肠内腐败活动增强导致氨、酚类等腐败代谢产物增加，导致肠腔内 pH 值升高，减少了矿物质的溶解和吸收，会增加感染的发生率。腐败代谢产物的持续堆积，可能与结肠癌的发生率升高相关。

肠道微生物菌群对老年人免疫功能的作用是清除入侵和感染病原体及修复坏死组织。老龄化过程中伴随着慢性低度炎性反应状态，相当一部分老年人中具有高水平的炎性反应因子，却没有临床症状。肠道微生物菌群在调整炎性反应状态方面发挥着重要作用，乳酸菌和益生元可以降低老年人体内炎性标志物水平。老龄化导致大多数细胞介导免疫功能的衰退，而补充益生菌后老年人的全身免疫反应得到改善。使用益生菌制剂后，自然杀伤 T 淋巴细胞活力和巨噬细胞吞噬活动显著改善，对年龄 60~69 岁的老年研究对象，补充双歧杆菌乳制品或者鼠李糖乳杆菌 6 周后，其吞噬活动达到通常水平的 2 倍。老龄化过程中胃肠道代谢吸收减慢，黏膜修复的机制受损，免疫功能衰减使老年人营养不良，全身性感染的风险增高。如采用抗生素治疗所感染疾病，将降低肠道菌群多样性，使双歧杆菌、乳酸杆菌等有益菌的数量减少、活动度下降，形成菌群失调。近年来的研究表明，肠道微生态制剂可作为活的微生物食品补充剂，改变肠道微生态菌群构成及其代谢活动，有利于调节免疫系统的反应性，以提高微生态制剂逆转老年人有益细菌下降干预治疗的可能性，促进健康的老龄化。

7.3　调节肠道微生态平衡，防治腹泻和便秘

腹泻俗称拉肚子，每个人都有过腹泻的经历，至少在婴儿期更是如此。成人的粪便中含有 70%~80% 的水分。如果粪便中的水分含量过高，就会出现水性便，也称之为腹泻。成人平均每天需要 2L 左右的水，其中有 90% 的水被肠道吸收，大约有 100~200ml 的水随粪便排出。

腹泻可分为急性腹泻和慢性腹泻。急性腹泻多有较强的季节性，多发于夏秋二季。慢性腹泻是指反复发作或持续 2 个月以上的腹泻。中医将腹泻归为风寒泻、湿热泻、脾虚泻和脾肾阳虚。感染性腹泻（包括旅行者腹泻）和抗生素相关性腹泻是最常见的腹泻类型。最常见的腹泻由进食不洁的食物、饮食改变或不当、食物过敏、小腹受凉、精神过度紧张和焦虑抑郁等引起。大约有 70% 的人喝牛奶就会发生腹泻，这是由于体内先天性缺少乳糖降解酶所致，称为乳糖不耐受症。乳糖属于不易消化和不易吸收的物质，它可增高渗透压、干扰水的吸收因而引起腹泻，这种腹泻称为渗透性腹泻。另一类腹泻是由于细菌和病

毒感染所致，如肠炎、痢疾、食物中毒等导致的腹泻，使大量流体从肠壁中流出，这类腹泻称渗流性腹泻。由霍乱弧菌、金黄色葡萄球菌或由激素的过量分泌刺激肠壁分泌水样物质，导致的腹泻称为分泌型腹泻。还有一类腹泻是由于大肠受到异常刺激，如紧张等，使水分吸收受到阻碍所致。

根据病原微生物的类别不同可以分为病毒性、细菌性和真菌性腹泻3种主要类型。病毒抑制了胃肠液中酶的活性，使酶不能分解淀粉里的糖，糖在肠道里就形成高浓度的糜汁，产生渗透压，吸引肠壁外面的水分进入肠道内，粪便因此变稀。所以病毒性腹泻仿佛消化不良，因为食物没有被分解。致病细菌导致肠壁表面的黏膜发炎、溃疡，渗出血水、脓水，形成血便或脓便，这也可称为细菌性痢疾。肠黏膜上的细菌分泌的毒素参与一系列生化反应后最终导致肠黏膜分泌大量液体，形成泔水般或稀米汤般大便，导致腹泻。大肠杆菌是常见的导致腹泻的细菌，在正常情况下，大肠杆菌被限制在一定的数量以内，这时候它是不致病的。一旦大肠杆菌过量增殖，平衡被打破，量变引起质变，它就变成了释放毒素的致病菌。真菌性腹泻主要由霉菌引起，导致肠炎，形成腹泻，大便像水一样稀，散发出发酵的霉味或酸味。上述三种腹泻均是有益菌群数量下降，破坏了肠道微生态平衡造成的结果。

急性腹泻可以使体内的水分和电解质大量丢失，造成人体的电解质失去平衡和酸碱代谢紊乱，可以出现低血钾、低血钠和代谢性酸中毒等，严重的病例还可由于血容量的减少而出现休克、急性肾功能衰竭，甚至昏迷。不论哪种原因引起的腹泻都会给人体带来不良后果，慢性食物中毒可损害脏器功能，细菌或病毒感染可引起发热等全身中毒症状，腹泻可引起肌体脱水及电解质失衡。有心血管疾病的中老年人还可因为腹泻引起血液黏稠度增高，有的甚至诱发心肌梗死和脑中风等疾病。

肠内菌群失调是引起腹泻的主要原因之一。使用抗生素治疗感染时，可使60%的病人引起腹泻。在严重的情况下，可在小肠和大肠的展开区域形成黏膜坏死，有坏死性黏膜物和血浆凝结物在黏膜表面形成的假膜，这种病症称为假膜性结肠炎，常常引起死亡。结肠炎被认为是由于肠内的抗生素抗性细菌如葡萄球菌旺盛繁殖后产生的毒素所致，可以通过去掉所使用的抗生素，覆盖以正常菌群来治疗。但抗生素对治疗感染也是非常重要的，因此使得医生有时进入两难境地。正常情况下，消化道各部位有它们各自特定的正常菌群，然而有时在大肠内寄生的细菌可进入小肠，引起"自发性假性肠梗阻"，同时伴随严重的腹泻，这种症状类似于肠梗阻，但没有结构性差异。病人会因腹泻和便秘的轮番交替而变得虚弱。在大肠中的细菌如类杆菌进入小肠内增殖旺盛，导致脂肪吸收受阻刺激肠壁，引起腹泻。虽然用抗生素治疗有一定效果，但不如服用双歧杆菌制剂使肠内菌群恢复正常更有效。益生菌可治疗轮状病毒感染性腹泻，使患儿急性水样泻的持续时间缩短。另有很多实验证实，益生菌对其他病原体导致的腹泻亦有效。

益生菌可以通过调节肠道微生态的平衡，创造出一个不利于有害病毒和细菌存在的环境来预防和治疗感染性腹泻。益生菌产生乙酸、乳酸和丁酸等有机酸降低肠道 pH 值和氧化还原电位；产生过氧化氢、细菌素和抗菌肽等物质抑制病原微生物的黏附生长；益生菌与肠黏膜上皮细胞紧密结合形成微生物膜，阻止了致病菌的黏附定殖。益生菌通过增加腹泻者肠道内有益菌的数量和活力抑制致病菌的生长，以恢复正常的菌群平衡，达到缓解腹泻症状的效果，它对成人或小儿细菌腹泻、菌痢、顽固性难治腹泻有良好的预防和治疗作用。研究表明，将布拉氏酵母菌、鼠李糖乳杆菌、嗜酸乳杆菌、保加利亚乳杆菌等菌株单独或者配伍使用均可使抗生素性腹泻、旅行性腹泻和急性腹泻分别降低 52%、8%和 34%，而上述腹泻在婴儿群体中占 57%，在成年人群中为 34%。益生菌不仅能够调节肠道菌群的平衡，而且可以通过促进肠蠕动加快粪便排出，对便秘和腹泻均有预防和治疗效果。

便秘本身不是病，但可以诱发多种疾病。常见症状是排便次数明显减少，每 2~3 天或更长时间一次，无规律，粪质干硬，常伴有排便困难现象。有些正常人数天才排便一次，但无不适感，这种情况不属便秘。便秘按症状分类可分为急性和慢性便秘，按病因分类可分为器质性和功能性便秘。器质性便秘是由于肠道结构异常改变所引起的。功能性便秘主要与生活规律的改变、情绪、饮食等环境因素有关。弛缓性便秘是由于肠蠕动弱造成的，特别是在老年人中较常见。直肠性便秘是大便滞留于直肠内，时间过长而发生便秘，在妇女中比较普遍。痉挛性便秘与大肠痉挛有关，通常与精神紧张有关，常与腹泻交替发生。中医认为，便秘主要由燥热内结、气机郁滞、津液不足和脾肾虚寒所引起。

便秘造成肠道毒物的累积，长期排不出去，毒物就会随血液进入各种器官，造成损害，还可能进入脑影响脑功能，引发癌变。便秘与肠菌群有很大关系，肠气主要由肠内的腐败细菌产生，其成分主要是氨、吲哚、粪臭素、有机胺、挥发性脂肪酸和硫化氢等。这些物质中有一部分被吸收，通过肠壁进入血液。在健康人中，这些物质被肝脏脱毒，还有一部分被排出体外。一旦肝功能受损，进入肝脏的毒物就会随血液进入各种器官，造成损害，如果它们进入脑还会引起肝昏迷等。某些腐败性物质是致癌剂或是癌症的促进剂，异常乳细胞的产生可能与腐败性细菌产生的雌激素作用有关。腐败性细菌产生的毒素在肠内积存的时间越长，与肠壁接触的时间也越长，诱发大肠癌的可能性也越大。

缺少膳食纤维是导致便秘的原因之一，因此增加食物纤维的摄入量是防治方法之一。缺乏液体或机体失水也会引起便秘，多喝水也会帮助人们减轻和解除便秘。有些便秘的发病与肠道微生物有关，比如双歧杆菌，它在维持正常的肠道蠕动方面具有重要作用。由于双歧杆菌和其他专性厌氧菌有产酸功能，能使肠腔内保持一个酸性环境，具有调节肠道正常蠕动、维持生理功能的作用。如果肠道内双歧杆菌缺乏，肠道的蠕动功能降低，肠腔内的粪便就不易排出体外，可造成便秘。益生菌是天然存活于人体胃肠道中的细菌，通过口服活菌制剂一方面可以补充大量益生菌，纠正便秘时所引起的菌群改变，保持肠道菌群的平衡，促进食物的消化吸收，另一方面益生菌在代谢过程中产生多种有机酸，使肠腔内 pH 值下降，可以调节肠道正常蠕动，缓解便秘（图 7-2）。同时益生菌可减少毒素及代谢产物的吸收，加速血氨的分解，发挥保健作用。慢性便秘病人肠双歧杆菌的数量明显减少，大多数病人通过服用双歧杆菌使病情得到了缓解。除双歧杆菌外，嗜酸乳杆菌、酵母菌和芽孢杆菌等益生菌同样具有防治便秘的效果。

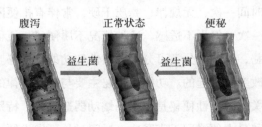

腹泻　　　　正常状态　　　便秘

益生菌　　　　　益生菌

图 7-2　益生菌防治腹泻与便秘示意图

7.4　缓解乳糖不耐症状

乳糖是牛奶中的主要糖分，乳糖酵素主要是由小肠绒毛最顶端细胞分泌产生用于消化乳糖的酶。乳糖不耐症是指身体无法消化大量的乳糖，其原因是缺乏乳糖酵素。乳糖酵素可将乳糖分解成葡萄糖与半乳糖，肝脏将半乳糖代谢成为葡萄糖，进入血液吸收。缺乏乳糖酵素尽管不会造成致命后果，但还是会造成很大的痛苦。常见症状包括反胃、腹部绞痛、胀气和腹泻，通常在食用含有乳糖的食物或饮料后大约 30min~2h 后，这些症状就会发生。高达 73% 的亚洲人都有不同程度的乳糖不耐症，美国有 5000~6000 万人患有乳糖不耐症，某些种族或民族的人更容易患这种病。75% 的非裔或美国印第安人、90% 的亚裔美国人不能消化乳糖，而北欧裔美国人则很少出现这种情况。乳糖不耐症也和年龄相关，年纪越大就越容易患此症，50 岁以上的人中近 46% 的人患有乳糖不耐症，而小于 50 岁的患者这个比例仅有 26%。

当人体摄入乳糖后，身体会产生 β 半乳糖苷酶（也就是乳糖酵素）消化吸收乳糖，另外，许多益生菌也可以产生 β 半乳糖苷酶来帮助人体把乳糖变成身体可以吸收利用的葡萄糖与半乳糖。当某种疾病或其他原因使 β 半乳糖苷酶数量不足或活力低时，会导致乳糖不耐症。乳糖被肠内有害菌利用产生气体和小分子有机酸等刺激物质，大量乳糖进入肠道使渗透压不平衡，造成人体反胃、腹痛、腹鸣、腹胀和腹泻等不适症状。摄入益生菌可以帮助我们同时解决上述两个问题，其机理是活性益生菌可以保持肠道的正常菌群，减少肠道有害菌特别是利用乳糖产气细菌的比例，使胀气症状得到缓解。有些益生菌可以产生 β 半乳糖苷酶，帮助我们对乳糖进行消化吸收，使乳糖到达结肠前被分解，不会使大肠内渗透压失衡，使腹泻症状得到缓解。据报道，采用双歧杆菌治疗继发性乳糖不耐症的总有效率高达 98.6%，效果显著。

7.5 防治阴道炎

正常健康妇女的阴道由于解剖组织的特点对病原体的侵入有自然防御功能，如阴道口的闭合，阴道前后壁紧贴，阴道上皮细胞在雌激素影响下的增生和表层细胞角化，阴道酸碱度保持平衡，使适应碱性的病原体的繁殖受到抑制。当阴道的自然防御功能受到破坏时，病原体易于侵入，导致阴道炎症。主要病因分类如下：①念珠菌；②阴道滴虫；③阿米巴原虫；④混合细菌，如阴道加德纳菌，也称阴道嗜血杆菌，其他如肠杆菌、沙门氏菌、葡萄球菌、微球菌、纤毛菌等；⑤过敏性阴道炎；⑥婴幼儿阴道炎；⑦老年性阴道炎。临床上将念珠菌、阴道滴虫、阿米巴原虫引起的阴道炎称为特异性阴道炎，将细菌引起的阴道感染称为非特异性阴道炎，又称为细菌性阴道病。

健康女性的阴道中寄居有 50 多种微生物，是一个微生态系统。阴道内的微生物以乳杆菌为主，占总微生物量的 90%~95%。健康女性阴道中常见分离的乳杆菌有脆弱乳杆菌（*L. crispatus*）、詹氏乳杆菌（*L. jensenii*）、格氏乳杆菌（*L. gasseri*）、发酵乳杆菌和阴道乳杆菌等。当机体免疫力低下，内分泌水平变化或外来某种因素（组织损伤、性交等）破坏了这种微生态平衡时，这些常住菌群中的有害菌便会突破阴道黏膜屏障而引起感染。目前全球约有 10 亿女性受到阴道和尿道不适的困扰。阴道中正常的酸性环境是由乳杆菌产酸来维持的，酸性可以抑制病原微生物的生长。阴道中的乳杆菌可以产生过氧化氢或细菌素等抗菌物质，它们可以预防和治疗各种致病菌感染。对细菌性阴道炎患者和健康妇女阴道乳杆菌进行比较发现，健康妇女的阴道中 96% 的乳杆菌为产过氧化氢的菌株，而从细菌性阴道炎患者中分离的乳杆菌绝大多数是不产过氧化氢的乳杆菌。临床研究显示，食用嗜酸乳杆菌酸奶可以减少阴道酵母的感染，使用乳杆菌对滴虫性阴道炎有 97% 治愈率。酸奶中的嗜酸乳杆菌可抑制阴道内白色念珠菌的繁殖，另外，阴道是艾滋病毒的主要传播途径之一，而某些益生菌产生的抗菌物质可以杀死艾滋病病毒，对艾滋病的传播起到一定的阻碍作用。

7.6　改善睡眠、增强人体免疫力

睡眠是高等脊椎动物周期性出现的一种自发的和可逆的静息状态，表现为机体对外界刺激的反应性降低和意识的暂时中断，人的一生中大约有 1/3 的时间是在睡眠中度过的。当人们处于睡眠状态时，可以使大脑和身体得到休息、休整和恢复。睡眠有助于人们日常的工作和学习。科学提高睡眠质量，是人们正常工作、学习、生活的保障。睡眠是一种主动过程，是恢复精力所必需的休息，有专门的中枢管理睡眠与觉醒，睡时人脑只是换了一种工作方式，使能量得到储存，有利于精神和体力的恢复，这既是维护健康和体力的基础，也是取得高度生产能力的保证。接受并处理内外刺激并做出反应的兴奋度较高的神经细胞防止没有经过深加工的刺激联结相互干扰，这就表现为缓解疲劳。而睡眠质量不高是指屏蔽度不够或睡眠时间不足以充分消化刺激联结的现象。从生理上讲，睡眠是人的大脑皮质细胞积极的抑制过程，大脑的某些神经中枢预告大脑皮质发生衰竭时，人体开始感觉困倦，随着衰竭程度的加重，人的困倦越来越强，待大脑皮质细胞的这种扩散达到一定程度时，人就会"安然入梦"。肠道内布满了神经元，其数量几乎和脑中一样多，被称为人体的"第二大脑"。研究表明，胃肠存在着一些内分泌细胞，其分泌的物质类似大脑内分泌素，可调节胃肠神经，乃至全身神经系统。肠道有非常复杂的神经网络，拥有大约 1000 亿个神经细胞，比骨髓里的细胞还多，因此肠道疾病将严重影响睡眠。慢性胃肠疾病一般与细菌感染有关，而细菌的毒素对人体的恶性刺激也有可能影响大脑和神经系统的调节功能，从而引起或加重失眠。医学心理学列出了 38 种身心疾病，其中属于胃肠疾病的如贲门痉挛、十二指肠溃疡、胃溃疡、过敏性结肠炎、痉挛性结肠炎、溃疡性结肠炎和呕吐等有 11 种之多。由此可以看出失眠与胃肠疾病具有共同的身心障碍基础，因此维持肠道菌群的健康平衡有助于睡眠。另外，脑源性神经营养因子是促进位于中枢神经系统或与中枢神经系统直接相连的神经元群存活的蛋白质，由 15 种影响神经元和非神经元细胞的增殖、分化、存活和死亡的多肽生长因子组成，介导高级活动如学习、记忆和行为等，对神经系统的健康至关重要。大脑中高脑源性神经营养因子水平在动物模型中增加了自然睡眠持续时间，一些婴儿和儿童可能经历脑源性神经营养因子的低水平而导致睡眠紊乱，增加海马脑源性神经营养因子水平可以提高睡眠质量，而益生菌如长双歧杆菌（*Bifidobacterium longum*）可以提高海马的脑源性神经营养因子表达，因此可以改善睡眠。

　　"免疫"一词最早见于中国明代医书《免疫类方》中，指防治传染病的意思。免疫力是人体自身的防御机制，是人体识别和消灭外来侵入的任何异物（病毒、细菌等），处理衰老、损伤、死亡和变性的自身细胞以及识别和处理体内突变细胞和病毒感染细胞的能力，是人体识别和排除"异己"的生理反应。人不是独立的生物，而是和微生物相互依赖、共生。人体微生态系统主要包括口腔、胃肠道、泌尿生殖道和皮肤等多个部分，其中胃肠道微生态系统是最活跃的地方，也对人体健康的影响至关重要。人体肠道内栖息着许多微生物，它们被称为肠道菌群，可分为以下三种类型：①肠道正常菌群。该菌群是机体内环境中不可缺少的组成部分，是优势菌群，具有营养及免疫调节作用，主要包括乳酸杆菌、双歧杆菌等益生菌。②条件致病菌群。该菌群是肠道非优势菌群，如肠球菌、肠杆菌等，在肠道微生态平衡时无害，但在特定的条件下具有侵袭性。③致病菌。此类多为过路菌，长期定殖于肠道的机会少，在宿主体内存留数小时、数天或数周，对人体有害，如变形杆菌、假单胞菌和产气荚膜梭菌等。如果人体缺乏益生菌，会使肠道菌群的种类、数量、比例发生异常变化，偏离正常的生理组合，造成肠道菌群失调，有害菌大量繁殖，引起肠炎、腹泻、便秘、过敏、免疫力下降、营养不良等一系列病症；同时大量有害菌还会分解食物残渣产生吲哚、硫化氢、亚硝胺等有害物质，这些物质若不能及时排出体外，则会被吸收入血流到达其他组织器官，引发组织器官的病理性损伤或诱发癌变。益生菌可产生有机酸、游离脂肪酸、过氧化氢、细菌素，抑制其他有害菌的生长；通过"生物夺氧"使需氧型致病菌数量大幅度下降，益生菌能够定殖于黏膜、皮肤等表面或细胞之间形成生物或化学屏障，阻止病原微生物的定殖、争夺营养、互利共生或拮抗。益生菌可以刺激机体的非特异性免疫功能，提高自然杀伤细胞的活性，增强肠道免疫球蛋白 IgA 的分泌，改善肠道的屏障功能。免疫功能是指人体受外界抗原作用将产生一系列复杂的级联应答，包括发出对病原体的抵抗反应和对食物抗原的抑制。免疫系统的功能失调将带来健康问题，如过敏和炎症反应。人体免疫功能会随着年龄的增长而降低，从而带来某些疾病。对于具有正常免疫功能的健康人来说，食用功能性食品是否起到一定作用并不清楚，但是益生菌及其代谢产物均能调节免疫应答并具有抗肿瘤活性，其增强宿主免疫系统功能的机理是激活巨噬细胞、自然杀伤细胞和 T 细胞活性。

　　另外，以双歧杆菌、乳酸杆菌为代表的益生菌群具有广谱的免疫原性，能刺激负责人体免疫的淋巴细胞分裂繁殖，同时还能调动非特异性免疫系统，杀灭可致病的外来微生物，产生多种抗体，提高人体免疫功能。据报道，乳酸菌可促进淋巴细胞特别是 T 淋巴细胞的生长，诱导抗炎症因子的生成，增强细胞免疫能力，降低炎症反应。体内动物试验证明，双歧杆菌使小鼠血清 INF 和 T 细胞数量显著升高，说明双歧杆菌可以有效调节机体免疫功能、防止肠道菌群失调及保护肠道黏膜屏障。另据报道，婴儿早期粪便样本中双歧杆菌数量与黏膜分泌型免疫球蛋白 A 分泌浓度呈显著正相关，提示双歧杆菌能促进黏膜 SIgA 系统成熟。

7.7　防治骨质疏松和过敏

　　骨质疏松症是多种原因引起的一组骨病，是以单位体积内骨组织量减少为特点的代谢性骨病变，主要以骨骼疼痛、易于骨折为主要特征。骨质疏松症主要分为原发性和继发性，原发性分为 I 型和 II 型。I 型又称为绝经后骨质疏松，为高转换型，主要因雌性激素缺乏引起。II 型又称为老年性骨质疏松，为低转换型，由于年龄增大所致。骨质疏松症由多种因素造成，主要因为骨代谢过程中骨吸收和骨形成的偶联出现缺陷，导致人体内的钙磷代谢不平衡，使骨密度逐渐减少。人体骨骼是由2/3的骨盐（其中95%是钙）和1/3的胶原蛋白组成的，两者之间好比是沙石与水泥的关系。骨骼的形成过程为：首先胶原纤维互相交织形成基质网，然后钙、磷以羟基磷酸钙的形式沉积于胶原基质网的空隙中。胶原蛋白是羟基磷酸钙的黏合剂，它与羟基磷酸钙共同构成骨骼的主体。骨质疏松与慢性腹泻有很密切的联系，其原因是腹泻会影响到肠道的吸收功能。机体补充的钙、磷和胶原蛋白，必须经过小肠的吸收进入血液，然后再沉积到骨骼中，但因腹泻致使实际被人体吸收利用的量很有限，因此导致骨质疏松。人体肠道约有7m长，在肠内壁黏膜表面存在环形皱褶和成千上万个绒毛及微绒毛，因此它的表面积增加了30多倍。当我们把全部肠黏膜摊开时，其面积有一个足球场大小，保障了进入人体的营养物质如钙、磷和胶原蛋白的吸收。腹泻时由于发生炎性反应和毒素的侵袭，小肠绒毛会萎缩，尖端变钝变短，互相融合，进而消失，同时没有萎缩的绒毛也杂乱无章，这些都会大大地减少肠黏膜的表面积，从而影响对钙、磷和胶原蛋白的吸收，并且肠道黏膜减少的情况是随着慢性腹泻病情的发展而发展的，这时候补充再多的钙、磷和胶原蛋白也无济于事。当患病、年老或滥用抗生素时，肠道微生态发生紊乱，使得有害菌大量繁殖并释放大量毒素，破坏肠道黏膜屏障功能，从而导致腹泻发生。如果益生菌得不到及时补充，则肠道黏膜功能不能修复，就会引起慢性腹泻导致骨质疏松。

过敏反应是有机活体对某些药物或外界刺激的感受性不正常地增高的现象。在正常的情况下，身体会制造抗体来保护自身不受疾病的侵害，但过敏者却将正常无害的物质误认为是有害的东西，产生抗体，这种物质就成为一种"过敏源"。全球有22%~25%的人患有过敏性疾病，其中儿童数量最多，我国有2亿多人患过敏性疾病。过敏反应是体液或细胞免疫介导的，大多数情况下产生过敏反应的抗体属于IgE类，可以归类于患有IgE介导的过敏反应。另外，IgG也可以属于一类非IgE介导的过敏反应。接触性过敏性皮炎是淋巴细胞介导的过敏性疾病。大多数能与IgE和IgG抗体发生反应的过敏原是带有碳氢侧链的蛋白质，有时碳水化合物也可以作为过敏源，某些低分子化学物质如异氰酸盐和酐也可作为半抗原，一般被归属于IgE抗体过敏源。接触性过敏性皮炎的过敏源是小分子化学物质如络、镍和甲醛等，是T细胞介导的免疫反应。目前，抗过敏治疗药物主要有类固醇、抗组织胺等，其主要作用是抑制组织胺引起的过敏症状，并非治疗过敏的根源。并且，这些激素类药物容易引起副作用，如体重增加、骨质疏松和排尿不顺等。

抗过敏益生菌是一类对宿主有益的活性微生物，是定殖于人体肠道、生殖系统内，能产生确切健康功效从而改善宿主微生态平衡、发挥抗过敏作用的活性有益微生物的总称。益生菌通过增加 Th1 型抗体蛋白，减少 Th2 型抗体蛋白，使免疫系统重新达到平衡，来从根本上解决过敏问题。作为一种新型的标本兼治且无副作用的创新疗法，益生菌补充剂是一个很好的替代手段。近几年来，免疫学界通过对过敏的研究发现，过敏性疾病或过敏体质的人若是吃对人体有利的细菌，能够改进自身的免疫体系，同时不会产生任何副作用，益生菌抗过敏调整过敏体质的研究是国内外研究与应用的热点之一。当遇到外来物质或致病菌时，人体产生的抗体 IgE 增加，同时释放组织胺。IgE 免疫球蛋白是人体免疫系统五大免疫蛋白之一，是发生过敏反应的主要物质，它的异常会直接引起整个免疫系统的失衡，导致人体无法抵抗"过敏源"，从而诱发过敏疾病。组织胺存在于肥大细胞和嗜碱粒细胞内，它在过敏与炎症过程中扮演重要角色。组织胺作用到血管平滑肌上可导致血管扩张，因而产生皮肤局部瘙痒、水肿、发炎、风团等；与鼻腔组织结合会引起鼻腔血管扩张产生局部水肿，出现流鼻涕、连续打喷嚏等症状；与肠胃黏膜结合会发生肠胃过敏反应。在正常情况下，组织胺会根据人体需求分泌，不会对人体造成伤害，一旦大量释放，人体将产生一系列过敏症状及组织炎症。抗过敏益生菌能够刺激干扰素 IFN-γ 的分泌，降低血清 IgE 致敏因子，阻断过敏源与免疫致敏因子 IgE 抗体的结合，缓解因 IgE 介导的组织胺分泌过多而产生的非特异炎性反应，直接从免疫根源阻断过敏反应链，提高自身抗过敏能力。新生儿出生后 Th2 占优势，肠道渗透性高，其本身就是过敏易发人群，出生后接触各种过敏源容易诱导引起过敏反应。如果婴幼儿时期发生过敏现象，那么成年后将极大可能继续过敏甚至更严重，而且更难纠正。因此在婴幼儿时期即着手纠正，减少过敏或免疫性相关疾病，从而促进免疫系统的正常发育和成熟，对其一生的发展有着非常重要的意义。据日本《朝日新闻》2006 年报道，厚生劳动省研究组从 2005 年 11 月到 2006 年 4 月把患花粉症的 89 名过敏性鼻炎患者分成两组，让其中的 44 人每天食用含 50mg 特定的乳酸菌粉末的食品，而另外的 45 人则食用不含乳酸菌的食品。结果表明，不食用乳酸菌的一组在花粉飞散期流鼻涕和鼻子堵塞的情况更严重了，而另一组却没有太大变化。对过敏性哮喘儿童的外周血单核细胞研究表明，双歧杆菌能明显刺激树突状细胞分泌 IL-12、IFN、IL-113 和 IL-6，可治愈因尘螨引起的过敏反应。目前，抗过敏益生菌如唾液乳杆菌为近几年风靡世界的抗过敏保健品，是防治过敏性疾病及过敏体质的一个新的选择。

7.8　降低血清胆固醇、减肥

胆固醇（cholesterol）又称胆甾醇，广泛存在于动物体内，尤以脑及神经组织中最为丰富，在肾、脾、皮肤、肝和胆汁中含量也高，与脂肪类似，不溶于水，易溶于乙醚等有机溶剂。胆固醇来源于食物及生物合成，除脑外各种组织都能合成胆固醇，其中肝脏和肠黏膜是合成的主要场所。体内胆固醇 70%~80% 由肝脏合成，10% 由小肠合成。胆固醇是动物组织细胞所不可缺少的重要物质，它不仅参与形成细胞膜，而且是合成胆汁酸、维生素 D 以及甾体激素的重要原料。胆固醇在血液中存在于脂蛋白中，其存在形式包括高密度脂蛋白胆固醇和低密度脂蛋白胆固醇。高密度胆固醇对血管有保护作用，称为"好胆固醇"，而如果低密度胆固醇偏高，患冠心病的危险因素会增加，通常称之为"坏胆固醇"。在人体血液中存在的胆固醇绝大多数是与脂肪酸结合的胆固醇酯，仅有不到 10% 的胆固醇是以游离态存在的。高密度脂蛋白有助于清除细胞中的胆固醇，而低密度脂蛋白超标一般被认为是心血管疾病的前兆。鼠实验表明，血液中胆固醇水平高会加快前列腺癌的生长。调查显示，亚洲人体内的胆固醇每增加一单位（1 mmol/L），心血管疾病死亡危险概率就增加 35%，同时与和血管有关的中风机率也会增加 25%。胆固醇偏高的男人的寿命比胆固醇偏低者短 4~9 年。胆固醇会阻塞通往心脏的动脉或使它变窄，是引发心脏病的主因。日本学者通过动物实验证明，过多摄入胆固醇可导致牙周病，其机理是摄入胆固醇会导致牙和牙龈间的沟隙扩大，防止细菌进入沟隙的细胞会失去功能，细菌进入沟隙导致牙周病，因此胆固醇高的人大多患有牙周病。另外，胆固醇是绝大多数胆结石的主要成分，它极难溶于水，而胆汁内的胆固醇能以胆盐 - 磷脂微胶粒和磷脂微囊形式溶于水，因此携带胆固醇的能力大大加强。胆固醇过度饱和是胆固醇结石形成的必要条件，但并不是唯一原因，因为没有胆结石的禁食者，其胆固醇往往也呈过度饱和状态。其他决定胆结石形成的关键因素包括胆石形成的最初过程，即胆固醇单个化合物结晶的形成。在易形成结石的胆囊胆汁中，胆固醇呈过度饱和状态，而且胆固醇的结晶过程也相对较快。正常时胆囊内促进与对抗胆固醇结晶聚合的力量形成一种动态平衡，这包括一些特殊蛋白质或载脂蛋白、胆囊黏蛋白及胆囊胆汁淤滞的作用。

　　益生菌降低胆固醇的作用机理主要包括 3 个方面：①同化吸收。益生菌能够通过吸收降低胆固醇含量。乳酸菌对胆固醇具有同化作用，即细菌把胆固醇吸收到自身的膜中，因此降低了人体血液和组织中的胆固醇浓度。乳酸菌吸收胆固醇的目的是增加膜的韧性，以增加其存活的可能。据研究推测，同化进入微生物细胞的胆固醇可能分为两部分，其中一部分存在于细胞膜中，改变了细胞膜的组成，从而增强膜的韧性并降低了膜的通透性；另一部分可能参与细胞的新陈代谢转化为别的物质，如脂肪酸等。②共沉淀作用。益生菌在生长过程中降解介质中结合胆盐等有机物释放出游离胆酸等有机酸，在 pH 值不高于 6.0 时，后者的溶解度比结合胆盐的溶解度小，与胆固醇形成复合物共沉淀下来，以达到降低介质中胆固醇含量的目的。共沉淀去除胆固醇可能的机理是，一方面胆固醇的溶解度取决于胆盐的溶解度，胆盐转化成游离胆酸后吸附在菌体上，由于 pH 值降低导致胆酸溶解度下降，致使胆酸和胆固醇共沉析出；另一方面游离胆酸不被人体重新吸收而随粪便排出，因此需要增加胆酸的生物合成，而胆固醇是合成胆酸的前体，这样胆固醇就必然转化成胆酸来补足被排出体外而损失的胆酸，加速了胆固醇的代谢，使胆固醇溶解度降低。③其他理论。研究发现双歧杆菌等益生菌可以抑制胆固醇合成途径中某些酶的活性，因此降低血清胆固醇水平。目前，用于降低胆固醇的益生菌种主要有乳杆菌属、双歧杆菌属和链球菌属。

　　肥胖症是一组常见的、古老的代谢症群。当人体进食热量多于消耗热量时，多余热量以脂肪形式储存于体内，其量超过正常生理需要量，且达一定殖时称为肥胖症。正常男性成人脂肪组织重量约占体重的 15%~18%，女性约占 20%~25%。随年龄增长，体脂所占比例相应增加，体重超过标准体重 20% 者称为肥胖症。在中国目前肥胖人群剧增，尤其是儿童。肥胖症是一种慢性病，据世界卫生组织估计，它是人类目前最容易被忽视，但发病率却在急剧上升的一种疾病。据统计，肥胖者并发脑栓塞与心衰的发病率比正常体重者高一倍，患冠心病比正常体重者多 2 倍，高血压发病率比正常体重者多 2~6 倍，合并糖尿病者较正常人约增高 4 倍，合并胆石症者较正常人高 4~6 倍，更为严重的是肥胖者寿命明显缩短，肥胖是人类健康的大敌。

近年来国内外大量研究数据表明，瘦人与胖人的体质是完全不同的，而两者之间最大的区别则可能是肠道微生物群落结构的差异。食品中的能量成分并不是一个固定殖，其能量可能受到肠道内微生物的影响，有些人会将食物全部吸收，另一些人吸收的可能少一些。肠内某些微生物的组成与体重有直接的关联，有些人肠道中的微生物提供能量的效率比另一些人的强，他们就更容易长胖，因此，设法改变肠内微生物的组成是控制体重的最好办法。减肥益生菌是一类具备减肥特殊功能的活性益生菌，能够帮助消化吸收，提高肠道新陈代谢，还可以分解蛋白质、糖类及脂肪这 3 大营养物质，其主要功能是清宿便、排肠毒和分解脂肪。胆汁的作用主要是将脂肪乳化成脂肪微滴，从而有利于消化吸收，而对脂肪的消化吸收起决定作用的是体内的脂肪酶，它能将脂肪微滴分解成小分子物质，这些小分子物质能够透过肠黏膜，被动物机体利用。益生菌能够分泌出较多的脂肪酶，促进对脂肪的消化吸收。研究显示，肥胖人群定量补充减肥益生菌特别是约氏乳杆菌（*Lactobacillus johnsonii*）和副干酪乳杆菌可以参与糖、脂肪和胆固醇的代谢，通过减少合成和分解多余的脂肪，从而使人体的脂肪不会过度蓄积，发挥长效减肥的作用，同时又不会产生任何副作用。益生菌减肥调整肥胖体质的理念在国内外已开始盛行。益生菌在人体中发挥的主要作用是改善肠道微生物环境，提升肠道代谢率，调整肥胖体质。研究发现，健康体质人群肠道内约氏乳杆菌的数量远远高于肥胖人肠道中约氏乳杆菌的数量，约氏乳杆菌可直接参与肠道的代谢，提高肠道代谢率，防止体内脂肪堆积，促进多余营养成分的及时排出。日本学者发现，每日摄入含有益生菌配方发酵乳的人 12 周后可以减掉大约 8%~9% 的内脏脂肪和 1%~3% 的腹部脂肪。对非酒精脂肪肝患者和小鼠所做的实验均证明益生菌有助于减少肝脏脂肪堆积，虽然益生菌无法治愈肝病，但是却可用于肝病辅助治疗。人体肠道内的微生物大概有 500 多种，有数十万亿个不同的细菌，大量的肠道细菌构成了相对稳定的肠道微生态环境。某些益生菌如约氏乳杆菌和副干酪乳菌等能影响人们的食欲和新陈代谢，可以统称为"减肥益生菌"。通过合理的饮食以及补充一些含有"减肥益生菌"的特定食品，可以调节肠道内的细菌种类和数量，从而达到控制体重、实现健康减肥的目的。益生菌减肥的主要作用机理有：①影响脂肪合成。人体内蓄积的脂肪主要由糖转化而成，某些益生菌能够减少催化糖转化脂肪的酶，因此降低了脂肪的合成。高水溶性胆盐与胆固醇结合后形成脂肪蓄积体内，益生菌可以降低胆固醇含量，减少脂肪的形成。②加速脂肪分解。很多益生菌都含有脂肪酶等多种酶类（图 7-3），有助于人体内蓄积脂肪的分解，可以降低血脂，发挥燃烧脂肪的作用。

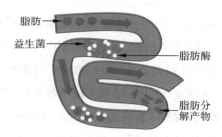

图 7-3　益生菌产脂肪酶分解脂肪示意图

我国学者赵立平教授在《科学》杂志上发表的题为"我的微生物组和我"的论文中显示，肥胖患者肠道阴沟肠杆菌含量较高，作者通过少吃肉多食用能够促进减肥益生菌生长的山药和苦瓜及全谷类等食物的方法，在两年内减去了 20kg 体重，同时血压、心率和胆固醇水平也有所下降。进一步研究发现，在减肥的同时其肠道中一种具有抗炎特性的细菌（*Faecalibacterium prausnitzii*）生长旺盛，从检测不出来增加到占肠道细菌总数的 14.5%。另外进行的一项研究显示，如果同时给予大鼠高脂饮食和黄连素，大鼠就不会发生肥胖或胰岛素耐受。小鼠实验发现，益生菌可改善高脂饮食诱导的代谢综合征如肥胖、胰岛素抵抗和脂肪肝等，改变了小鼠的肠道菌群结构，降低了与疾病指标呈正相关的细菌数量，升高了与疾病指标负相关的细菌数量，表明益生菌可以通过调节菌群结构来改

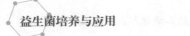

善高脂饮食诱导的代谢综合征。

7.9 预防癌症和抑制肿瘤生长

癌症（cancer）是由正常细胞的原癌基因受到诱变剂激活而转化为生长不受控制的异常细胞引起的，增生的新组织不具有正常功能，其最主要的活动就是不停地消耗机体的资源，挤占空间并越来越快速地分裂增殖。增生组织也被叫作"瘤"，癌症一般指的就是恶性肿瘤。全世界每年产生癌症新病例约1100万，其中中国每年癌症新病例占到20.3%。癌症的发生与遗传基因、环境污染、不良嗜好、膳食、营养、病毒感染和辐射等多种因素关系密切。最常见的男性癌症为肺癌、胃癌、肝癌、食管癌，女性为乳腺癌、食管癌、胃癌、肺癌、肝癌、宫颈癌，全球癌症发病总体呈上升趋势，对人类的健康构成了越来越大的威胁。

益生菌防治癌症的主要作用机理有：①激活免疫系统。乳酸菌可活化肠黏膜内的相关淋巴组织，使抗体分泌增强，提高免疫识别力，并诱导 T 和 B 淋巴细胞和巨噬细胞等产生干扰素、白细胞介素和肿瘤坏死因子等细胞因子，通过淋巴循环活化全身的免疫防御系统，增强机体抑制癌细胞增殖的能力，提高抗感染、抗细胞突变、抗肿瘤、延缓衰老的能力。②减少和清除致癌物质。消化食物时有害菌会产生许多致癌物和前致癌物，如亚硝胺、吲哚和酚类等，益生菌可以抑制有害菌的生长，因此可以大幅度减少致癌物质的产生。另外，益生菌能够吸附和转化致癌物，减弱其毒性。同时益生菌能促进肠道蠕动，加快对粪便中有害致癌物的排出，使人体远离有害物质。研究发现，食用乳酸细菌后，通过调整肠道菌群，使 β- 葡萄苷酸酶、硝基还原酶和偶氮还原酶活性显著降低，致癌物粪胆酸和粪细菌酶水平下降，从而降低发生肿瘤的危险性。③使癌细胞凋亡。细胞凋亡是细胞在各种死亡信号刺激后发生的一系列细胞主动程序死亡的过程。双歧杆菌可抑制肿瘤血管生成和端粒酶的活性，促进肿瘤凋亡基因的表达，诱导肿瘤细胞的凋亡。④抗突变。Ames 通过实验发现，乳酸菌发酵酸奶能抑制突变剂在体外诱导大肠杆菌发生突变。进一步研究又证明，短双歧杆菌、青春双歧杆菌、分叉双歧杆菌、嗜酸乳杆菌以及保加利亚乳杆菌均能与强突变剂有效结合而抵消突变剂或致癌剂对 DNA 的损伤作用，进而保护细胞免受畸变。北爱尔兰大学人类营养学教授伊恩·罗兰通过临床实验证实，含益生菌饮品能够降低肠道细胞基因受损的可能性，有助于防治结肠癌。日本东京大学医学系大桥靖雄教授的研究表明，经常饮用乳酸菌饮料的人，膀胱癌的发病危险可降低 50%。德国联邦营养研究所试验发现，向两组白鼠的食物中添加致癌物质，同时又给一组白鼠喂各种乳酸菌，结果喂食乳酸菌的一组白鼠癌变明显减少，由此科学家推测乳酸菌能够增强人体免疫机能。另据报道，益生菌细胞壁肽聚糖能增强自然杀伤细胞的杀伤作用，其不需要抗原的刺激，也不依赖于抗体的作用，既能杀伤肿瘤细胞，又防止肿瘤发生。

本章要点

益生菌对人类的保健和抗病作用主要包括：①调节肠道微生态平衡，防治腹泻和便秘；②缓解不耐乳糖症状；③防治阴道炎；④改善睡眠、增强人体免疫力；⑤防治骨质疏松和过敏作用；⑥降低血清胆固醇、减肥；⑦预防癌症和抑制肿瘤生长。

益生菌促进人类健康的主要生理功能有：①生物占位（屏障）作用；②调节肠道菌群平衡；③营养吸收；④免疫调节；⑤抗衰老、抗突变。

国内外用于人体的益生菌制剂主要有：①严格厌氧的双歧杆菌属；②厌氧耐氧的乳杆菌属；③其他细菌。

益生菌可以通过调节肠道微生态的平衡，创造出一个不利于有害病毒和细菌存在的环境，来预防和治疗感染性腹泻。益生菌可以产生乙酸、乳酸和丁酸等有机酸降低肠道 pH 值和氧化还原电位；产生过氧化氢、细菌素和抗菌肽等物质抑制病原微生物的黏附生长；益生菌与肠黏膜上皮细胞紧密结合形成微生物膜，防止了致病菌的黏附定殖。

补充大量益生菌一方面可纠正便秘时所引起的菌群改变，保持肠道菌群的平衡，促进食物的消化吸收，另一方面益生菌在代谢过程中产生多种有机酸，使肠腔内 pH 值下降，调节肠道正常蠕动，缓解便秘。

益生菌防治乳糖不耐症的原因是益生菌可以产生 β 半乳糖苷酶，帮助我们对乳糖进行消化吸收，使乳糖到达结肠前被分解，不会使大肠内渗透压失衡，使腹泻症状缓解。

益生菌降胆固醇的作用机理主要包括同化吸收、共沉淀作用和其他理论。

益生菌减肥的主要作用机理有：①影响脂肪合成。某些益生菌能够减少催化糖转化脂肪的酶，因此降低了脂肪的合成。高水溶性胆盐与胆固醇结合后形成脂肪蓄积体内，益生菌可以降低胆固醇含量，减少脂肪的形成。②加速脂肪分解。很多益生菌都含有脂肪酶等多种酶类，有助于人体内蓄积脂肪的分解，可以降低血脂，发挥燃烧脂肪的作用。

益生菌防治癌症的主要作用机理有：①激活免疫系统；②减少和清除致癌物质；③使癌细胞凋亡；④抗突变。

习题

7-1　益生菌对人类的保健和抗病作用主要有哪些？

7-2　益生菌对人的主要生理功能的影响有哪些？

7-3　国内外用于人体的益生菌制剂主要包含哪些微生物菌种？

7-4　正常情况下人体肠道大约含有多少种细菌？哪类细菌占据优势？

7-5　人从出生到老年肠道菌群会发生哪些变化？

7-6　益生菌为什么能够防治感染性腹泻？

7-7　益生菌如何防治便秘？

7-8　乳糖不耐症如何形成？益生菌如何防治乳糖不耐症？

7-9　乳杆菌如何防治妇女阴道炎？

7-10　什么是人体肠道的正常、条件致病和致病菌群？

7-11　如何界定抗过敏益生菌？其如何发挥抗过敏作用？

7-12　益生菌降低胆固醇的机理是什么？

7-13　什么是减肥益生菌？其作用机理是什么？

7-14　我国学者赵立平教授发现肥胖患者的肠道中哪种细菌含量高？其本人通过何种饮食方式达到减去 20kg 体重的？

7-15　益生菌防治癌症的机理包括哪些方面？

参考文献

[1] Select: Gut Microbes[J]. Cell，2010, 143(3): 331-333.

[2] BUTEL M J. Probiotics, Gut Microbiota and Health[J]. Médecine et Maladies Infectieuses, 2014, 44(1): 1-8.

[3] COSTELLO E K, et al. The Application of Ecological Theory toward an Understanding of the Human Microbiome[J]. Science, 2012, 336(6086): 1255-1262.

[4] DAVE M, HIGGINS P D, SMIDDHA S, et al. The Human Gut Microbiome: Current Knowledge, Challenges, and Future Directions[J]. Translational Research, 2012, 160(4): 246-257.

[5] GORDON J I. Honor Thy Gut Symbionts Redux[J]. Science. 2012, 336(6086): 1251-1253.

[6] HSU W H, et al. Treatment of Metabolic Syndrome with Ankaflavin, a Secondary Metabolite Isolated from the Edible Fungus Monascus Spp[J]. Applied Microbiology and Biotechnology, 2014, 98(11): 4853-4863.

[7] NICHOLSON J K, et al. Host-Gut Microbiota Metabolic Interactions[J]. Science, 2012, 336: 1262-1267.

[8] TAGLIABUE A, et al. The Role of Gut Microbiota in Human Obesity: Recent Findings and Future Perspectives[J]. Nutrition, Metabolism & Cardiovascular Diseases, 2013, 23(3): 160-168.

[9] YATSUNENKO T, et al. Human Gut Microbiome Viewed across Age and Geography[J]. Nature, 2012, 486(7402): 222-227.

[10] 王丁棉. 2011 年中国益生菌市场发展研究报告 [J]. 广东奶业，2011,4:28-29.

[11] 江关玲，许岸高. 肠道微生态和老龄化 [J]. 医学综述，2012,18(17):2761-2764.

[12] 汪孟娟，徐海燕，等. 人体益生菌种类及其功能的最新研究 [J]. 畜牧与饲料科学，2013,34(1):62-66.

[13] 王静，李晓颖，等. 益生菌对动物营养素吸收与代谢的影响研究 [J]. 饲料广角，2012,3:37-39.

[14] 袁铁铮，姚斌. 分子水平上益生菌研究进展 [J]. 中国生物工程杂志，2014,24(10):27-32.

[15] 刘勇，张勇，张和平. 世界益生菌安全性评价方法 [J]. 中国食品学报，2011,11(6):141-151.

[16] 赵东，徐桂芳，邹晓平. 益生菌的作用机制 [J]. 国际消化病杂志，2012,32(2):71-73.

第 8 章

益生菌对动植物和环境的作用及作用机理

8.1　益生菌对植物的作用及作用机理

　　益生菌对植物产生的益生效应主要是促生和生防，以及益生菌与植物协同发挥的生物修复作用。在种植业上应用的益生菌大体上可分为 3 个主要类型。①生物防治用益生菌：在种植业病虫害防治上使用，如采用苏云金芽孢杆菌（ *Bacillus thuringiensis*, Bt ）产生的伴孢晶体等产物杀灭害虫。②土壤改良益生菌：可改善土壤物理、化学和生物特性，如固氮、解磷和解钾菌等组成的微生物肥料。③植物促生长益生菌：一般采用能够促进植物生长的微生物及其代谢产物，如采用光合微生物促进植物的光合作用等。近年来，出现了许多综合性的植物益生菌制剂，可以兼具促进植物生长、土壤改良施肥和生物防治 3 种功效，有的还具有消除土壤化学污染、净化土壤环境的功能。益生菌在种植业的主要作用有：①许多益生菌及其代谢产物本身就含有大量的营养物质，有促进植物生长的功能；②某些微生物可以产生植物内源生长调节剂，具有促进作物生长，促熟增产，抗旱、抗盐碱、抗强光、抗干热风等作用；③一些微生物可产生药理活性物质，直接抑制病原菌生长，防治作物细菌或真菌病害，杀灭害虫。

　　过量不合理使用化肥导致土壤酸化、有机质含量下降、物理结构破坏、功能微生物区系结构失衡，生产力急剧下滑，因此严重制约了种植业的可持续发展。而微生物菌肥以提高产量、改善品质、增强作物抗逆、提高化肥利用率、改善土壤养分环境等五大功能受到广泛关注，成为未来肥料发展的新方向。微生物菌肥是以微生物的生命活动导致植物得到特定肥料效应的微生物制剂，虽然在中国只有近 50 年的历史，但发展趋势迅猛，是目前国内外生物领域的研究热点和前沿之一。众所周知，植物的生长主要需要氮、磷和钾 3 种主要肥料，因此微生物主要从固氮、解磷和解钾 3 个途径满足植物生长的肥料需求。

　　所有动植物和大多数微生物都不能利用占大气 79% 的分子氮（ N_2 ），只有一些特殊类群的原核生物能够将分子态氮还原为氨。人工施用的氮肥只提供全球25%的氮素来源，其余75%由生物固氮来完成。生物固氮（nitrogen-fixing organisms）是指大气中的分子氮通过微生物固氮酶的催化而还原成氨的过程。只有原核生物才具有固氮能力，目前发现能够固氮的微生物有50个属，包括细菌、放线菌和蓝细菌。根据固氮微生物与高等植物以及其他生物的关系，将其分为3大类：自生固氮体系、联合（内生）固氮体系和共生固氮体系。固氮菌属于细菌的一个科，包括固氮菌属、氮单胞菌属、拜耶林克氏菌属和德克斯氏菌属。固氮菌细胞呈杆状、卵圆形或球形，无内生芽孢，革兰氏染色阴性，能固定空气中的氮素。在不同固氮菌中，研究与应用最多的是生活在土壤中的根瘤菌。当豆科植物生长时，根瘤菌迅速向其根部靠拢并进入根部，刺激豆科植物根部加速分裂、膨大，形成了根瘤，二者形成共生关系，通过固氮为豆科植物提供氮肥来源。生物固氮是在温和的常温常压条件下进行的生物化学反应，不需要化肥生产中的高温、高压和催化剂，因此，生物固氮是最便宜、最干净、效率最高的施肥过程，这样形成的也是最理想的、最有发展前途的微生物菌肥。

磷是植物生长发育的重要营养要素之一，植物吸收磷量与其产量呈显著的正相关，但是由于植物不可利用磷形态的存在使得土壤缺磷在世界范围内广泛存在，磷供给不足是世界农业生产中最重要的限制因素之一。我国有74%耕地土壤缺磷，解决这一问题不外乎两条途径：一是增加磷源投入，二是提高难溶性磷的利用率。土壤磷素主要通过微生物为中心的作用而实现生物地化循环，微生物的活动对土壤磷的转化和有效性影响很大。能够将植物难以吸收利用的磷转化为可吸收利用的形态的微生物称作解磷菌或溶磷菌（phosphate-solubilizing microorganisms）。具有解磷作用的微生物种类很多，主要包括芽孢杆菌（*Bacillus*）、假单胞杆菌（*Pseudomonas*）、欧文氏菌（*Erwinia*）和土壤杆菌（*Agrobacterium*）等。有人根据解磷菌分解底物的不同将它们划分为能够溶解有机磷的有机磷微生物和能够溶解无机磷的无机磷微生物，实际上很难将它们区分开来。解磷菌的解磷机制随不同的菌株而有所不同，有机磷微生物在土壤缺磷的情况下，向外分泌植酸酶、核酸酶和磷酸酶等，水解有机磷，转化为无机磷。无机磷微生物的解磷机制一般认为与微生物产生有机酸有关，这些有机酸能够降低pH值，从而使难溶性的磷酸盐溶解。测定微生物是否具有解磷能力一般有3种方法。一是平板法，即将解磷菌在含有难溶性磷酸盐或有机磷的固体培养基上培养，测定菌落周围产生溶磷圈的大小；二是液体培养法，测定培养液中可溶性磷的含量；三是土壤培养，测定土壤中有效磷含量。苏联孟基娜（1935年）从土壤中分离出一种能分解核酸和卵磷脂的巨大芽孢杆菌（*B. megaterium var. phosphaticum*），1947年开始大量生产使用，成功地提高了土壤有效磷含量。我国对解磷菌的研究始于1950年，前东北农科所于1950年从东北黑土和灰化土中分离出能分解有机磷的巨大芽孢杆菌。同年，中国科学院前林业土壤研究所从东北黑土中分离出一种假单胞菌（*Pseudomonas spp*），它也具有分解核酸和卵磷脂的能力。解磷菌与根瘤菌配合应用，对发挥解磷功能和提高农作物产量都具有很好的效果。

虽然大多数土壤含有大量钾，但可直接被植物吸收的比例却不大，其原因是土壤中绝大多数的钾是以植物不可利用的被固定形式存在。土壤中钾以三种形态存在：存在于岩石中短期内对植物生长几乎没有作用的无效态钾、被固定或封闭在一些土壤黏粒的层间的缓效态钾和土壤溶液中存在的有效态钾。解钾菌（*potassium bacteria*）又称钾细菌，是从土壤中分离出来的一种能分化铝硅酸盐和磷灰石类矿物的细菌，能分解钾长石、磷灰石等不溶的硅铝酸盐无机矿物，促进难溶性的钾转化成为可溶性养分，增加土壤中速效钾含量，提高作物产量。

微生物农药是农药工业的新产业，代表着植物保护的发展方向，其最大的优势是能克服化学农药对生态环境的污染和减少在农副产品中的农药残留量，同时在示范推广微生物农药应用的过程中，使农副产品的品质和价格大幅度上升，有力地促进农村经济增长和农民增收，使种植业得到可持续发展。微生物农药（microbial pesticide）包括农用抗生素和活体微生物，是利用微生物或其代谢产物来防治危害农作物的病、虫、草、鼠害及促进作物生长的微生物制剂，主要包括细菌、真菌、病毒及其代谢产物，可以用来达到以菌治虫、以菌治菌、以菌除草的目的。微生物农药具有选择性强，对人、畜、农作物和自然环境安全，不伤害天敌，不易产生抗性等特点。农用抗生素是由微生物发酵产生的、具有农药功能的代谢产物，如井冈霉素、春雷霉素等可以用来防治真菌病害，农用链霉素、土霉素可以用来防治细菌病害，浏阳霉素可以用来防治蛾类，最新开发的阿维菌素可以用来杀灭害虫，不仅用量低，而且效果好。活体微生物农药是有害生物的病原微生物活体，可以使有害生物本身得病而丧失危害能力。白僵菌、绿僵菌是一类真菌杀虫剂，苏云金芽孢杆菌（Bt）是一类杀灭害虫的制剂。如今，产业化生产的微生物农药有 Bt、白僵菌、核多角体病毒、井冈霉素和 C

型肉毒梭菌外毒素等。目前，Bt 约占整个微生物源农药市场的一半以上，可防治 100 多种有害昆虫。随着人们对环境保护要求的提高，微生物农药无疑是今后农药发展的方向之一。

8.2　益生菌对动物的作用及作用机理

抗生素在养殖业生产中的滥用已引起社会高度关注，畜禽产品中抗生素的残留给人体带来不可忽视的危害。研究表明，抗生素滥用可破坏动物微生态平衡，造成机体免疫力和器官损伤，不仅导致肉、蛋和奶的品质下降，而且会导致"超级细菌"的形成，这样继续下去很可能使人类面临致病菌感染时无药可医的境地，而由益生菌构成的微生态制剂是目前唯一有望部分和全部取代抗生素，并能够实现促进动物生长、提高抗病能力和肉蛋奶品质的生物制剂。微生态制剂是用于提高人、动物和植物健康水平的人工培养活益生菌群、代谢产物和酶的总称。1947 年动物微生态制剂最初由欧洲国家提出并应用于畜牧生产，证明这是一个具有发展前景的高新技术领域。微生态制剂主要经历了如下发展阶段：①发现阶段（19 世纪中叶至 20 世纪 50 年代）。1947 年，孟哈德（Mollgaard）首次发现乳酸杆菌饲喂仔猪可有效增加仔猪体重，并改善仔猪健康状况。②停滞阶段（20 世纪五六十年代）。此阶段正值抗生素研究与应用的黄金时期，微生态制剂的研究进入低潮，基本处于停滞阶段。③恢复发展阶段（20 世纪 60 年代至 21 世纪初）。美国从 20 世纪 70 年代开始使用饲用微生物。80 年代欧洲、日本等发达国家对饲用抗生素的使用加以限制，同时大力开展研究微生物饲料添加剂代用品的可能性，积极鼓励和倡导绿色安全饲料添加剂的研究和推广，使微生态制剂再一次受到世人的瞩目。④迅猛发展阶段（21 世纪初至今）。2012 年美国推出基于新一代测序平台的"人类微生物组计划"（Human Microbiome Project）项目，同年欧盟也推出了相应的"人类肠道宏基因组学"（metaHIT）计划。自2010年以来，在全世界范围内，益生菌对人类、动物和植物的作用机制研究全面展开，成为生命科学的研究热点和前沿。我国微生态制剂的研究始于20世纪80年代，但应用只有十多年的历史。目前，国内虽然已经有许多厂家生产饲用微生态制剂产品，表现出了一定的效果，但绝大多数还处于实验研究阶段。虽然微生态制剂市场前景广阔，但毕竟我国的微生态制剂市场起步较晚，研究和开发尚待深入，许多问题尚未完全弄清楚，与国际先进水平相比尚存很大差距。

目前，在世界范围内微生态制剂已经普遍被人们接受，开始在人类、动植物和环保产业中逐步大规模应用。虽然对于不同益生菌种如何发挥作用的机制尚未完全搞清楚，但已经发现的作用机理主要有如下几个方面。①优势种群理论：益生菌占据优势，抑制有害菌生长，防止动物肠道微生态系统的失调。②生物拮抗理论：益生菌在肠道占位形成生物屏障，代谢产物如乳酸抑制有害致病菌生长形成化学屏障。③生物夺氧理论：益生菌特别是一些芽孢杆菌和酵母菌消耗氧气，使肠道处于厌氧状态，抑制有害菌的生长。④提高免疫力：益生菌及其代谢产物是免疫激活剂，可以刺激产生体液免疫和细胞免疫，增强动物机体的免疫力。⑤消化酶：不同益生菌产生纤维素酶、脂肪酶、淀粉酶和蛋白酶，可直接帮助动物消化饲料营养成分，提高饲料转化率，促进动物的生长。根据微生态制剂所包含的活益生菌群、代谢产物和酶3个水平分析，首先活益生菌可以迅速构建健康平衡的动物肠道益生菌优势菌群，使肠道形成厌氧和低pH值环境，通过化学与生物屏障，阻止有害菌的定殖和生长，提高动物的免疫功能。其次从代谢产物考虑，不同益生菌代谢产物如辅酶Q、番茄红素、谷胱甘肽、葡聚糖、肽聚糖、杆菌肽和维生素等高价值生命活性成分，能够激活免疫系统、提高代谢和抗应激能力、增加动物健康活泼程度和皮毛光亮度。最后从酶水平考虑，不同益生菌所产生的纤维素酶、蛋白酶、淀粉酶和脂肪酶等酶类，能够增加动物对饲料的消化利用率，降低料肉比和粪便排出量，大幅度提高动物生长速度，使养殖户快速获得经济收益。

目前，关于微生态制剂在畜禽和水产养殖方面的效果已经有很多研究报道，在提高养殖动物生产性能、品质和免疫力方面发挥了重要作用。正常微生物群是微生物与其宿主共同生物进化过程中，在动物体内特别是肠道形成的特定微生物群落结构的微生态系统。动物出生时胃肠内是无细菌的，出生后不久其体内就开始有微生物定殖。随着动物的生长发育，定居的微生物菌群种类和数量均随环境条件和饲料种类的改变而发生连续不断的一系列变化。猪肠道中的优势菌群主要有拟杆菌、乳酸菌和肠杆菌，成年猪粪便菌群 CFU 在 10^{10} 个 /g 左右，以拟杆菌等厌氧菌占优势，其次为乳酸菌。鸡肠道内优势菌群为乳杆菌，其发酵产物主要是乳酸和短链脂肪酸。反刍动物瘤胃内定居微生物 CFU 高达 10^{10}/g 以上，微生物约占瘤胃内容物重量的 3%~4%，营养成分分解和转化主要由微生物完成。瘤胃内正常菌群按作用分为纤维素、淀粉、蛋白分解菌和酵母菌等。兔盲肠内优势菌群为拟杆菌，其次为厌氧弯曲杆菌、消化球菌等。猫和狗肠道的优势菌群为拟杆菌、真杆菌和消化链球菌等。梭菌代谢产物丁酸是肠道黏膜的最有效保护剂之一，同时能刺激小鼠脂肪细胞中瘦素的产生和诱导肠道细胞分泌胰岛高血糖样肽以调节能量代谢。乳酸菌代谢产物乳酸在乳酸脱氢酶作用下还原为丙酮酸，丙酮酸可以进入糖异生途径产生糖，或者转化为氨基酸。微生物代谢产物乙酸和丙酸经血液运输到各个器官，可以作为氧化、脂质合成和能量代谢的底物。

在提高生产性能方面，主要由益生菌所产生的各种消化酶发挥作用，其中芽孢杆菌特别是枯草芽孢杆菌能够产生蛋白酶、淀粉酶、脂肪酶和纤维素酶等大量胞外酶，可以帮助动物对饲料养分进行消化吸收。另外，芽孢杆菌在动物消化道内生长繁殖能够合成多种营养物质，如维生素、氨基酸、生长因子等，从而提高动物生产性能。自 20 世纪 70 年代以来，国内外在益生菌分别对禽、猪和牛等养殖动物生长效应方面开展了大量研究。小肠是食物消化和吸收的主要部位，其黏膜形态结构可对动物肠道消化吸收营养物质发挥很大作用。如果黏膜绒毛变短，则使小肠与肠道中食物的接触面积减少，营养物质的消化吸收降低，隐窝深度加深表明绒毛细胞更新快。乳酸杆菌饲喂肉鸡后，其肠道黏膜绒毛高度和绒毛高度 / 隐窝深度比值增加，使肠道维持良好的结构形态，从而可以促进营养物质的消化吸收，改善饲料转化效率，使肉仔鸡增重提高。研究发现，不同益生菌对肉鸡的生长效应存在很大差异，其中枯草芽孢杆菌提高肉鸡生长速度最理想，达到 18%，而嗜酸乳杆菌提高饲料转化率的效果最明显（图 8-1 和图 8-2）。

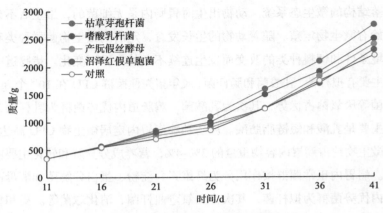

图 8-1　益生菌对肉鸡生长的效应

图 8-2　养殖 42 天饲喂枯草芽孢杆菌组（左）与对照组（右）肉鸡对比照片

　　断奶仔猪受自身消化酶分泌不足及断奶应激等因素影响，极易出现采食量下降、腹泻等症状。如果在日粮中添加益生菌，就可以提高仔猪生长速度和饲料转化率，降低腹泻率。地衣芽孢杆菌和枯草芽孢杆菌可提高断奶仔猪存活率和饲料利用率，使其体重加速增加，同时显著降低母猪哺乳期间的体重下降幅度。粪链球菌可提高小猪回肠、盲肠和粪便中的乳酸杆菌含量，减少回肠中大肠杆菌数量。由酵母菌和乳酸菌组成的复合益生菌可提高仔猪生长阶段对粗蛋白质和粗纤维等有机物质的消化率，进而提高饲料转化效率。断奶仔猪应激会导致肠道受损，消化道功能紊乱，酵母菌也可以加快仔猪断奶后小肠黏膜结构的修复，增加小肠绒毛高度和隐窝深度，使肠壁黏液层厚度降低，改善营养物质的消化吸收。在断奶仔猪饲粮中添加益生菌还可以提高采食量和回肠消化率，改善饲料转化率，提高断奶仔猪的生长性能。

乳酸菌、枯草芽孢杆菌和纳豆芽孢杆菌能够显著提高奶牛产奶量。酵母饲喂奶牛，日平均干物质采食量增加了 2.5%，日平均产奶量增加了 4.1%，提高了饲料转化效率。酵母通过改善瘤胃环境来增加对干物质的采食，从而提高生产性能和饲料转化效率。另外，益生菌可以调节由于使用抗生素所造成的肠道微生态失衡现象，抑制耐药性肠杆菌过度增殖并刺激拟杆菌增长，有助于肠道微生态平衡的恢复，以减少抗生素的副作用。

在提高免疫能力、防治疾病方面，近 20 年来，在饲料中普遍添加抗生素药物以达到控制致病菌促进动物生长的目的，虽极大地提高了养殖业的生产效益，但抗生素容易在肉蛋奶等动物性产品中残留，长期过量使用抗生素对动物消化系统和免疫系统造成损伤，使动物对其他病原微生物的易感性增加，因而更容易造成耐药性病原菌产生和疫病流行，因此急需一种抗生素替代技术以达到抗病促生长的目的。益生菌以其独特的益生理念和效果被越来越多的人所接受，并应用于畜牧和水产养殖业的生产。新出生畜或孵出禽的肠道是无菌的，免疫相对不完全，肠道菌群和免疫系统相互作用诱导宿主免疫成熟，如致病菌在肠道定殖形成优势菌将引发各种疾病。益生菌能够提高动物免疫能力、防治疾病的主要机理包括：①抑菌物质。益生菌在肠黏膜上产生过氧化氢、细菌素和杆菌肽等抑菌物质，阻止致病菌定殖和生长。②有机酸。益生菌代谢产物丁酸、乳酸和乙酸等可以降低肠道 pH 值，抑制对酸性敏感病原菌的生长。③免疫激活剂。沼泽红假单胞菌可以产生辅酶 Q 和番茄红素，是产生能量和抗氧化的生命活性物质，可以激活动物的免疫系统，提高抗病能力。④生物占位。益生菌与黏膜上皮结合形成生物膜，维持肠道固有正常菌群平衡，使病原菌在肠黏膜上无定殖位点。⑤生物夺氧。芽孢杆菌、酵母菌等在肠道迅速繁殖消耗肠道中氧造成厌氧环境，抑制需氧致病菌如大肠杆菌等的生长。⑥提高免疫细胞活性。大量研究表明，益生菌可以增强抗原递呈细胞（如树突状细胞和巨噬细胞）、自然杀伤细胞（NK）、B 细胞和 T 细胞等免疫细胞的活性，在细胞免疫与体液免疫和先天免疫与获得性免疫中发挥作用。研究发现，革兰氏阳性菌能够显著增

加白细胞介素 -10（IL-10）分泌细胞的数量，而革兰氏阴性菌则可以提升白细胞介素 -12（IL-12）分泌细胞的数量，IL-10 分泌量不足的小鼠肠道菌群多样性显著降低，提示肠道菌群通过激活肠黏膜免疫细胞因子与免疫应答这一机制对肠黏膜免疫发挥重要调控作用。肠道菌群也可通过代谢产生的有机酸如乳酸等间接对肠黏膜提供能量，改善组织的局部供血，促进肠上皮细胞的修复和增加胰酶的分泌量来促进肠道的生长。树突状细胞（dendritic cells，DCs）是动物机体内提呈抗原能力最强的细胞，成熟 DCs 能够增强递呈各种抗原给 T 细胞的能力，并通过一些固有免疫受体识别病原微生物表达的模式分子，以及通过主要组织相容性复合物（MHC）和共刺激分子的表达上调，启动初始型 T 细胞的活化和增殖。未成熟和成熟 DCs 表面分子和功能存在明显差异，未成熟 DCs 提呈抗原能力和激活 T 细胞的能力弱。双歧杆菌可刺激 DCs 成熟，使 T 细胞增殖能力提高，促进白细胞介素和干扰素产生，表明双歧杆菌能激活 DCs 的分化、成熟和功能的发挥。

坏死性肠炎是常见的家禽疾病之一，一旦发病，致死率高达 50%，造成较大的经济损失。美国农业部研究人员发现，益生菌能够对坏死性肠炎和坏疽性皮炎起到控制作用。乳酸菌和双歧杆菌混合益生菌对肉鸡血浆中总免疫球蛋白水平没有显著影响，但是提高了粪中乳酸杆菌和双歧杆菌的浓度，降低了大肠杆菌的浓度。用布拉酿酒酵母和乳酸菌组成的混合益生菌饲喂仔猪，增加了小肠黏膜高度和隐窝深度，显著降低了大肠杆菌数量，可以有效减少病原微生物在动物肠道中的数量，为动物成长提供一个健康的肠道环境以缓解不良应激。在早期断奶仔猪饲粮中添加纳豆芽孢杆菌可提高血清超氧化物歧化酶（SOD）和谷胱甘肽过氧化物酶活性，减少血清中丙二醛的含量，对仔猪的抗氧化机能有改善作用。患乳腺炎的奶牛所产牛奶的导电率普遍较高，因此牛奶导电率的高低可以成为判定奶牛是否患乳腺炎的标准。酵母菌、纳豆芽孢杆菌和乳酸菌均可以显著降低牛奶导电率，表明益生菌可在奶牛乳腺炎的防治中发挥作用。芽孢杆菌能提高动物生产性能、饲料转化率和机体免疫力的原因为，它是需氧菌，进入动物体内后消耗大量的游离氧，降低氧还原电位，有利于厌氧微生物生长和肠道菌群平衡稳定。乳酸菌是一类可发酵糖产生乳酸的厌氧或兼性厌氧微生物，能够定殖于动物肠道，通过生物占位抑制有害菌定殖，产生乳酸、乙酸、过氧化氢和细菌素等代谢产物杀灭病原微生物，同时使肠道 pH 值下降，促进营养物质的吸收和钙等矿物元素的生物活性，刺激肠道蠕动。

热应激是影响动物生产性能的主要环境限制因素之一，高温会导致动物热应激，使其生理机能发生变化和紊乱，表现为采食量下降，生长缓慢，抵抗力降低，死亡率增加，从而造成较大的经济损失。研究显示，益生菌可以维持肉鸡热应激时肠道菌群的平衡，直接或间接影响脑垂体的一系列活动，降低肾上腺皮质醇水平，减轻炎症反应，增强机体体液免疫能力。另有研究显示，热应激会破坏产蛋鸡肠道黏膜结构，降低肠道黏膜免疫水平，但在饲粮中添加地衣芽孢杆菌后可以明显改善热应激条件下肠道的黏膜结构，保持黏膜免疫反应，减少蛋鸡采食量和产蛋率的下降。饲粮中添加益生菌可以降低热应激时肉鸡的氧化损伤，从而缓解热应激对肉鸡的不利影响。

在提高食品品质方面，随着生活水平的提高，消费者对肉蛋奶品质的要求也在逐步提升，益生菌可以调节食品中氨基酸、脂肪酸和胆固醇等指标的含量而受到广泛关注。饲喂荚膜红细菌可以提高肉鸡鸡腿肌和胸肌中不饱和脂肪酸与饱和脂肪酸的比例，显著降低蛋鸡卵黄中的胆固醇和甘油三酯的含量。哈氏单位是表示鸡蛋新鲜度和蛋白质量的指标，它是现在国际上对蛋白品质进行评定的重要指标和方法。靠近蛋黄部分的蛋白含量越高，蛋就越新鲜，哈氏单位就越大。饲喂地衣芽孢杆菌可以使鸡蛋壳厚度增大、蛋黄颜色加深和哈氏单位增加。酪酸梭状芽孢杆菌可显著改善肉鸡的脂肪酸组成，增加多不饱和脂肪酸的含量。凝结芽孢杆菌也可以改善广西三黄鸡的口感，降低胸肌的剪切力和滴水损失。必需氨基酸包括赖氨酸、色氨酸、苯丙氨酸、甲硫氨酸（蛋氨酸）、苏氨酸、异亮氨酸、亮氨酸、缬氨酸、组氨酸和精氨酸共 10 种氨基酸，这是人体不能合成的氨基酸，可以反映鸡肉营养水平。风味氨基酸包括谷氨酸、丝氨酸、甘氨酸、异亮氨酸、亮氨酸、丙氨酸和脯氨酸共 7 种属于肉香味的氨基酸，反映鸡肉的味道。研究表明，不同益生菌均可以大幅度提高肉鸡总游离氨基酸（达 20% 以上），其中乳酸菌增加必需氨基酸的幅度最大，而沼泽红假单胞菌提高风味氨基酸的含量最显著（图 8-3~ 图 8-5）。考虑到鸡肉的营养和口感两个方面，可以将不同益生菌进行搭配使鸡肉更富营养，更好吃。另外，采用枯草芽孢杆菌、假丝酵母、嗜酸乳杆菌和沼泽红假单胞菌的复合菌投喂蛋鸡，虽然所产鸡蛋的蛋白含量没有提升，但不饱和脂肪酸和卵磷脂含量有大幅度增加。沼泽红假单胞菌和荚膜红细菌可降低大鼠血清胆固醇、甘油三酯、低密度脂蛋白、极低密度脂蛋白和肝脏甘油三酯的含量。

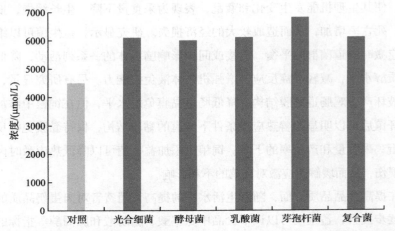

图 8-3　益生菌对肉鸡总游离氨基酸含量的作用（对照组为未添加益生菌的情形）

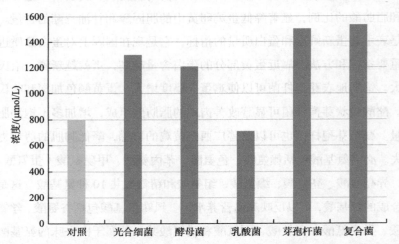

图 8-4　益生菌对肉鸡必需氨基酸含量的作用（对照组为未添加益生菌的情形）

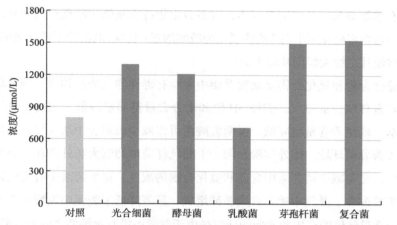

图 8-5　益生菌对肉鸡风味氨基酸含量的作用（对照组为未添加益生菌的情形）

8.3　益生菌对养殖环境的作用及作用机理

　　在改善环境方面，随着畜禽生产集约化、规模化的快速发展，养殖过程中产生的废物特别是氨和硫化氢等有害气体是环境污染的一个重要来源，畜舍中有害气体达到一定浓度后不仅使养殖人员感到不悦，而且降低了动物对疾病的抵抗力和生产性能。降低畜禽舍中有害气体的措施通常为增强通风换气、放置气体吸附剂或喷洒化学除臭剂等，而益生菌可以明显降低有害气体的产生。其主要作用机理包括如下几个方面：①生物降解。益生菌作为微生物的组成之一，在环境中主要发挥的作用是将有机物转化为无机物的过程，因此可以对含硫的挥发性有毒有害有机物进行生物降解，从而去除这些有害气体。②氨吸收转化。对于有毒有害的氨气，微生物可以迅速将其同化，用于合成蛋白。同时，自养好氧的硝化细菌也可以将其经亚硝酸转化为硝酸，消除氨气。③硫氧化。硫化氢是有浓烈刺激气味的剧毒气体，许多微生物特别是氧化硫硫杆菌和氧化亚铁硫杆菌可以将硫化氢中负2价硫氧化为硫酸的正6价硫，既消除了硫化氢的臭味，同时也使其毒性大幅度减弱或消失。

硫化合物和氨化合物是动物粪便中主要有毒性和气味的物质，饲喂乳酸菌后，鸡舍环境中的氨气、粪便 pH 值和水分含量都明显降低，主要恶臭气体如二甲基二硫醚等含量也降低，说明乳酸菌可以减少肉鸡舍中恶臭气体的产生，显著改善养殖环境。体外实验表明，干酪乳杆菌可抑制大肠杆菌在生物基质上的定殖，显著减少培养基中含硫和氨化合物的浓度。益生菌减少有害气体产生是由于其改变了粪便中挥发性脂肪酸组成，显著降低了粪便中丙酸盐含量。畜禽舍中恶臭气体的产生和粪便的残留是由于粪便中没有足够使之降解的微生物，加强动物消化道后段中微生物数量和代谢活动，可以减少恶臭气味物质的产生和排泄。经实验发现，采用枯草芽孢杆菌、假丝酵母、嗜酸乳杆菌和沼泽红假单胞菌的复合菌投喂猪，可以使畜舍空气中的氨气浓度降低 1.2 mg/m³，显著改善了养殖环境。

在水产养殖行业，益生菌在提高动物生长速度、免疫能力和饲料转化率及净化水质方面也同样发挥了重要的作用。水产养殖是受人类调控的小生态系统，其群落结构相对简单，但高密度工业化养殖使水体处于有机物超负荷的状态，可产生氨氮、亚硝酸盐和硫化氢等有毒物质，破坏水质和底质，毒害养殖生物，诱发多种疾病。随着水产养殖集约化高密度养殖程度的不断提高，水体自净与调节能力已不能满足清除残饵和养殖动物分泌及排泄物的需要，导致有机污染物、氨、亚硝酸和硫化氢等有害物质大量积累，破坏了动物体表黏膜上的正常微生物群落结构组成，使水产养殖环境微生态平衡被打破，致使致病菌突破养殖动物的首道防线，入侵体内并分泌毒素，造成一系列疾病的暴发。研究表明，随着养殖时间的延长，微生物种类和数量均在不断变化，总的趋势是有益菌群数量在减少，而有害菌群的数量在增加。因此如何高效地去除养殖水体中污染物和控制致病菌是保证水产养殖业可持续发展的关键。

目前，水产养殖业中应用的益生菌主要有：噬菌蛭弧菌、光合细菌、芽孢杆菌、硝化细菌、微藻和乳酸菌等。噬菌蛭弧菌（*B. bacteriovorus*）能够直接侵染杀灭包括鳗弧菌在内的所有 G⁻ 杆状和部分 G⁺ 致病菌，是取代抗生素进行病害防治的最有效益生菌之一。益生菌可分解有机物，为微藻生长繁殖提供碳源和氮源，而藻类一方面可以直接或间接作为养殖生物的饵料，另一方面其进行光合作用放出氧气，保障了养殖生物、微生物和有机物分解的溶解氧需要，形成了良性循环。在水产养殖中应用益生菌不仅可以提高饲料利用率和生产性能，而且可以改善免疫功能和水质。芽孢杆菌通过产生杆菌肽等代谢产物抑制水体和底泥中病原弧菌的生长，通过浸浴使鲤鱼烂鳃病的治愈率达到 70% 以上。另外，益生菌可产生淀粉酶、蛋白酶、脂肪酶和纤维素酶等消化酶类，有助于动物消化饵料，提高个体增重和饵料转化率。益生菌菌体本身含有丰富的糖类、蛋白质和脂肪等营养物质，还会分泌多种维生素等，养殖动物摄入后可以达到促进生长的效果。

　　大量研究表明，在鱼虾养殖中，应用光合细菌和芽孢杆菌一般可以提高 10% 以上的产量。酵母可促进异育银鲫的生长，增重率提高 16%~31%，同时增强了异育银鲫对嗜水气单胞菌的抵抗能力。益生菌可以通过促进水生动物免疫器官的发育来提高免疫功能。水产养殖动物多为分类地位较低的无脊椎动物，如虾蟹、贝类以及低等的脊椎动物鱼类，其自身的免疫系统多不完善，因而要依靠非特异性免疫提高其对病原微生物的抵抗能力。益生菌不但能够刺激胸腺等免疫器官的发育，还能刺激动物产生干扰素，并能提高巨噬细胞的活性，通过产生非特异性免疫调节因子等激发机体免疫功能。幼鱼孵化后免疫器官还未完全成熟，接触益生菌可促进免疫器官的发育成熟，使 T、B 淋巴细胞的数量增多，体液免疫和细胞免疫水平提高，从而增强机体的免疫力和抗病力。益生菌可产生某些活性因子，被机体吸收后以免疫调节因子的形式发挥作用，刺激肠道的免疫反应，使免疫球蛋白含量升高，增强免疫功能。光合细菌、硫氧化菌、硝化细菌和芽孢杆菌具有氧化、硝化、反硝化和硫氧化等多种作用，可以有效地降低水中的化学需氧量（COD）和生物需氧量（BOD），加速水体中的氨氮、亚硝酸氮和硫化物等有毒物质的分解转化，有效改善水质。酵母菌在有氧和无氧的条件下都可以将糖类物质分解，有效降低水体中有机物含量。光合细菌因不消耗氧，因此在水产养殖生产中使用最多，它能直接利用水体中有机物作为营养进行繁殖，同时降低水体中氨氮、硫化氢以及亚硝态氮含量，改善水质。芽孢杆菌是最早应用于水产养殖生产中的益生菌，它也能明显改善水质指标，但其会消耗水体中的溶解氧，造成与水产动物争氧的不利局面，因此要控制其投加使用量。另外，某些益生菌具有絮凝作用，可形成大颗粒的有机物絮凝颗粒下沉，有利于水质的净化。

本章要点

在种植业上应用的益生菌大体上可分为3个主要类型：①生物防治用益生菌；②土壤改良益生菌；③植物促生长益生菌。

生物固氮（nitrogen-fixing organisms）是指大气中的分子氮通过微生物固氮酶的催化而还原成氨的过程，生物界中只有原核生物才具有固氮能力。根据固氮微生物与高等植物以及其他生物的关系，将其分为3大类：自生固氮体系、联合（内生）固氮体系和共生固氮体系。

动物微生态制剂主要经历了如下发展阶段：①发现阶段（19世纪中叶至20世纪50年代）；②停滞阶段（20世纪五六十年代）；③恢复发展阶段（20世纪60年代至21世纪初）；④迅猛发展阶段（21世纪初至今）。

微生态制剂的作用机理主要有：①优势种群理论；②生物颉颃理论；③生物夺氧理论；④提高免疫力；⑤消化酶。

益生菌提高动物免疫能力、防治疾病的主要机理包括：①抑菌物质；②有机酸；③免疫激活剂；④生物占位；⑤生物夺氧；⑥提高免疫细胞活性。

益生菌可以大幅度提高肉鸡总游离氨基酸（达20%以上），其中乳酸菌增加必需氨基酸的幅度最大，而沼泽红假单胞菌提高风味氨基酸的含量最显著。

益生菌净化环境的主要作用机理包括：①生物降解；②氮吸收转化；③硫氧化。

水产养殖业中应用的益生菌主要有噬菌蛭弧菌、光合细菌、芽孢杆菌、硝化细菌、微藻和乳酸菌等。噬菌蛭弧菌（*B. bacteriovorus*）能够直接侵染杀灭包括鳗弧菌在内的所有 G⁻ 杆状致病菌，是取代抗生素进行病害防治的最有效益生菌之一。

益生菌可分解有机物，为微藻生长繁殖提供碳源和氮源，而藻类一方面可以直接或间接作为养殖生物的饵料，另一方面其进行光合作用放出氧气，保障了养殖生物、微生物和有机物分解的溶解氧需要，形成了良性循环。

习题

8-1 在种植业上应用的益生菌大体上可分为几个主要类型?

8-2 什么是微生物肥料? 微生物通过哪些途径为植物提供氮、磷和钾肥料?

8-3 什么叫生物固氮? 根据固氮微生物与高等植物以及其他生物的关系, 分为哪些生物固氮体系?

8-4 什么是解磷菌? 主要包括哪些微生物?

8-5 什么是解钾菌?

8-6 什么是微生物农药? 其主要有哪些特点?

8-7 益生菌对动物的作用机理有哪些?

8-8 根据微生态制剂所包含的活益生菌群、代谢产物和酶 3 个水平分析它们如何发挥作用。

8-9 为什么益生菌可以提高动物的生产性能?

8-10 益生菌能够提高动物免疫能力、防治疾病的主要机理有哪些?

8-11 什么是必需和风味氨基酸?

8-12 益生菌可以明显降低畜禽舍有害气体的产生, 其主要作用机理是什么?

8-13 目前, 水产养殖业中应用的益生菌主要有哪些? 其中噬菌蛭弧菌的主要优势是什么?

8-14 在水产养殖水体中, 益生菌和微藻如何相互促进实现良性循环?

8-15 在水产养殖中应用光合细菌和芽孢杆菌各有哪些优点? 需要注意什么?

参考文献

[1] Select: Gut Microbes[J]. Cell, 2010, 143(3): 331-333.

[2] BUTEL M J. Probiotics, Gut Microbiota and Health[J]. Médecine et Maladies Infectieuses. 2014, 44(1): 1-8.

[3] LEE C L, et al. Development of Monascus Fermentation Technology for High Hypolipidemic Effect[J]. Applied Microbiology and Biotechnology, 2012, 94(6): 1449-1459.

[4] MAYNARD C L, et al. Reciprocal Interactions of the Intestinal Microbiota and Immune System[J]. Nature, 2012, 489(7415): 231-241.

[5] NICHOLSON J K, et al. Host-Gut Microbiota Metabolic Interactions[J]. Science, 2012, 336: 1262-1267.

[6] SERBAN D E, et al. Gastrointestinal Cancers: Influence of Gut Microbiota, Probiotics and Prebiotics[J]. Cancer Letters, 2014, 345(2): 258-270.

[7] TAGLIABUE A, et al. The Role of Gut Microbiota in Human Obesity: Recent Findings and Future Perspectives[J]. Nutrition, Metabolism & Cardiovascular Diseases, 2013, 23(3): 160-168.

[8] TSAI Y T, et al. Anti-Obesity Effects of Gut Microbiota Are Associated with Lactic Acid Bacteria[J]. Applied Microbiology and Biotechnology, 2014, 98(1): 1-10.

[9] YATSUNENKO T, et al. Human Gut Microbiome Viewed across Age and Geography[J]. Nature, 2012, 486(7402): 222-227.

[10] 余章斌, 郭锡熔. 重视肠道微生物组的研究 [J]. 临床儿科杂志, 2013,31(4):301-305.

[11] 毛爱军, 韩迪, 毛吉明, 等. 市场新宠——益生菌产品及应用研讨会 [J]. 中国食品添加剂, 2013, s1:284.

[12] 王人悦, 郑琳琳, 佟永薇. 益生菌制品的应用和前景展望 [J]. 食品研究与开发, 2013, 34(11),128-130.

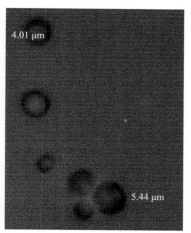

图 5-2　小球藻 USTB-01 单克隆菌落及显微照片（放大 1000 倍）

(a)　　　　　　　　　　　　　　(b)

图 5-3　小球藻 USTB-01 光照自养培养及异养培养

图 5-4　小球藻 USTB-01 异养发酵培养及混合发酵培养

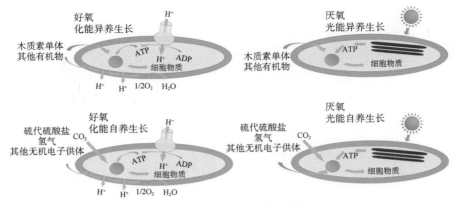

好氧
化能异养生长
木质素单体
其他有机物
ATP
H⁺ ADP
细胞物质
H^+ H^+ $1/2O_2$ H_2O

厌氧
光能异养生长
木质素单体
其他有机物
ATP
细胞物质

好氧
化能自养生长
硫代硫酸盐
氢气
其他无机电子供体
CO_2
ATP
H⁺ ADP
细胞物质
H^+ H^+ $1/2O_2$ H_2O

厌氧
光能自养生长
硫代硫酸盐
氢气
其他无机电子供体
CO_2
ATP
细胞物质

图 5-5　光合细菌的四种代谢方式

图 5-6　小球藻 USTB-01 藻粉及提取的叶黄素

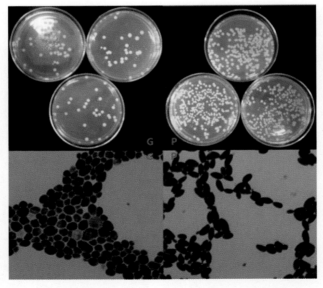

图 6-1　光滑假丝酵母（G）和毕赤酵母（P）的菌落形态图（上）
和菌体形态图（下）